21世纪全国高职高专土建系列工学结合型规划教材

土力学与基础工程

主　编　宁培淋　王振忠
副主编　肖　芳　张建同　孙世永
参　编　许子志　梁近华　何　钦
　　　　曾锦标
主　审　杨　锐　毛吉化

北京大学出版社
PEKING UNIVERSITY PRESS

内容简介

本书根据高职高专院校土建类专业教学要求，按照国家颁布的《建筑地基基础设计规范》(GB 50007—2011)等新规范、新标准编写，并采用工程实例进行项目化教学设计而成。

本书内容共分5个项目，分别为工程地质勘察、浅基础设计、桩基础设计、基础设计软件应用和挡土墙设计，其中工程地质勘察项目融入土的物理性质和基本力学性能等知识。本书结合高等职业教育的特点，强调针对性和实用性，针对初步接触土建专业的学生和设计新手，项目化教学可指引他们快速掌握土力学与基础工程内容，通过实际工程案例的设计，强化理论体系的建立和工程实践能力的培训。

本书可作为高职高专和成人教育院校土建类专业教材，也可作为土木工程技术人员的参考用书。

图书在版编目(CIP)数据

土力学与基础工程/宁培淋，王振忠主编．—北京：北京大学出版社，2014.1

(21世纪全国高职高专土建系列工学结合型规划教材)

ISBN 978-7-301-23590-4

Ⅰ．①土…　Ⅱ．①宁…②王…　Ⅲ．①土力学—高等职业教育—教材②基础（工程）—高等职业教育—教材　Ⅳ．①TU4

中国版本图书馆CIP数据核字(2013)第299794号

书　　名：土力学与基础工程

著作责任者：宁培淋　王振忠　主编

策划编辑：赖　青　杨星璐

责任编辑：刘健军

标准书号：ISBN 978-7-301-23590-4/TU·0378

出版发行：北京大学出版社

地　　址：北京市海淀区成府路205号　100871

网　　址：http://www.pup.cn　　新浪官方微博:@北京大学出版社

电子信箱：pup_6@163.com

电　　话：邮购部62752015　发行部62750672　编辑部62750667　出版部62754962

印　刷　者：北京京华虎彩印刷有限公司

经　销　者：新华书店

787毫米×1092毫米　16开本　15.25印张　348千字

2014年1月第1版　2017年7月第2次印刷

定　　价：32.00元

前 言

本书为北京大学出版社“21世纪全国高职高专土建系列工学结合型规划教材”之一。为适应高等职业院校培养高技能、应用型人才的需要，本书在编写过程中，按照国家颁布的《建筑地基基础设计规范》(GB 50007—2011)等有关新规范、新标准，以培养技术应用能力为主线，采用项目化教学，对基本理论的讲授以应用为目的，以必需、够用为原则，强调针对性和实用性，将理论与工程实际相联系，体现了高等职业教育的特点。

本书内容共分5个项目，项目1融合土的物理性质和土力学基本理论部分，项目2涵盖常见浅基础类型设计内容，项目3介绍桩基础设计方法，项目4结合实际工程案例介绍了目前设计院设计人员常用的两款基础设计软件，项目5对常见边坡工程和土坡稳定性进行了介绍。本书建议采用60～80学时，部分项目任务可根据教学需要进行取舍。

本书突破已有相关教材的知识框架，注重理论与实践相结合，采用全新体例编写。内容丰富，案例翔实，每个项目都附有工程设计案例供读者实践，通过5个项目的学习让初涉土木工程领域的大学生和设计人员能够胜任基础设计岗位工作。

本书由广东交通职业技术学院宁培淋和王振忠担任主编，广东交通职业技术学院肖芳、东南大学张建同和广东建设职业技术学院孙世永担任副主编，全书由宁培淋负责统稿。本书具体项目编写分工为王振忠、张建同和孙世永共同编写项目1，肖芳和王振忠共同编写项目2，宁培淋编写项目3，广东中山建筑设计院有限公司梁近华和广州宝贤华瀚建筑工程设计有限公司许子志共同编写项目4，广东永基建筑基础有限公司曾锦标和广州市建设工程质量安全检测中心何钦共同编写项目5。本书由广东工业大学杨锐教授和广州市建设工程质量安全检测中心总工程师毛吉化高工担任主审，他们对本书提出了许多宝贵意见。

本书在编写过程中参考了国内外同类教材和相关资料，在此表示深深的谢意！同时，对为本书付出辛勤劳动的编辑同志们表示衷心的感谢！感谢家人对我们工作的支持！

由于水平有限，书中难免有不足之处，恳请读者批评指正。联系E-mail：ningbeilin@163.com。

编 者

2013年9月

CONTENTS

目录

项目1

工程地质勘察

项目实施方案

工程地质勘察资料是地基基础设计的依据，工程地质勘察是为满足工程设计、施工、特殊性岩土和不良地质处治的需要，采用各种勘察技术、方法，对建筑场地的工程地质条件进行综合调查、研究、分析、评价以及编制工程地质勘察报告的全过程。工程地质勘察的研究对象是工程建设所处的地球表面的岩土体，其本质是查明建设场地土体各项性质，分析存在的地质问题，对建筑地区做出工程地质评价。本项目首先结合土工实验了解土体的工程性质和力学性质，然后要掌握工程地质勘察内容和方法，最后编制工程地质勘察报告，具备阅读和使用勘察报告的能力，为后续基础设计和施工提供依据。

项目任务导入

某勘察设计研究院承担了紫薇田园都市22#、25#住宅楼的详细勘察阶段的岩土工程勘察工作。拟建的紫薇田园都市22#、25#住宅楼地上6层，高度18m，基础埋深2.50m，其他设计参数待定。根据规范规定，拟建的紫薇田园都市22#、25#住宅楼为丙类建筑。岩土勘察等级为乙级。

根据建筑物结构特征、设计院提供的建筑物平面图及上述技术标准，本次勘察主要目的如下：查明建筑场地内及其附近有无影响工程稳定性的不良地质作用和地质灾害，评价场地的稳定性及建筑适宜性；查明建筑场地地层结构及地基土的物理力学性质；查明建筑场地湿陷类型及地基湿陷等级；查明建筑场地地下水埋藏条件；查明建筑场地内地基土及地下水对建筑材料的腐蚀性；提供场地抗震设计有关参数，评价有关土层的地震液化效应；提供各层地基土承载力特征值及变形指标；对拟建建筑物可能采用的地基基础方案进行分析论证，提供技术可行、经济合理的地基基础方案，并提出方案所需的岩土设计参数。

任务 1.1 土的工程性质测试

【知识任务】

(1) 了解土的组成与结构。

(2) 理解土的物理性质指标和工程状态指标。

(3) 理解土的工程状态指标。

(4) 掌握土的工程分类。

【实训任务】

(1) 掌握土的颗粒分析实验(筛分法)技能。

(2) 掌握土粒比重实验(比重瓶法)技能。

(3) 掌握土的含水率实验(烘干法、酒精燃烧法)技能。

(4) 掌握土的密度实验(环刀法、灌砂法)技能。

(5) 掌握土的液塑限实验(液塑限联合测定法)技能。

(6) 掌握土的击实实验技能。

1.1.1 概述

1. 基本概念

土：自然界岩石经过物理、生物和化学风化等作用所形成的产物，是多种大小不同矿物颗粒的集合体。它是由固体土颗粒、水和空气组成的三相体系。土的最主要特点就是它的散粒性和多孔性，以及由于它的自然条件和地理环境的不同所形成的具有明显区域性的一些特殊性质。

土力学：用力学知识和土工测试技术，研究土的物理、力学性质，研究土的变形及其强度的一门学科。土力学是土木工程学科中的一门基础学科，是工程力学的一个分支，它的一个突出特点是实践性。1925 年，K. 太沙基(Teraghi)在总结前人和自己的研究结果基础上出版《土力学》一书，标志着土力学与基础工程学科的诞生。

基础：直接与地基接触，并把上部结构所承受的各种作用传递到地基上的结构组成部分，称为基础，如图 1.1 所示。基础都有一定的埋置深度(设计室外地坪至基础底面之间的垂直距离，简称**埋深**)，根据基础埋深的不同，可分为浅基础和深基础。对一般房屋的基础，若土质较好，埋深不大($d \leqslant 5$m)，采用一般方法与设备施工的基础，称为**浅基础**，如独立基础、条形基础、筏板基础、箱形基础及壳体基础等；如果建筑物荷载较大或下部土层较软弱，需要将基础埋置于较深处($d > 5$m)的好土层上，并需采用特殊的施工方法和机械设备施工的基础，称为**深基础**，如桩基础、沉井基础及地下连续墙基础等。

特别提示

- 基础埋置深度是指设计室外地坪至基础底面之间的距离。

地基：基础下面支承建筑物全部重量的土体或岩体，称为建筑物的**地基**，如图 1.1 所示。

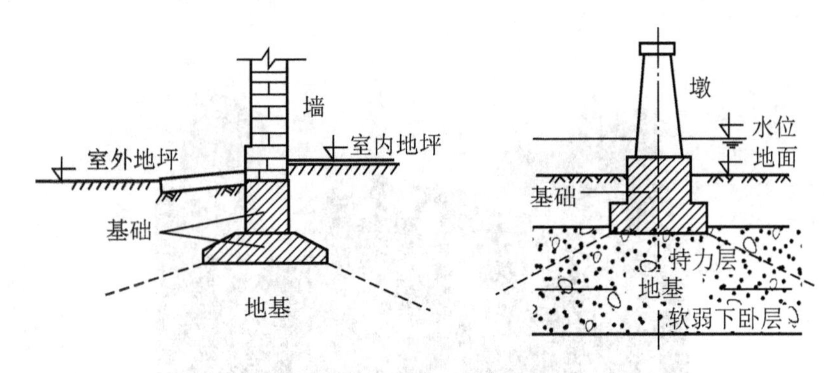

图 1.1 地基与基础示意图

土层承受建筑物的荷载随着深度的增加向周围土中扩散并逐渐减弱，地基是有一定深度和范围的，只有将土层中附加应力和变形所不能忽略的那部分土层才能称之为地基。当地基由两层及两层以上土层组成时，通常将直接与基础底面接触的土层称为**持力层**；在地基范围内持力层以下的土层称为**下卧层**(当下卧层的承载力低于持力层的承载力时，称为**软弱下卧层**)，如图 1.1 所示。由于人工地基施工周期长、造价高，而且基础工程的造价一般约占建筑物总造价的10%～30%，因此建筑物应尽量建造在良好的天然地基上，以减少基础部分的工程造价。

特别提示

- 地基承载力是指地基所能承受荷载的能力。

2. 学习地基土工程性质的重要性

地基土与钢、混凝土、砖石等材料相比，具有散粒性、多孔性和不同区域的特殊性质，性质复杂。而且，作为承托建筑物的地基与基础位于地面以下，属隐蔽工程，它的勘察、设计和施工质量的好坏，直接影响建筑物的安全，一旦发生质量事故，其补救和处理往往比上部结构困难得多，有时甚至是不可能的，所以学习和掌握土的工程性质是后续地质勘察、设计和施工的基础。

应用案例1-1

2009 年 6 月 27 日 5 点 35 分，上海一幢 13 层居民楼从根部断开，楼房底部原本应深入地下的数十根预应力高强度混凝土管桩被“整齐”地折断后裸露在外，但 13 层楼房上部结构在倒塌中并未完全粉碎，楼身几近完好，被网友称为“楼脆脆”，如图 1.2 所示。

经专家分析，在倒塌楼北侧短期内堆土过高，最高处达 10 米左右；与此同时，紧邻大楼南侧的地下车库基坑正在开挖，开挖深度 4.6 米，大楼两侧的压力差使土体产生水平位移，过大的水平力超过了桩基的抗侧能力，导致房屋倾倒。此后，武汉“楼脆脆”也出现因地基严重下沉导致墙面开裂和楼面漏水现象。这两个“楼脆脆”说明地基基础对整个建筑物的影响，从勘察、设计到施工过程，工程人员对本区域土体特殊物理和力学性质的充分认识可提高工程安全性。

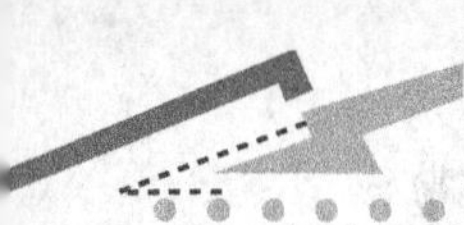

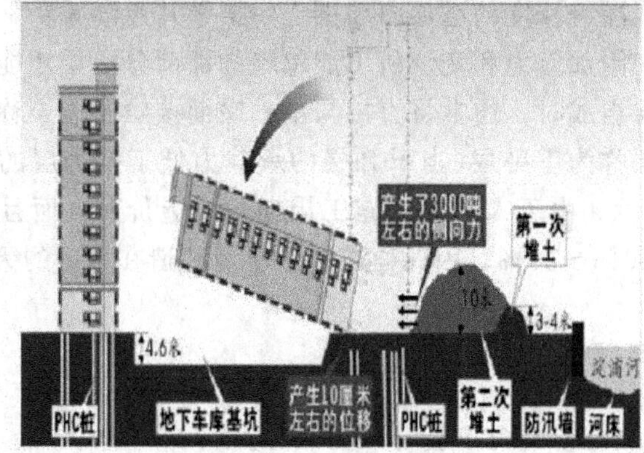

图 1.2 "楼脆脆"

1.1.2 土的物理性质

土的物质成分包括有作为土骨架的固态矿物颗粒、孔隙中的水及其溶解物质以及气体。自然界中土的性质是千变万化的，在工程实际中具有意义的是由颗粒(固相)、水(液相)和气(气相)所组成的三相体系的比例关系、相互作用以及在外力作用下所表现出来的一系列性质。土的物理性质是指三相的质量与体积之间的相互比例关系及固、液两相相互作用表现出来的性质。前者称为土的基本物理性质，主要研究土的密实程度和干湿状况；后者主要研究粘性土的可塑性、胀缩性及透水性等。各种土的颗粒大小和矿物成分差别很大，土的三相间的数量比例也不尽相同，而且土粒与其周围的水又发生了复杂的物理化学作用。所以，要研究土的性质就必须了解土的三相组成以及在天然状态下土的结构和构造等特征。

土的三相组成(图 1.3)、物质的性质、相对含量以及土的结构构造等各种因素，必然在土的轻重、松密、干湿、软硬等一系列物理性质和状态上有不同的反映。土的物理性质又在一定程度上决定了它的力学性质，所以物理性质是土的最基本的工程特性。

1. 土的组成

土是岩石经物理化学风化作用后的产物，是由各种大小不同的土粒按各种比例组成的集合体。土粒集合在一起存在孔隙，孔隙可能被水也可能被气体充填。土是土颗粒、水、气体组成的三相体，或是土颗粒和气体、土颗粒和水组成的两相体。

1) 土的固体颗粒

土的固体颗粒是由大小不等、形状不同的矿物颗粒或岩石碎屑按照各种不同的排列方式组合在一起，构成土的骨架，被称为“土粒”。它是土中最稳定、变化最小的成分。土中的固体颗粒的大小和形状、矿物成分及其组成情况是决定土的物理力学性质的重要因素。土中不同大小颗粒的组合，也就是各种不同粒径的颗粒在土中的相对含量，被称为**土的颗粒组成**；组成土中各种土粒的矿物种类及其相对含量被称为土的矿物组成。土的颗粒组成与矿物组成是决定土的物理力学性质的物质基础。

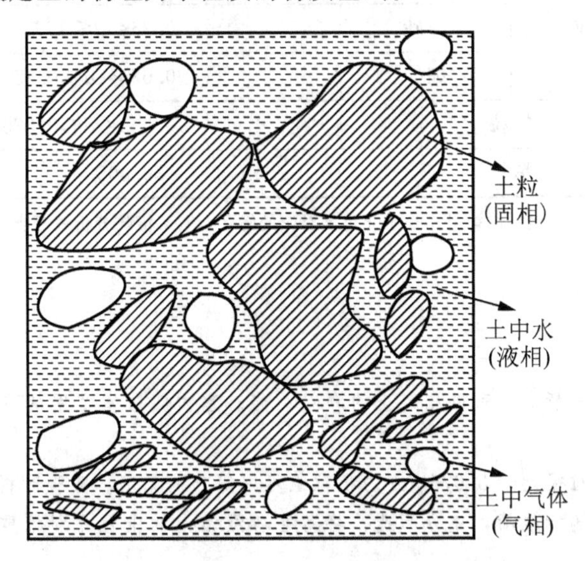

图 1.3 土的三相组成

在自然界中存在的土，都是由大小不同的土粒组成的。当土粒的粒径由粗到细逐渐变化时，土的性质相应地发生变化，例如土的性质随着粒径的变细可由无粘性变化到有粘性。因此，可以将土中各种不同粒径的土粒，按适当的粒径范围，分成若干粒组。为了研究土中各种大小土粒的相对含量及其与土的工程地质性质的关系，将工程地质性质相似的土粒归并成组，按其粒径的大小分为若干组别，称为粒组；各个粒组随着分界尺寸的不同而呈现出一定质的变化。划分粒组的分界尺寸被称为**界限粒径**。目前，土的粒组划分方法(建筑、公路和铁路等相关规范)并不完全一致，表 1－1 提供的是一种常用的土粒粒组的划分方法，表中根据界限粒径 200mm、60mm、2mm、0.075mm 和 0.005mm 把土粒分为六大粒组：漂石(块石)颗粒、卵石(碎石)颗粒、砾粒、砂粒、粉粒及粘粒。

工程上常以土中各个粒组的相对含量(即各粒组占土粒总重的百分数)表示土中颗粒的组成情况，称为**土的颗粒级配**。土的颗粒级配直接影响土的性质，如土的密实度、土的透水性、土的强度、土的压缩性等。

表 1－1 《土的工程分类标准》(GB/T 50145—2007)粒组划分

粒组	颗粒名称	粒径 d 的范围/mm
巨粒	漂石(块石)	$d>200$
	卵石(碎石)	$60<d\leqslant200$

续表

粒组	颗粒名称		粒径 d 的范围/mm
粗粒	砾粒	粗砾	$20<d\leqslant60$
		中砾	$5<d\leqslant20$
		细砾	$2<d\leqslant5$
	砂粒	粗砂	$0.5<d\leqslant2$
		中砂	$0.25<d\leqslant0.5$
		细砂	$0.075<d\leqslant0.25$
细粒	粉粒		$0.005<d\leqslant0.075$
	粘粒		$\leqslant0.005$

说明：对于筛分方法来讲，表中的等号相当于通过了对应的筛孔；对于沉降分析法相当于土粒的水力直径。

土工实验

通过土的颗粒大小分析实验可以测定土的颗粒级配。室内实验室常用的有筛分法和沉降分析法(比重计法或移液管法)。

(1) 筛分法：对于粒径大于0.075mm的粗粒组可用筛分法测定。实验时将风干、分散的代表性土样通过一套孔径不同的标准筛，充分筛选，将留在各级筛上的土粒分别称重，然后计算小于某粒径的土粒含量。

(2) 沉降分析法：粒径小于0.075mm的粉粒和粘粒难以筛分，一般可以根据土粒在水中匀速下沉时的速度与粒径的平方成正比来判别，粗颗粒下沉速度快，细颗粒下沉速度慢。用比重计法或移液管法根据下沉速度就可以将颗粒按粒径大小分组测得颗粒级配。实际上，土粒并不是球体颗粒，因此用理论公式求得的粒径并不是实际的土粒尺寸，而是与实际土粒在液体中有相同沉降速度的理想球体的直径(称为水力直径)。

根据颗粒大小分析实验成果，可以绘制图1.4所示的颗粒级配累计曲线。

工程中常用颗粒级配曲线直接了解土的级配情况。曲线的横坐标表示粒径(因为土粒粒径相差常在百倍、千倍以上，所以宜采用对数坐标表示)，单位为mm；纵坐标则表示小于(或大于)某粒径的土重含量(或称累计百分含量)。从曲线中可直接求得各粒组的颗粒含量及粒径分布的均匀程度，进而估测土的工程性质。由曲线的坡度可以大致判断土的均匀程度。如果曲线较陡，则表示粒径范围较小，土粒较均匀；反之，则表示粒径大小相差悬殊，土粒不均匀，即级配良好。

特 别 提 示

- 为了定量地反映土的级配特征，工程中常用以下两个级配指标来评价土的级配优劣。

(1) 粒径分布的均匀程度由不均匀系数 C_u 表示。

$$C_u = d_{60}/d_{10} \tag{1-1}$$

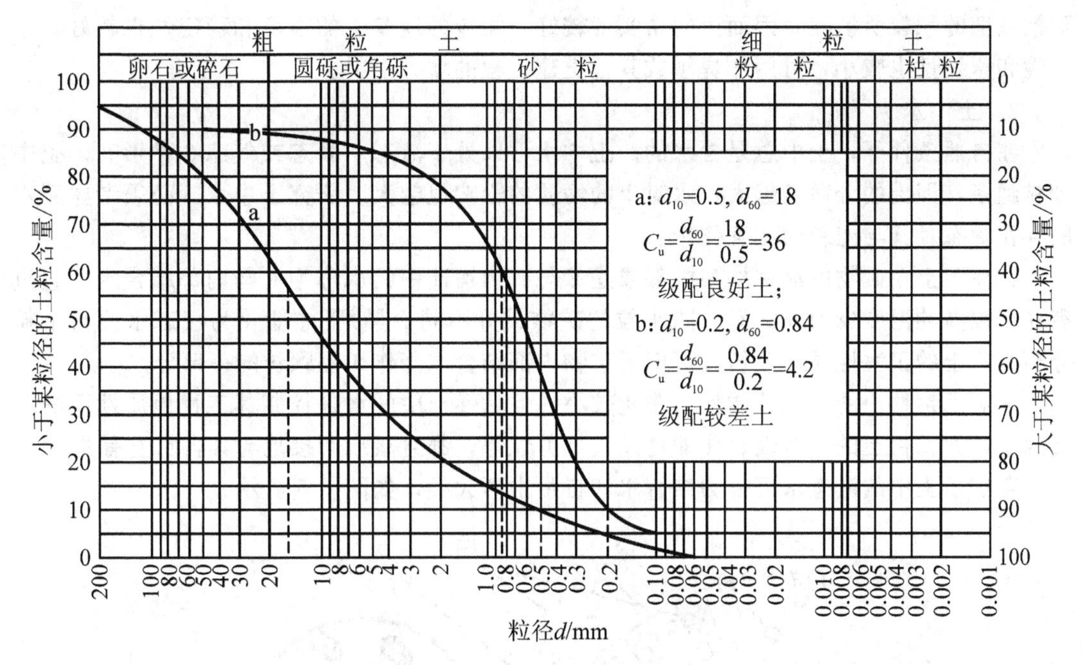

图 1.4 颗粒级配累计曲线

式中：d_{10}——土中小于此粒径的土的质量占总土质量的10%，也称有效粒径；

d_{30}——土中小于此粒径的土的质量占总土质量的30%；

d_{60}——土中此粒径土的质量占总土质量的60%，也称限制粒径。

C_u 越大，土越不均匀，也即土中粗、细颗粒的大小相差越悬殊。

若土的颗粒级配曲线是连续的，C_u 愈大，d_{60} 与 d_{10} 相距越远，则曲线越平缓，表示土中的粒组变化范围宽，土粒不均匀；反之，C_u 越小，d_{60} 与 d_{10} 相距越近，曲线越陡，表示土中的粒组变化范围窄，土粒均匀。$C_u>5$ 时，表示粒径不均匀，级配良好(图 1.4 中 b 线)；当 $C_u<5$ 时，表示粒径较均匀，级配不好(图 1.4 中 a 线)。

若土的颗粒级配曲线不连续，在该曲线上出现水平段，水平段粒组范围不包含该粒组颗粒。这种土缺少中间某些粒径，粒径级配曲线呈台阶状，它的组成特征是颗粒粗的较粗，细的较细，在同样的压实条件下，密实度不如级配连续的土高，其他工程性质也较差。

(2) 土的粒径级配曲线的形状，尤其是确定其是否连续，可用曲率系数 C_c 反映。

$$C_c=\frac{d_{30}^2}{d_{60}\times d_{10}} \tag{1-2}$$

若曲率系数过大，表示粒径分布曲线的台阶出现在 d_{10} 和 d_{30} 范围内。反之，若曲率系数过小，表示台阶出现在 d_{30} 和 d_{60} 范围内。经验表明，当级配连续时，C_c 的范围大约在1～3。因此，当 $C_c<1$ 或 $C_c>3$ 时，均表示级配曲线不连续。

由上可知，土的级配优劣可由土中土粒的不均匀系数和粒径分布曲线的形状曲率系数衡量。我国《土的工程分类标准》(GB/T 50145—2007)规定：对于纯净的砂、砾石，当实际工程中，$C_u\geqslant5$，且 C_c 等于1～3时，它的级配是良好的；不能同时满足上述条件时，它的级配是不良的。

颗粒级配可以在一定程度上反映土的某些性质。对于级配良好的土，较粗颗粒间的孔

隙被较细的颗粒所填充，因而土的密实度较好，相应的地基土的强度和稳定性也较好，透水性和压缩性也较小，可用作堤坝或其他土建工程的填方土料。

2）土中水

在自然条件下，土中总是含水的。土中水可以处于液态、固态或气态 3 种形态。土中细粒越多，即土的分散度越大，水对土的性质的影响也越大。研究土中水，必须考虑到水的存在状态及其与土粒的相互作用。

存在于土粒矿物的晶体格架内部或是参与矿物构造中的水称为矿物内部结合水，它只有在比较高的温度(80～680℃，随土粒的矿物成分不同而异)下才能化为气态水而与土粒分离。从土的工程性质上分析，可以把矿物内部结合水当作矿物颗粒的一部分。

水对无粘性土的工程地质性质影响较小，但粘性土中的水是控制其工程地质性质的重要因素，如粘性土的可塑性、压缩性及其抗剪性等，都直接或间接地与其含水量有关。

存在于土中的液态水可分为结合水和自由水两大类，如图 1.5 所示。

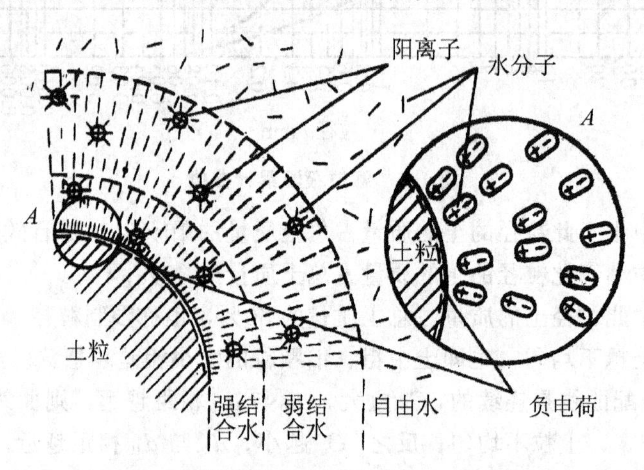

图 1.5　土中水示意图

(1) 结合水。在电场作用力范围内，水中的阳离子和极性分子被吸引在土颗粒周围，距离土颗粒越近，作用力越大；距离越远，作用力越小，直至不受电场力作用。通常称这一部分水为结合水。其特点是包围在土颗粒四周，不传递静水压力，不能任意流动。由于土颗粒的电场有一定的作用范围，因此结合水有一定的厚度，其厚度首先与颗粒的粘土矿物成分有关。

① 强结合水。强结合水是指紧靠土粒表面的结合水。它的特征是没有溶解盐类的能力，不能传递静水压力，只有吸热变成蒸汽时才能移动。这种水极其牢固地结合在土粒表面上，其性质接近于固体，密度为 1.2～2.4g/cm^3，冰点为－78℃，具有极大的粘滞度、弹性和抗剪强度。如果将干燥的土移在天然湿度的空气中，则土的质量将增加，直到土中吸着的强结合水达到最大吸着度为止。土粒越细，土的比表面越大，则最大吸着度就越大。

② 弱结合水。弱结合水紧靠于强结合水的外围形成一层结合水膜。它仍然不能传递静水压力，但水膜较厚的弱结合水能向邻近的较薄的水膜缓慢转移。当土中含有较多的弱结合水时，则土具有一定的可塑性。砂土比表面较小，几乎不具可塑性，而粘性土的比表面较大，其可塑性范围就大。

弱结合水离土粒表面越远，其受到的电分子吸引力越弱小，并逐渐过渡到自由水。

(2) 自由水。自由水是存在于土粒表面电场影响范围以外的水。它的性质和普通水一样，能传递静水压力，冰点为0℃，有溶解能力。自由水按其移动所受作用力的不同，可以分为重力水和毛细水。

① 重力水。重力水是在重力或压力差作用下运动的自由水，它是存在于地下水位以下的透水土层中的地下水，对土粒有浮力作用。重力水对土中的应力状态和开挖基槽、基坑以及修筑地下构筑物时所应采取的排水、防水措施有重要的影响。

② 毛细水。毛细水是受到水与空气交界面处表面张力作用的自由水。它存在于地下水位以上的透水层中。毛细水按其与地下水面是否联系，可分为毛细悬挂水(与地下水无直接联系)和毛细上升水(与地下水相连)两种。当土孔隙中局部存在毛细水时，毛细水的弯液面和土粒接触处的表面引力反作用于土粒上，使土粒之间由于这种毛细压力而挤紧，土因而具有微弱的粘聚力，称为毛细粘聚力。

特别提示

- 在施工现场常常可以看到稍湿状态的砂堆，能保持垂直陡壁达几十厘米高而不坍落，就是因为砂粒间具有毛细粘聚力的缘故。在饱水的砂或干砂中，土粒之间的毛细压力消失，原来的陡壁就变成边坡，其天然坡面与水平面所形成的最大坡角被称为砂土的自然坡度角。在工程中，要注意毛细上升水的上升高度和速度，因为毛细水的上升对于建筑物地下部分的防潮措施及地基土的浸湿和冻胀等有重要影响。此外，在干旱地区，地下水中的可溶盐随毛细水上升后不断蒸发，盐分便积聚于靠近地表处而形成盐渍土。土中毛细水的上升高度可用实验方法测定。
- 地面下一定深度的土温，随大气温度而改变。当地层温度降至摄氏零度以下时，土体便会因土中水冻结而形成冻土。某些细粒土在冻结时，未冻结区的水分(包括弱结合水和自由水)就会继续向冻结区迁移和积聚，使冰晶体不断扩大，在土层中形成冰夹层，土体随之发生隆起，发生体积膨胀，出现冻胀现象。当土层解冻时，土中积聚的冰晶体融化，土体随之下陷，即出现融陷现象。土的冻胀现象和融陷现象是季节性冻土的特性，亦即**土的冻胀性**。

3) 土中气体

土中气体是指存在于土颗粒间空隙中的气体，虽然占据一定的体积，但其质量为零，性质与大气相同。当不透水性土层中的气体为封闭气泡时，土体表现为弹性和不透水性。

特别提示

- 在强夯或者路基碾压趋于饱和的粘性土地基时，有时会遇到具有弹性的“橡皮土”。这是因为夯击或碾压过程中，原状土被扰动，颗粒之间的毛细孔遭到破坏，水分不易渗透和散发，表面形成硬壳，造成的封闭气体阻塞渗流通道，形成软塑状如弹簧般的**橡皮土**。若地基中存在橡皮土，将会对地基处理造成很大困难。橡皮土很难进行夯实，可尝试如下方法进行解决：进行翻晒、凉干后进行夯实；将橡皮土挖除，换上干性土或回填级配砂石；用干土、生石灰粉、碎石等吸水性强的材料掺入橡皮土中，吸收土中的水分，减少土的含水率。

2. 土的结构

土的结构是指土粒或粒团的空间排列方式及其联结特征，与土的颗粒大小、颗粒形状、均匀程度、矿物成分、沉积条件等因素有关，一般可以归纳为单粒、蜂窝、絮凝(絮状)3种结构，表1-2列出3种结构的主要特征和工程性质。

表1-2　土的结构性分析

<table>
<tr><th>类型</th><th>结构特征</th><th>工程性质</th></tr>
<tr><td>单粒结构</td><td>(a)　(b)
图1.6　土的单粒结构
其为砂土或碎石土的主要结构形式，颗粒之间接触的面积比较小，几乎不存在联结，可以忽略联结力，如图1.6所示。由于形成条件的不同，故可分为疏松状态(图1.6(a))和密实状态（图1.6(b))</td><td>疏松状态的单粒结构稳定性差，在荷载作用下，土粒易发生移动，变得更加密实，导致较大的变形。动荷载的作用特别明显。
密实状态的单粒结构稳定性好，力学性能好，是良好的天然地基。
密实程度取决于矿物成分、颗粒形状、均匀程度、沉积条件等</td></tr>
<tr><td>蜂窝结构</td><td>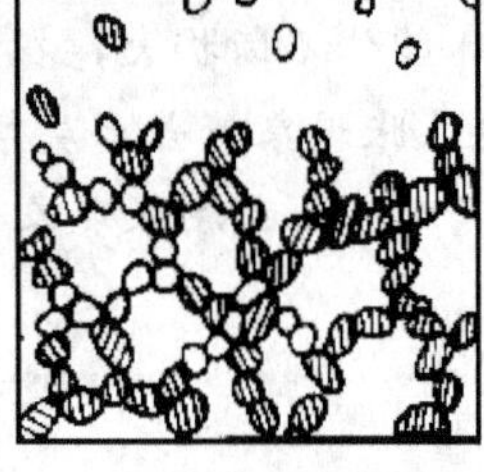
图1.7　土的蜂窝结构
较细的颗粒(0.075～0.005mm)在水中因自重下沉时，接触到其他颗粒，由于颗粒之间的吸引而不再下沉，逐渐形成链环状单元，很多链环联结起来，因而就形成了孔隙较大的蜂窝结构(图1.7)</td><td rowspan="2">蜂窝结构和絮凝结构存在较大的孔隙，稳定性差，力学性能差，荷载作用下会产生较大的变形。变形以后由于压密和胶结作用，土颗粒之间的联结能力会得到加强，稳定性和力学性能也会得到改善。如在天然土层形成过程中存在较大的上覆压力，也会形成密实的结构，成为较好的地基</td></tr>
<tr><td>絮凝结构</td><td>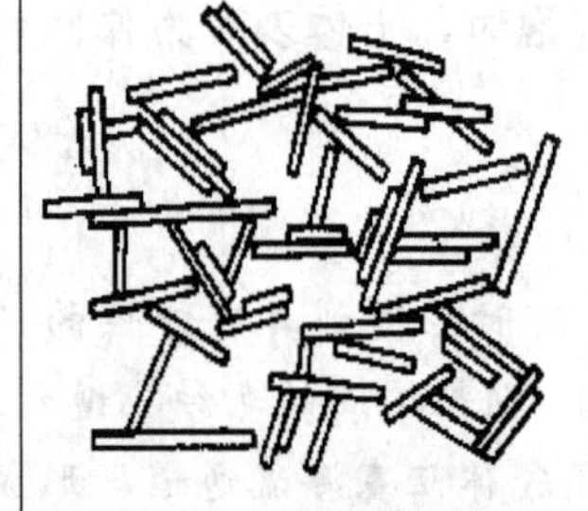
图1.8　土的絮凝结构
细微的颗粒（小于0.005mm)大都呈针片状，质量较轻，在水中处于悬浮状态，当悬液介质发生变化(如流速减慢、密度改变、浓度改变等)可能凝聚成絮状物下沉，从而形成孔隙较大的絮凝结构(图1.8)</td></tr>
</table>

在天然条件下，某一种土体的结构经常是以某种结构为主，伴有各种结构的复合形式，当土体的结构受到破坏或搅动时，土颗粒的排列会出现改变，联结能力会出现变化，工程性质也会随之改变。

3. 土的构造

具有蜂窝结构和絮状结构的粘性土，其土粒之间的联结强度(结构强度)，往往将由于在同一土层中而物质成分和颗粒大小等都相近的各部分之间的相互关系的特征称为**土的构造**。土的构造最主要特征就是成层性，即层理构造，它是在土的形成过程中，由于不同阶段沉积的物质成分、颗粒大小或颜色不同，而沿竖向呈现的成层特征。常见的有水平层理构造和交错层理构造。土的构造的另一特征是土的裂隙性，如黄土的柱状裂隙，裂隙的存在大大降低了土体的强度和稳定性，增大透水性，对工程不利，从土力学的角度，高承载力的土(或低压缩性土)常常嵌入低承载力土体内，反之亦然。这些层状土会引起如下问题：①由于软弱层而引起长期沉降；②在水平方向上层状土体厚度变化引起的不均匀沉降；③基础开挖引起沿软弱层的滑坡。因此，为了更好地设计地基基础，对现场软弱层应该做仔细调查。

另外，土的构造的另一特征是土的非均质性。土属非均质材料，在各个方向上的变形和强度都有差异性。土的非均质特性不仅由沉积条件变化引起，也受到应力历史的影响。土的粒径和形状变化很大，其中大多是尖棱状的土，这是由沉积条件变化引起的。而土中由纵深方向发展的裂缝，则与土的应力历史有关。在土体研究中，应重视局部的非均质性，如高压缩性的透镜体，它们嵌于土体内，常会导致建筑物的非均匀沉降。在土体的宏观结构中，层理、断层、透镜体和深部裂隙等的存在都很危险，因为它们的存在会导致土的高压缩性、低强度和高沉降差。

1.1.3 土的物理性质和状态指标

1. 土的三相指标

自然界中的土体结构组成十分复杂，为了分析问题方便，将其看成是三相，简化成一般的物理模型进行分析。将表示土的三相组成部分的质量、体积之间的比例关系指标称为**土的三相比例指标**。这些指标随着土体所处的条件的变化而改变。如地下水位的升高或降低，土中水的含量也相应增大或减小；密实的土，其气相和液相占据的孔隙体积少。这些变化都可以通过相应指标的数值反映出来。

土的三相比例指标是其物理性质的反映，但与其力学性质有内在联系。显然，固相成分的比例越高，其压缩性越小，抗剪强度越大，承载力越高。

1) 土的三相简图

为了便于说明和计算，如图 1.9 所示的土的三相组成示意图来表示各部分之间的数量关系。

图中符号的意义如下：

W_s ——土粒重量；W_w ——土中水的重量；W ——土的总重量，$W=W_s+W_w$；

V_s ——土粒体积；V_w ——土中水体积；V_a ——土中气体积；

V_v ——土中孔隙体积，$V_v=V_w+V_a$；V——土的总体积，$V=V_s+V_v=V_s+V_w+V_a$

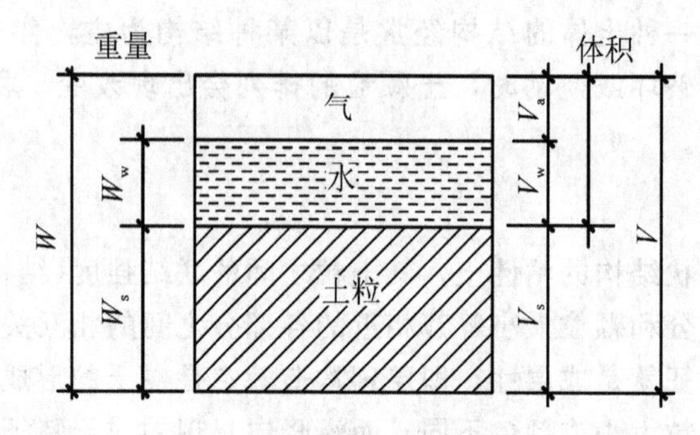

图 1.9　土的三相组成示意图

2）3 个基本物理性指标

（1）土的重度 γ。在天然状态下，土的密度 ρ 是单位体积土的质量，土的重度是单位体积土的重力，即

$$\gamma = \frac{W}{V} = \frac{mg}{V} = \rho g \tag{1-3}$$

式中：W ——土的重量，$W = mg$，其中 m 是质量；

g ——重力加速度，$g = 9.8\text{m/s}^2$，实用计算时取 $g = 10\text{m/s}^2$。

土的重度取决于土粒的重量，孔隙体积的大小和孔隙中水的重量，综合反映了土的组成和结构特征。对具有一定成分的土而言，结构越疏松，孔隙体积越大，重度值将越小。当土的结构不发生变化时，则重度随孔隙中含水数量的增加而增大。

天然状态下土的重度变化范围较大。一般粘性土 $\gamma = 18 \sim 20\text{kN/m}^3$；砂土 $\gamma = 16 \sim 20\text{kN/m}^3$；腐殖土 $\gamma = 15 \sim 17\text{kN/m}^3$。

土工实验

常用的测定土的重度(密度)的土工实验方法有以下几种。

① 环刀法：此法适用于细粒土。用一圆环刀(刀刃向下)放在削平的原状土样面上，徐徐削去环刀外围的土，边削边压，使保持天然状态的土样压满环刀内，称得环刀内土样重量，求得它与环刀容积之比值即其重度。

② 蜡封法：将已知质量的土块入融化的石蜡中，使试样有一蜡的外壳，保持其完整外形，通过分别称得带有蜡壳的土样在空气中和水中的重量，根据阿基米德原理，计算出试样体积，便可以求得土的密度。

③ 灌水法：此法适用于粗粒土和巨粒土。现场挖试坑，将挖出的试样装入容器，称其质量，再用塑料薄膜平铺于试坑内，将水缓慢注入塑料膜中，直至薄膜袋内水面与坑口齐平注入水的体积就是试坑的体积。

④ 灌砂法：本试验法适用于现场测定细粒土、砂类土和砾类土的密度。利用均匀颗粒砂，从一定高度自由下落到试洞内，按其单位重不变的原理来测量试洞的容积(即用标准砂来置换试洞中的集料)，并结合集料的含水量来推算出试样的实测干密度。

土的重度一般用“环刀法”测定。

（2）土的含水量 ω。土中水的重量与土粒重量之比被称为土的含水量，以百分数表示，即

$$\omega = \frac{W_w}{W_s} \times 100\% = \frac{m_w}{m_s} \times 100\% \tag{1-4}$$

含水量 ω 是标志土的干湿程度的一个重要物理指标。在天然状态下，土层的含水量被称为天然含水量，其变化范围很大，它与土的种类、埋藏条件及其所处的自然地理环境等有关。一般干的粗砂土，其值接近于零，而饱和砂土可达40%；坚硬的粘性土的含水量约大于30%，而饱和状态的软粘性土(如淤泥)则可达60%或更大。一般说来，对于同一类土，当其含水量增大时，则其强度就降低。

土工实验

常用的测定土的含水量的土工实验方法有以下两种。

① 烘干法：适用于粘质土、粉质土、砂类土和有机质土类。取代表性试样，细粒土15～30g，砂类土与有机土50g，装入称量盒内称其质量后，放入烘箱内，在105～110℃的恒温下烘干(通常需8h左右)，取出烘干土样，冷却后再称量质量，计算而得。

② 酒精燃烧法：适用于快速简易测定细粒土(含有机质的除外)的含水率。将称完质量的试样盒放在耐热桌面上，倒入工业酒精至与试样表面齐平，点燃酒精，熄灭后用针仔细搅拌试样，重复倒入酒精燃烧3次，冷却后称质量，计算而得。

(3) 土粒比重(土粒相对密度) d_s 。土粒重量与同体积的4℃时水的重量之比被称为土粒比重(无量纲)，即

$$d_s = \frac{W_s}{V_s} \cdot \frac{1}{\gamma_w} \tag{1-5}$$

式中：γ_w ——纯水在4℃时的重度(单位体积的重量)，即 $\gamma_w = 9.8\text{kN/m}^3$，实际上近似取 $\gamma_w = 10\text{kN/m}^3$ 。

土粒比重决定于土的矿物成分，它的数值一般为2.6～2.8，有机质土为2.4～2.5，泥炭土为1.5～1.8。对于同一种类的土，其比重变化幅度很小。

土工实验

常用的测定土粒比重的土工实验方法有以下3种。

① 比重瓶法：该法适应粒径小于5mm的土。将置于比重瓶内的土样在105～110℃下烘干后冷却至室温并用精密天平测其重量，用排水法测得土粒体积，并求得同体积4℃纯水的重量，土粒重量与其的比值就是土粒比重。该法是测试土粒比重最常用方法。

② 浮力法(浮称法)：该法适应粒径等于或大于5mm的土，其中含大于20mm颗粒不足10%。利用阿基米德原理，即物体在水中失去的重量等于排开同体积水的重量来测量土粒的体积，然后进一步计算出土粒比重。

③ 虹吸筒法：该法适应粒径等于或大于5mm的土，其中含大于20mm颗粒超过10%。利用虹吸原理计算土样体积，然后进一步称重计算土粒比重。

由于比重变化的幅度不大，故通常可按经验数值选用。

(4) 6个其他物理性指标。

① 土的干重度 γ_d 。土单位体积中固体颗粒部分的重量称为土的干重度，即

$$\gamma_d = \frac{W_s}{V} \tag{1-6}$$

在工程上，常把干重度作为评定土体紧密程度的标准，以控制填土工程的施工质量。

② 土的饱和重度 γ_{sat} 。当土孔隙中充满水时，单位体积的重量，即

$$\gamma_{sat} = \frac{W_s + V_v \gamma_w}{V} \tag{1-7}$$

③ 土的有限重度(浮重度) γ' 。在地下水位以下，土体中土粒的重量扣除浮力后，即为单位体积中土粒的有效重量，即

$$\gamma' = \frac{W_s - V_s \gamma_w}{V} \tag{1-8}$$

对处于水下的土，由于受到水的浮力作用，使土的重量减轻，故土受到的浮力等于同体积的水重 $V_s \gamma_w$

④ 土的孔隙比 e 和孔隙率 n。土中孔隙体积与土粒的体积之比被称为土的孔隙比，用小数表示，即

$$e = \frac{V_v}{V_s} \tag{1-9}$$

土在天然状态下的孔隙比被称为天然孔隙比，它是一个重要的物理性指标，可以用来评价天然土层的密实程度。一般 $e < 0.6$ 的土是密实的低压缩性土，$e > 1.0$ 的土是疏松的高压缩性土。

土中孔隙所占体积与总体积之比被称为土的孔隙率，用百分数表示，即

$$n = \frac{V_v}{V} \times 100\% \tag{1-10}$$

土的孔隙率亦用来反映土的密实程度，一般粗粒土的孔隙率比细粒土的小，粘性土的孔隙率为 30%～60%，无粘性土为 25%～45%。

特别提示

- 土的孔隙比和孔隙率都是用来表示孔隙体积的含量。同一种土，孔隙比和孔隙率不同，土的密实程度也不同。它们随土的形成过程中所受到的压力、粒径级配和颗粒排列的不同而有很大差异。一般来说，粗粒土的孔隙率小，细粒土的孔隙率大。

⑤ 土的饱和度 S_r 。土中被水充满的孔隙体积与孔隙总体积之比称为土的饱和度，用百分数表示，即

$$S_r = \frac{V_w}{V_v} \times 100\% \tag{1-11}$$

土的饱和度反映土中孔隙被水充满的程度。当土处于完全干燥状态时，$S_r = 0$；当土处于完全饱和状态时，$S_r = 100\%$ 。砂土根据饱和度 S_r 的指标值分为稍湿、很湿与饱和 3 种湿度状态，其划分标准见表 1-3。

3）指标换算

在土的三相比例指标中，土粒比重 d_s、土的含水量 ω 和土的重度 γ，3 个指标是通过实验测定的。在测定这 3 个基本指标后，可以导得其余各个指标。

表 1-3　砂土的湿度状态

砂土湿度状态	稍湿	很湿	饱和
饱和度 S_r/(%)	$S_r \leqslant 50$	$50 < S_r \leqslant 80$	$S_r > 80$

常用图 1.10 所示的三相图进行各指标间关系的推导。这里令 $V_s = 1$，

则
$$V = V_s + V_w + V_a = 1 + V_v = 1 + \frac{V_v}{V_s} = 1 + e$$

$$W_s = V_s d_s \gamma_w = d_s \gamma_w \quad W_w = W_s \omega = d_s \gamma_w \omega \quad W = W_s + W_w = d_s \gamma_w (1 + \omega)$$

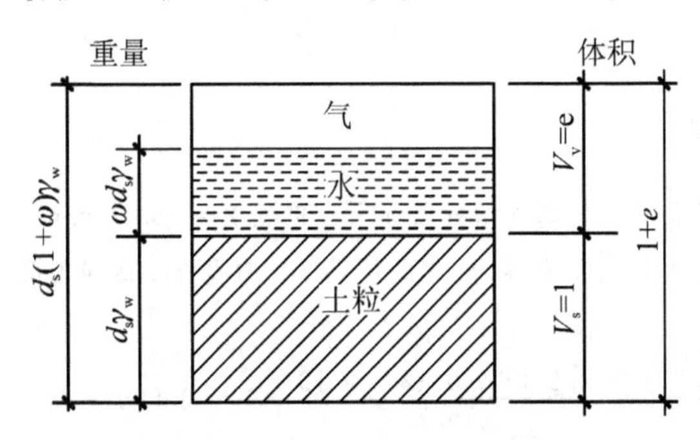

图 1.10　土的三相物理指标换算图

根据图 1.10，可由指标定义得换算公式(表 1-4)。

表 1-4　常用三相比例指标之间的换算公式

名称	符号	三相比例表达式	常用换算公式	单位	常见的数值范围
土粒比重	d_s	$d_s = \frac{W_s}{V_s} \cdot \frac{1}{\gamma_w}$	$d_s = \frac{S_r e}{\omega}$		粘性土：2.72～2.76 粉　土：2.70～2.71 砂类土：2.65～2.69
含水量	ω	$\omega = \frac{W_w}{W_s} \times 100\%$	$\omega = \frac{S_r e}{d_s} \times 100\%$； $\omega = \left(\frac{\gamma}{\gamma_d} - 1\right) \times 100\%$		20%～60%
重度	γ	$\gamma = \frac{W}{V}$	$\gamma = \frac{d_s(1+\omega)}{1+e}\gamma_w$ $\gamma = \frac{d_s + S_r e}{1+e}$	kN/m³	16～20kN/m³
干重度	γ_d	$\gamma_d = \frac{W_s}{V}$	$\gamma_d = \frac{d_s}{1+e}\gamma_w \gamma_d = \frac{\gamma}{1+\omega}$	kN/m³	13～18kN/m³
饱和重度	γ_{sat}	$\gamma_{sat} = \frac{W_s + V_v \gamma_w}{V}$	$\gamma_{sat} = \frac{d_s + e}{1+e}\gamma_w$	kN/m³	18～23kN/m³
有效重度	γ'	$\gamma' = \frac{W_s - V_s \gamma_w}{V}$	$\gamma' = \frac{d_s - 1}{1+e}\gamma_w$	kN/m³	8～13kN/m³
孔隙比	e	$e = \frac{V_v}{V_s}$	$e = \frac{d_s \gamma_w}{\gamma_d} - 1$ $e = \frac{d_s(1+\omega)\gamma_w}{\gamma} - 1$		粘性土和粉土： 0.40～1.20 砂类土：0.30～0.90

续表

名称	符号	三相比例表达式	常用换算公式	单位	常见的数值范围
孔隙率	n	$n=\frac{V_v}{V}\times100\%$	$n=\frac{e}{1+e}$；$n=1-\frac{\gamma_d}{d_s\gamma_w}$		粘性土和粉土：30%～60% 砂类土：25%～45%
饱和度	S_r	$S_r=\frac{V_w}{V_v}\times100\%$	$S_r=\frac{\omega d_s}{e}$；$S_r=\frac{\omega\gamma_d}{n\gamma_w}$		0～100%

应用案例1-2

某一原状土样，经实验测得的基本指标值如下：重度 $\gamma=16.7\text{kN/m}^3$，含水量 $\omega=12.9\%$，土粒比重 $d_s=2.67$。试求孔隙比 e、孔隙率 n、饱和度 S_r、干重度 γ_d、饱和重度 γ_{sat} 以及浮重度 γ'。

解：

(1) $e=\frac{d_s(1+\omega)\gamma_w}{\gamma}-1=\frac{2.67(1+0.129)\times10}{16.7}-1=0.805$

(2) $n=\frac{e}{1+e}=\frac{0.805}{1+0.805}=44.6\%$

(3) $S_r=\frac{\omega d_s}{e}=\frac{0.129\times2.67}{0.805}=43\%$

(4) $\gamma_d=\frac{\gamma}{1+\omega}=\frac{16.7}{1+0.129}=14.8(\text{kN/m}^3)$

(5) $\gamma_{sat}=\frac{(d_s+e)\gamma_w}{1+e}=\frac{(2.67+0.805)\times10}{1+0.805}=19.3(\text{kN/m}^3)$

(6) $\gamma'=\gamma_{sat}-\gamma_w=19.3-10=9.3(\text{kN/m}^3)$

2. 无粘性土的工程性质

无粘性土一般是指具有单粒结构的碎石土和砂土，土粒之间无粘结力，呈松散状态。无粘性土的**密实度**是指碎石土和砂土的疏密程度，其与工程性质有着密切的关系。密实的无粘性土由于压缩性小，抗剪强度高，承载力大，故可作为建筑物的良好地基。但如果处于疏松状态，尤其是细砂和粉砂，那么其承载力就有可能很低。这是因为疏松的单粒结构是不稳定的，在外力作用下很容易产生变形，且强度也低，很难作为天然地基。如果位于地下水位以下，那么在动荷载作用下还有可能由于超静水压力的产生而发生液化。因此，当工程中遇到无粘性土时，首先要注意的就是它的密实度。

对于同一种无粘性土，当其孔隙比小于某一限度时，处于密实状态，随着孔隙比的增大，则处于中密、稍密直到松散状态。无粘性土的这种特性是由其具有的单粒结构决定的。

1）碎石土的密实度

碎石土的颗粒较粗，试验时不易取得原状土样，规范根据重型圆锥动力触探锤击数 $N_{63.5}$ 将碎石土的密实度划分为松散、稍密、中密和密实(表1-5)，也可根据野外鉴别方法确定其密实度(表1-6)。

表 1-5 碎石土的密实度

重型圆锥动力触探锤击数 $N_{63.5}$	密实度	重型圆锥动力触探锤击数 $N_{63.5}$	密实度
$N_{63.5} \leqslant 5$	松散	$10 < N_{63.5} \leqslant 20$	中密
$5 < N_{63.5} \leqslant 10$	稍密	$N_{63.5} > 20$	密实

土工实验

圆锥动力触探是一种常见原位测试试验，其原理是利用一定的锤击动能，将一定规格的圆锥探头打入土中，根据打入土中的阻力大小判别土层的变化，对土层进行力学分层，并确定土层的物理学性质，对地基土做出工程地质评价。通常以打入土中一定距离所需的锤击数来表示土的阻力。圆锥动力触探试验根据锤击能量不同可分为轻型(锤重 10kg)、重型(锤重 63.5kg)和超重型(锤重 120kg)圆锥动力触探试验。

圆锥动力触探的优点是设备简单、操作方便、工效较高、适应性广，并具有连续贯入的特性。对难以取样的砂土、粉土、碎石类土等，对静力触探难以贯入的土层，动力触探是十分有效的勘探测试手段。圆锥动力触探的缺点是不能采样对土进行直接鉴别描述，实验误差较大，直观性差。

动力触探试验成果是捶击数和捶击数随深度变化的关系曲线。动力触探试验成果有以下应用。

① 确定砂土和碎石土的密实度。

② 确定地基土的承载力和变形变量。

③ 确定单桩承载力标准值。

特别提示

- 本表适用于平均粒径小于或等于 50mm 且最大粒径不超过 100mm 的卵石、碎石、圆砾、角砾。对于平均粒径大于 50mm 或最大粒径大于 100mm 的碎石，可按表 1-6 鉴别其密实度。
- 表内 $N_{63.5}$ 为经综合修正后的平均值。

表 1-6 碎石土的密实度野外鉴别方法

密实度	骨架颗粒含量和排列	可挖性	可钻性
密实	骨架颗粒含量大于总重的 70%，呈交错排列，连续接触	锹镐挖掘困难，用撬棍方能松动，井壁一般稳定	钻进极困难，冲击钻探时，钻杆、吊锤跳动剧烈，孔壁较稳定
中密	骨架颗粒含量等于总重的 60%～70%，呈交错排列，大部分接触	锹镐可挖掘，井壁有掉块现象，从井壁取出大颗粒处能保持颗粒凹面形状	钻进较困难，冲击钻探时，钻杆、吊锤跳动不剧烈，孔壁有坍塌现象
稍密	骨架颗粒含量等于总重的 55%～60%，排列混乱，大部分不接触	锹可挖掘，井壁易坍塌，从井壁取出大颗粒后，砂土立即塌落	钻进较容易，冲击钻探时，钻杆稍有跳动，孔壁易坍塌
松散	骨架颗粒含量小于总重的 55%，排列十分混乱，绝大部分不接触	锹易挖掘，井壁极易坍塌	钻进很容易，冲击钻探时，钻杆无跳动，孔壁极易坍塌

特别提示

- 骨架颗粒是指与表 1－5 及特别提示的第 1 条相对应粒径的颗粒。
- 碎石土的密实度应按表 1－6 各项要求综合确定。

2）砂土的密实度

砂土通常采用**相对密实度**来判别，即以最大孔隙比 e_{max} 与天然孔隙比 e 之差和最大孔隙比 e_{max} 与最小孔隙比 e_{min} 之差的比值 D_r 表示，即

$$D_r=\frac{e_{max}-e}{e_{max}-e_{min}} \tag{1-12}$$

式中：D_r——砂土在天然状态下的孔隙比；

e_{max}——砂土在最松散状态下的孔隙比，即最大孔隙比，一般用“松砂器法”测定；

e_{min}——砂土在最密实状态下的孔隙比，即最小孔隙比，一般采用“振击法”测定。

从式(1-12)可知，若无粘性土的天然孔隙比 e 接近于 e_{min}，即相对密度 D_r 接近于 1 时，土呈密实状态；当 e 接近于 e_{max} 时，即相对密度 D_r 接近于 0，则呈松散状态。

根据 D_r 值可把砂土的密实度状态划分为下列 3 种：

$1\geqslant D_r>2/3$ 密实的；　$2/3\geqslant D_r>1/3$ 中密的；　$1/3\geqslant D_r>0$ 松散的。

对于不同的无粘性土，其 e_{min} 与 e_{max} 的测定值也是不同的，e_{min} 与 e_{max} 之差(即孔隙比可能变化的范围)也是不一样的。一般土粒粒径较均匀的无粘性土，其 e_{max} 与 e_{min} 之差较小；土粒粒径不均匀的无粘性土，则其差值较大。

相对密实度是无粘性粗粒土密实度的指标，它对于土作为土工构筑物和地基的稳定性，特别是在抗震稳定性方面具有重要的意义。

对于砂土，也可用天然孔隙比 e 来评定其密实度。但是，矿物成分、级配、粒度成分等各种因素对砂土的密实度都有影响，并且在具体的工程中难于取得砂土原状土样，因此利用标准贯入试验、静力触探等原位测试方法来评价砂土的密实度得到了工程技术人员的广泛采用。砂土根据标准贯入试验的锤击数 N 分为松散、稍密、中密及密实 4 种密实度(表 1－7)。

表 1－7　砂土的密实度

标准贯入试验的锤击数 N	密实度	标准贯入试验的锤击数 N	密实度
$N\leqslant 10$	松散	$15<N\leqslant 30$	中密
$10<N\leqslant 15$	稍密	$N>30$	密实

土工实验

标准贯入试验是动力触探测试方法的一种，63.5kg 的穿心锤自 76cm 高处自由下落，撞击锤座，通过探杆将标准贯入器竖直打入土层中 15cm 后，开始记录每打入 10cm 的锤击数，累计打入 30cm 的锤击数为标准贯入实验的实测锤击数 N。当锤击数已达 50 击，而贯入深度未达 30cm 时，可记录实际贯入深度并终止实验。

轻型和中型动力触探，适用于一般粘性土；标准贯入试验除适用一般粘性土外，还可适用于粉

土、砂土，包括粉砂、细砂和中砂。对于粗砂、砾砂，以及圆砾、卵石等碎石土类，则应采用重型动力触探。

标准贯入试验锤击数 N 值，可对砂土、粉土和粘性土的物理状态、土的强度、变形参数、地基承载力、单桩承载力、砂土和粉土的液化、成桩的可能性等做出评价。

3. 粘性土的物理特征

土的物理性质一般指的是粘性土的液限、塑限(由实验室测得)及由这两个指标计算得来的**液性指数**和**塑性指数**。这几个指标也是工程中必须提供的。对于饱和粘性土，还有灵敏度和触变性。

1）粘性土的界限含水量

粘土由于其含水量的不同，而分别处于固态、半固态、可塑状态及流动状态。可塑状态就是当粘性土在某含水量范围内，可用外力塑成任何形状而不发生裂纹，并当外力移去后仍能保持既得的形状。土的这种性能叫作可塑性。粘性土由一种状态转到另一种状态的分界含水量叫作**界限含水量**，它对粘性土的分类及工程性质的评价有重要意义。

如图 1.11 所示，土由可塑状态转到流动状态的界限含水量叫作**液限**(也称塑性上限含水量或流限)，用符号 ω_L 表示；土由半固态转到可塑状态的界限含水量叫作**塑限**(也称塑性下限含水量)，即转到固态，用符号 ω_P 表示；土由半固体状态经过不断蒸发水分，体积逐渐缩小，直到体积不再缩小时的界限含水量叫作**缩限**，用符号 ω_s 表示。它们都以百分数表示。

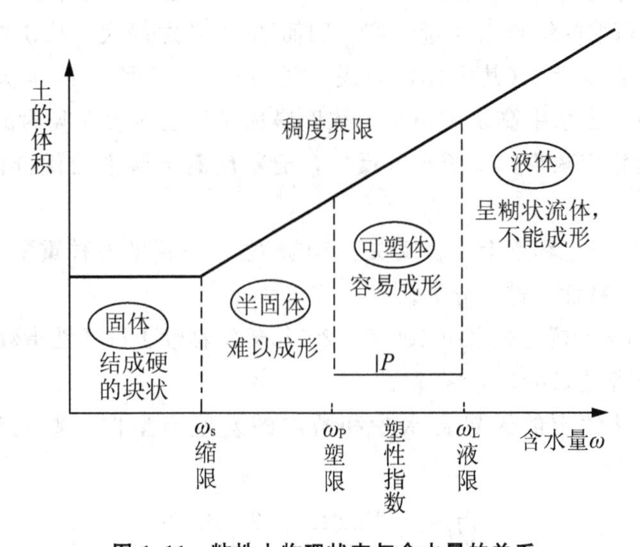

图 1.11　粘性土物理状态与含水量的关系

土工实验

目前我国采用锥式液限仪来测定粘性土的液限 ω_L 。其工作过程如下：将调成均匀的浓糊状试样装满盛土杯内(盛土杯置于底座上)，并刮平杯口表面，将 76g 圆锥体轻放在试样表面的中心，使其在自重作用下徐徐沉入试样，若圆锥体经 5s 恰好沉入 10mm 深度，这时杯内土样的含水量就是液限 ω_L 值。为了避免放锥时的人为晃动影响，可采用电磁放锥的方法，以提高测试精度。

粘性土的塑限 ω_P 采用"搓条法"测定，即用双手将天然湿度的土样搓成小圆球(球径小于10mm)，放在毛玻璃板上再用手掌慢慢搓滚成小土条，用力均匀，搓到土条直径为3mm，出现裂纹，自然断开，这时断裂土条的含水量就是塑限 ω_P 值。测定塑限的搓条法存在着较大的缺点，主要是由于采用手工操作，受人为因素的影响较大，因而测试结果不稳定。近年来许多单位都在探索一些新方法，以便取代搓条法，如以联合法测定液限和塑限。

联合测定法求液限、塑限是采用锥式液限仪以电磁放锥法对粘性土试样以不同的含水量进行若干次实验，并按测定结果在双对数坐标纸上画出76g圆锥体的入土深度与含水量的关系曲线。根据大量实验资料看，它接近于一条直线，如果同时采用圆锥仪法及搓条法分别作液限，塑限实验进行比较，则对应于圆锥体入土深度为10mm及2mm时土样的含水量分别为该土的液限和塑限。

因此，在工程实践中，为了准确、方便、迅速地求得某土样的液限和塑限，则需用电磁放锥的锥式液限仪对土样以不同的含水量做几次(一般做3次)实验，即可在坐标纸上以相应的几个点近似地定出直线，然后在直线上求出液限和塑限。

2) 粘性土的塑性指数和液性指数

塑性指数：指液限和塑限的差值(省去%符号)，即土处在可塑状态的含水量变化范围，用符号 I_P 表示，即

$$I_P = \omega_L - \omega_P \tag{1-13}$$

显然，塑性指数越大，土处于可塑状态的含水量范围也越大。塑性指数的大小与土中结合水的可能含量有关。土中结合水的含量与土的颗粒组成、土粒的矿物成分以及土中水的离子成分和浓度等因素有关。从土的颗粒来说，土粒越细、且细颗粒(粘粒)的含量越高，则其比表面和可能的结合水含量越高，因而 I_P 也随之增大。从矿物成分来说，粘土矿物可能具有的结合水量大(其中尤以蒙脱石类为最大)，因而 I_P 也大。从土中水的离子成分和浓度来说，当水中高价阳离子的浓度增加时，土粒表面吸附的反离子层的厚度变薄，结合水含量相应减少，I_P 变小；反之，随着反离子层中的低价阳离子的增加，I_P 变大。

由于塑性指数在一定程度上综合反映了影响粘性土特征的各种重要因素，因此，在工程上常按塑性指数对粘性土进行分类。

《建筑地基基础设计规范》(GB 50007—2011)规定粘性土按塑性指数 I_P 值可划分为粘土($I_P > 17$)、粉质粘土($10 < I_P \leqslant 17$)。

液性指数：指粘性土的天然含水量和塑限的差值与塑性指数之比，用符号 I_L 表示，即

$$I_L = \frac{\omega - \omega_P}{\omega_L - \omega_P} = \frac{\omega - \omega_P}{I_P} \tag{1-14}$$

从式(1-14)中可见，当土的天然含水量 $\omega < \omega_P$ 时，I_L 小于0，天然土处于坚硬状态；当 ω 大于 ω_L 时，I_L 大于1，天然土处于流动状态；当 ω 在 ω_P 与 ω_L 之间，即 I_L 在0～1之间时，则天然土处于可塑状态。

因此，可以利用液性指数 I_L 来表示粘性土所处的软硬状态。如表1-8所列，I_L 值越大，土质越软；反之，土质越硬。建筑和公路桥涵地基基础规范规定，粘性土根据液性指数值划分为坚硬，硬塑、可塑、软塑及流塑5种软硬状态。

表 1-8 粘性土稠度状态的划分

液性指数 I_L	$I_L \leqslant 0$	$0 < I_L \leqslant 0.25$	$0.25 < I_L \leqslant 0.75$	$0.75 < I_L \leqslant 1$	$I_L > 1.00$
稠度状态	坚硬	硬塑	可塑	软塑	流塑

应用案例1-3

已知一粘性土天然含水量 $\omega = 40.8\%$，液限 $\omega_L = 38.5\%$，塑限 $\omega_P = 18.6\%$，给该粘性土定名并确定其状态。

解：塑性指数 $I_P = \omega_L - \omega_P = 38.5 - 18.6 = 19.9$

因为 19.9>17，所以为粘土。

液性指数 $I_L = \dfrac{\omega - \omega_P}{\omega_L - \omega_P} = \dfrac{0.408 - 0.186}{0.385 - 0.186} \approx 1.12 > 1$

因此土的物理状态为流塑。

3）粘性土的灵敏度和触变性

天然状态下的粘性土，通常都具有一定的结构性，当受到外来因素的扰动时，土粒间的胶结物质以及土粒、离子、水分子所组成的平衡体系受到破坏，土的强度降低，压缩性增大。土的结构性对强度的这种影响，一般用灵敏度来衡量。土的**灵敏度**是以原状土的强度与同一土经重塑(指在含水量不变条件下使土的结构彻底破坏)后的强度之比来表示的。

重塑试样具有与原状试样相同的尺寸、密度和含水量，测定强度所用的常用方法有无侧限抗压强度实验和十字板抗剪强度试验，对于饱和粘性土的灵敏度 S_t，可按式(1-15)计算。

$$S_t = q_u / q'_u \tag{1-15}$$

式中：q_u ——原状试样的无侧限抗压强度，kPa；

q'_u ——重塑试样的无侧限抗压强度，kPa。

根据灵敏度可将饱和粘性土分为低灵敏($1 < S_t \leqslant 2$)、中灵敏($2 < S_t \leqslant 4$)和高灵敏($S_t > 4$)3类。土的灵敏度越高，其结构性越强，受扰动后土的强度降低就越多。所以，在基础施工中应注意保护基槽，尽量减少土结构的扰动。饱和粘性土的结构受到扰动，导致强度降低，但当扰动停止后，土的强度又随时间而逐渐增长。这是由子土粒、离子和水分子体系随时间而逐渐趋于新的平衡状态的缘故。粘性土的这种抗剪强度随时间恢复的胶体化学性质被称为土的**触变性**。例如在粘性土中打桩时，桩侧土的结构受到破坏而强度降低，但停止打桩以后，土的强度渐渐恢复，桩的承载力逐渐增加，这也是受土触变性影响的结果。

4. 土的渗透性

土的**渗透性**一般是指水流通过土中孔隙难易程度的性质，或称透水性。地下水在土中的渗透速度一般可按达西定律计算。法国工程师达西(H. Darcy，1856)对均匀砂进行了大量的渗透实验，得出了层流条件下(层流是流体的一种流动状态，其质点沿着与管轴平行的方向作平滑直线运动。)土中水渗透速度与能量(水头)损失之间的渗透规律，即达西定律。该定律认为，土中水渗透速度与土样两端的水头差成正比，而与渗径长度成反比，即

渗透速度与水力坡降成正比，且与土的透水性质有关，其表达式为

$$v=\frac{Q}{A}=k\frac{h}{L}=ki \tag{1-16}$$

式中：v——渗透速度，cm/s

h——水头差；

k——渗透系数，cm/s；

L——渗径长度(是流动路径而非水平距离)；

A——垂直于渗流方向的土样截面积；

Q——渗出水量；

i——水力梯度(水力坡降)。

式(1-16)中的**渗透速度**不是地下水的实际流速，而是通过过水断面的地下水流量与垂直水流的过水断面面积的比值，即单位时间通过单位截面积水量。**渗透系数**是反映土的透水性能的比例系数，是水力梯度为1时的渗透速度，其量纲与渗透速度相同。其物理含义是单位面积在单位水力梯度、单位时间内透过的水量。土的渗透系数是一个很重要的物理性质指标，是渗流计算时必须用到的一个基本参数，不同类型的土，k值相差较大。表1-9列出了渗透系数经验值。

表1-9　土的渗透系数经验值

土类	k/(m/s)	土类	k/(m/s)	土类	k/(m/s)
粘土	$<5\times10^{-9}$	粉砂	$10^{-6}\sim10^{-5}$	粗砂	$2\times10^{-4}\sim5\times10^{-4}$
粉质粘土	$5\times10^{-9}\sim10^{-8}$	细砂	$10^{-5}\sim5\times10^{-5}$	砾石	$5\times10^{-4}\sim10^{-3}$
粉土	$5\times10^{-8}\sim10^{-6}$	中砂	$5\times10^{-5}\sim2\times10^{-4}$	卵石	$10^{-3}\sim5\times10^{-3}$

一般认为$k<10^{-8}$m/s的土为相对隔水层(不透水层)。

准确测定土的渗透系数是一项十分重要的工作，其测定方法主要分为实验室与现场测定两大类。现场测定常用井孔抽水试验或井孔注水试验，比室内测定准确，但费用高。室内实验可分为常水头(适用透水性较强的粗粒土)与变水头法(适用透水性较差的细粒土)两种。

由于渗透水流对土骨架的渗透力的作用，土颗粒间可以发生相对运动甚至整体运动，从而造成土体及建造在其上的建筑物失稳而出现的变形或破坏，通常称为土的**渗透变形**(或称渗透稳定性、渗透破坏)。

土的渗透变形类型主要有管涌、流砂(土)、接触流土和接触冲刷4种；但就单一土层来说，渗透变形主要是流砂(土)和管涌两种基本形式。

1) 流砂(土)

在向上的渗透水流作用下，表层土局部范围内的土体或颗粒群同时发生悬浮、移动的现象称为**流砂**(土)。对于任何类型的土，只要水力坡降达到一定的大小，都会发生流砂(土)破坏。

2) 管涌

在渗透水流作用下，土中的细颗粒在粗颗粒形成的孔隙中移动，以致流失；随着土的孔隙不断扩大，渗透流速不断增加，较粗的颗粒也相继被水流逐渐带走，最终导致土体内

形成贯通的渗流管道，造成土体塌陷，将这种现象称为**管涌**。可见，管涌破坏一般有一个时间发展过程，是一种渐进性质的破坏。在基坑开挖与支护工程中，很多事故都与土中水的渗流及渗透破坏有关。因而，事前进行正确的渗透计算与分析，采用各种措施控制渗透，避免渗透破坏，一旦发生问题，采取正确的处理方法是岩土工程中的一个重要的课题。另外，土中水的渗流也会引起土坡的抗滑稳定问题。

5. 土的击实性

土的**击实性**是指土在反复冲击荷载作用下能被压密的特性。击实土是最简单易行的土质改良方法，常用于填土压实。通过研究土的最优含水量和最大干重度，可提高击实效果。最优含水量和最大干重度采用现场或室内击实试验测定。在工程建设中，为了提高填土的强度，增加土的密实度，降低其透水性和压缩性，通常用分层压实的办法来处理地基。

实践经验表明，对过湿的土进行夯实或碾压就会出现软弹现象(俗称“橡皮土”)，此时土的密实度是不会增大的。对很干的土进行夯实或碾压，显然也不能把土充分压实。所以，要使土的压实效果最好，其含水量一定要适当。在一定的压实能量下使土最容易压实，并能达到最大密实度时的含水量，称为土的**最优含水量**(或称**最佳含水量**)，用 ω_{op} 表示。相对应的干重度叫作**最大干重度**，以 γ_{dmax} 表示。

知识链接

土的最优含水量可通过在实验室内进行击实实验测得。实验时，将同一种土配制成若干份不同含水量的试样，用同样的压实能量分别对每一试样进行击实后，测定各试样击实后的含水量 ω 和干重度 γ_d，从而绘制含水量与干密度关系曲线(压实曲线)。从压实曲线中可以看出，当含水量较低时，随着含水量的增大，土的干重度也逐渐增大，表明压实效果逐步提高；当含水量超过某一限值 ω_{op} 时，干重度则随着含水量增大而减小，即压实效果降低。这说明土的压实效果随含水量的变化而变化，并在击实曲线上出现一个干重度峰值(即最大干重度 γ_{dmax})，相应于这个峰值的含水量就是最优含水量。具有最优含水量的土，其压实效果最好。这是因为含水量较小时，土中水主要是强结合水，土粒周围的结合水膜很薄，使颗粒间具有很大的分子引力，阻止颗粒移动，压实就比较困难；当含水量适当增大时，土中结合水膜变厚，土粒之间的连结力减弱而使土粒易于移动，压实效果就变好，但当含水量继续增大，以致土中出现了自由水，击实时孔隙中过多的水分不易立即排出，势必阻止土粒的靠拢，所以压实效果反而下降。

实验证明，最优含水量 ω_{op} 与土的塑限 ω_P 相近，大致为 $\omega_{op}=\omega_P+2$。填土中所含的粘土矿物越多，则最优含水量越大。最优含水量与压实能量有关，对同一种土，当用人力夯实时，因能量小，要求土粒之间有较多的水分使其更为润滑，因此最优含水量较大而得到的最大干重度却较小；当用机械夯实时，压实能量较大，所以当填土压实程度不足时，可以改用大的压实能量补夯，以达到所要求的密度。

在同类土中，土的颗粒级配对土的压实效果影响很大，颗粒级配不均匀的容易压实，均匀的则不易压实。在实践中，土不可能被压实到完全饱和的程度。实验证明，粘性土在最优含水量时，压实到最大干重度 γ_{dmax}，其饱和度一般为80%左右。此时，因为土孔隙中的气体越来越难于和大气相通，压实时不能将其完全排出去。

特 别 提 示

- 室内击实实验与现场夯实或碾压的最优含水量是不一样的。所谓最优含水量，是针对某一种土，在一定的压实机械、压实能量和填土分层厚度等条件下测得的，如果这些条件改变，就会得出不同的最优含水量。因此，要指导现场施工，还应该进行现场试验。

1.1.4 土的工程分类

地基土(岩)的分类是根据不同的原则将其划分为一定的类别，同一类别的土在工程地质性质上应比较接近。土的合理分类具有很大的实际意义，例如根据分类名称可以大致判断土(岩)的工程特性，评价土作为建筑材料的适宜性及结合其他指标来确定地基的承载力等。《公路桥涵地基与基础设计规范》(JTG D63—2007) 中土的分类与《建筑地基基础设计规范》(GB 50007—2011)分类标准基本一致，本节主要以建筑地基基础规范标准来进行介绍。

1. *岩石*

岩石(基岩)是指颗粒间牢固联结，是整体或具有节理、裂隙的岩体。它作为建筑场地和建筑地基可按下列原则分类。

岩石的坚硬程度应根据岩块的饱和单轴抗压强度 f_{rk} 按表 1－10 分为坚硬岩、较硬岩、较软岩、软岩和极软岩。岩石的风化程度可分为未风化、微风化、中等风化、强风化和全风化。

表 1－10　岩石坚硬程度的划分

坚硬程度类别	坚硬岩	较硬岩	较软岩	软岩	极软岩
饱和单轴抗压强度标准值 f_{rk}/MPa	>60	$60\geqslant f_{rk}>30$	$30\geqslant f_{rk}>15$	$15\geqslant f_{rk}>5$	$\leqslant 5$

特 别 提 示

- 岩石的分类可以分为地质分类和工程分类。地质分类主要根据其地质成因、矿物成分、结构构造和风化程度，可以用地质名称加风化程度表达，如强风化花岗岩、微风化砂岩等。这对于工程的勘察设计确是十分必要的。工程分类主要根据岩体的工程性状，使工程师建立起明确的工程特性概念。地质分类是一种基本分类，工程分类应在地质分类的基础上进行，目的是为了较好地概括其工程性质，便于进行工程评价。

2. *碎石*

碎石土为粒径大于 2mm 的颗粒含量超过全重 50％的土。碎石土可按表 1－11 分为漂石、块石、卵石、碎石、圆砾和角砾。

表1－11 碎石土的分类

土的名称	颗粒形状	粒组含量
漂石 块石	圆形及亚圆形为主 棱角形为主	粒径大于200mm的颗粒含量超过全重50％
卵石 碎石	圆形及亚圆形为主 棱角形为主	粒径大于20mm的颗粒含量超过全重50％
圆砾 角砾	圆形及亚圆形为主 棱角形为主	粒径大于2mm的颗粒含量超过全重50％

特别提示

- 定名时，应根据颗粒级配由大到小，以最先符合者确定。

3．砂土

砂土是指粒径大于2mm的颗粒含量不超过全重50％及粒径大于0.075mm的颗粒超过全重50％的土。砂土按粒组含量分为砾砂、粗砂，中砂、细砂和粉砂(表1－12)。

表1－12 砂土分类

土的名称	颗粒级配
砾砂	粒径大于2mm的颗粒占土总质量25％～50％
粗砂	粒径大于0.5mm的颗粒超过土总质量50％
中砂	粒径大于0.25mm的颗粒超过土总质量50％
细砂	粒径大于0.075mm的颗粒超过土总质量85％
粉砂	粒径大于0.075mm的颗粒超过土总质量50％

特别提示

- 定名时，应根据颗粒级配由大到小，以最先符合者确定。

4．粉土

粉土为介于砂土与粘性土之间，塑性指数(I_p)小于或等于10且粒径大于0.075mm的颗粒含量不超过全重50％的土。

特别提示

- 粉土的性质介于砂土和粘性土之间。砂粒含量较多的粉土，地震时可能产生液化，类似于砂土的性质。粘粒含量较多(＞10％)的粉土不会液化，性质近似于粘性土。而西北一带的黄土，颗粒成分以粉粒为主，砂粒和粘粒含量都很低。因此，将粉土细分为亚类，是符合工程需要的。但目前，由于经验积累的不同和认识上的差别，尚难确定一个能被普遍接受的划分亚类标准，故本条未做划分亚类的明确规定。

5. 粘性土

粘性土是指塑性指数 I_P 大于10的土。粘性土按塑性指数 I_P 的指标值分为粘土和粉质粘土，其分类标准见表1-13。

表1-13 粘性土分类

土的名称	塑性指数 I_P	土的名称	塑性指数 I_P
粘土	$I_P>17$	粉质粘土	$10<I_P\leqslant 17$

注：塑性指数由相应于76g圆锥体沉入土样中深度为10mm时测定的液限计算而得。

对于粘性土的状态，可按表1-14分为坚硬、硬塑、可塑、软塑、流塑。

表1-14 粘性土分类的状态

液性指数 I_L	状 态	液性指数 I_L	状 态	液性指数 I_L	状 态
$I_L\leqslant 0$	坚 硬	$0.25<I_L\leqslant 0.75$	可 塑	$I_L>1$	流 塑
$0<I_L\leqslant 0.25$	硬 塑	$0.75<I_L\leqslant 1$	软 塑		

注：当用静力触探探头阻力判定粘性土的状态时，可根据当地经验确定。

6. 淤泥

淤泥为在静水或缓慢的流水环境中沉积，并经生物化学作用形成，其天然含水量大于液限、天然孔隙比大于或等于1.5的粘性土。当天然含水量大于液限而天然孔隙比小于1.5但大于或等于1.0的粘性土或粉土为淤泥质土。含有大量未分解的腐殖质，有机质含量大于60%的土为泥炭，有机质含量大于等于10%且小于等于60%的土为泥炭质土。

特别提示

- 淤泥和淤泥质土有机质含量为5%～10%时的工程性质变化较大，应予以重视。随着城市建设的需要，有些工程遇到泥炭或泥炭质土。泥炭或泥炭质土是在湖相和沼泽静水、缓慢的流水环境中沉积，经生物化学作用形成，含有大量的有机质，具有含水量高，压缩性高，孔隙比高和天然密度低，抗剪强度低，承载力低的工程特性。泥炭、泥炭质土不应直接作为建筑物的天然地基持力层，工程中遇到时应根据地区经验处理。

7. 红粘土

红粘土为碳酸盐岩系的岩石经红土化作用形成的高塑性粘土。其液限一般大于50%。红粘土经再搬运后仍保留其基本特征，其液限大于45%的土为次生红粘土。

特别提示

- 区域地质资料表明，碳酸盐类岩石与非碳酸盐类岩石常呈互层产出，即使在碳酸盐类岩石成片分布的地区，也常见非碳酸盐类岩石夹杂其中，故将成土母岩扩大到“碳酸盐岩系出露区的岩石”。在岩溶洼地、谷地、准平原及丘陵斜坡地带，当受片状及间歇性水流冲蚀，红粘土的土粒被带到低洼处堆积成新的土层，其颜色较未搬运者为浅，常含粗颗粒，但总体上仍保持红粘土的基本特征，而明显有别于一般的粘性土。这类土在鄂西、湘西、广西、粤北等山地丘陵区分布，还远较红粘土广泛。为了利于对这类土的认识和研究，将它划定为次生红粘土。

8. 人工填土

人工填土根据其组成和成因，可分为素填土、压实填土、杂填土、冲填土。素填土为由碎石土、砂土、粉土、粘性土等组成的填土。经过压实或夯实的素填土为压实填土。杂填土为含有建筑垃圾、工业废料、生活垃圾等杂物的填土。冲填土为由水力冲填泥砂形成的填土。

9. 膨胀土

膨胀土为土中粘粒成分主要由亲水性矿物(以蒙脱石和伊里石为主)组成，同时具有显著的吸水膨胀和失水收缩特性，其自由膨胀率大于或等于40%的粘性土。

已有的建筑经验证明，当土中水分聚集时，土体膨胀，可能对与其接触的建筑物产生强烈的膨胀上抬压力而导致建筑物的破坏；当土中水分减少时，土体收缩并可使土体产生程度不同的裂隙，导致其自身强度的降低或消失。膨胀岩土分布地区易发生浅层滑坡、地裂以及新开挖的基槽及路堑边坡坍塌等不良地质现象。

10. 湿陷性土

湿陷性土为在一定压力下浸水后产生附加沉降，其湿陷系数大于或等于0.015的土。

特别提示

- 湿陷系数是指单位厚度的环刀试样，在一定压力下，下沉稳定后，试样浸水饱和所产生的附加下沉。

任务1.2 土的力学性质

【知识任务】

(1) 掌握土的自重应力和基底压力计算方法。

(2) 理解土的变形特性和压缩指标。

(3) 掌握地基的最终沉降量计算方法。

(4) 掌握地基固结计算方法。

(5) 掌握土的抗剪强度规律。

(6) 掌握土的地基承载力确定方法。

【实训任务】

(1) 掌握土的标准固结实验技能。

(2) 掌握土的直接剪切实验技能。

(3) 掌握土的三轴压缩实验方法和原理。

(4) 掌握现场载荷试验方法和原理。

上部荷载通过基础的传递后最终依靠地基来承受，土体受力后必将产生应力和变形，而为保障上部结构的安全，地基土必须保证足够的承载力和容许的变形，所以为了验算地基承载力、计算地基变形和前期地基勘察、处理等，都需要了解土的力学性质，包括土中应力的大小和分布规律，土的压缩性和沉降以及土的抗剪强度和地基承载力等问题。

1.2.1 土中应力

目前，计算土中应力的方法主要是采用弹性理论公式，也就是把地基土视为均匀的、各向同性的半无限弹性体(图 1.12)。这虽然同土体的实际情况有差别，但其计算结果还是能满足实际工程的要求。其原因可以从以下几方面来分析。

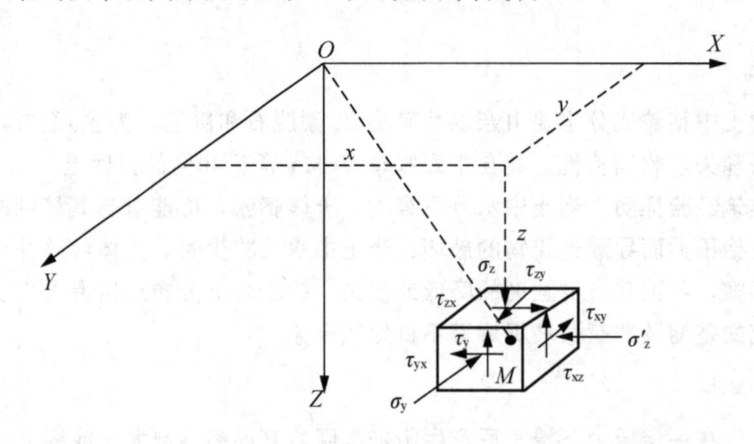

图 1.12 土中应力

(1) 土的碎散性影响，土是由三相组成的分散体，而不是连续的介质。土中应力是通过土颗粒间的接触而传递的。但是，由于建筑物的基础面积尺寸远远大于土颗粒尺寸，同时人们研究的也只是计算平面上的平均应力，而不是土颗粒间的接触集中应力，因此可以忽略土碎散性的影响，近似地把土体作为连续体考虑。

(2) 土的非均质性和非理想弹性体的影响。土在形成过程中具有各种结构与构造，使土呈现不均匀性。同时，土体也不是一种理想的弹性体，而是一种具有弹塑性或粘滞性的介质。但是，在实际工程中土中应力水平较低。当土体受压时，应力—应变关系接近于线性关系。因此，当土层间的性质差异不十分悬殊时，采用弹性理论计算土中应力在实用上是允许的。

(3) 地基土可视为半无限体。所谓半无限体，就是无限空间体的一半。由于地基土在水平方向和深度方向相对于建筑物基础的尺寸而言，可以认为是无限延伸的，因此可以认为地基土是符合半无限体的假定的。

1. 土层自重应力

1) 计算公式

土中自重应力是指土的有效重量在土中产生的应力，它与是否修建建筑物无关，是始终存在于土体之中的。在计算自重应力时，可认为天然地面为一无限大的水平面，当土质均匀时，土体在自重作用下，在任一竖直面都为对称面，土中没有侧向变形和剪切变形，只能产生垂直变形。因此，可以取一土柱作为脱离体来研究地面下深度 z 处的自重应力，当土的重度为 γ 时，该处的自重应力为

$$\sigma_{cz} = \frac{\gamma z A}{A} = \gamma z \tag{1-17}$$

当深度 z 范围内由多层土组成时，则 z 处的竖向自重应力为各层土竖向自重应力之和，即

$$\sigma_{cz} = \gamma_1 h_1 + \gamma_2 h_2 + \cdots + \gamma_i h_i + \cdots + \gamma_n h_n = \sum_{i=1}^{n} \gamma_i h_i \tag{1-18}$$

式中：n ——从地面到深度 z 处的土层数；

γ_i ——第 i 层土的重度(kN/m³)，地下水位以下的土，受到水的浮力作用，减轻了土的重力，计算时应取土的有效重度 γ_i' 代替 γ_i；

h_i ——第 i 层土的厚度。

按式(1-18)计算出各土层分界处的自重应力，分别用直线连接，得出竖向自重应力分布图，如图 1.13 所示。自重应力随深度而增加，其应力图形为折线形。

2）地下水对自重应力的影响

对于地下水位以下的土，受到水的浮力作用，使土的重度减轻，计算时采用土的有效重度 $\gamma' = \gamma_{sad} - \gamma_w$ 。

3）不透水层的影响

基岩或只含结合水的坚硬粘土层可被视为不透水层，在不透水层中不存在水的浮力，作用在不透水层层面及层面以下的土的自重应力应等于上覆土和水的总重。如图 1.14 所示，土层在不透水层层面处的自重应力为

$$\sigma_{cz} = \gamma_1 z_1 + (\gamma_2 - \gamma_w) z_2 + \gamma_w z_2 \tag{1-19}$$

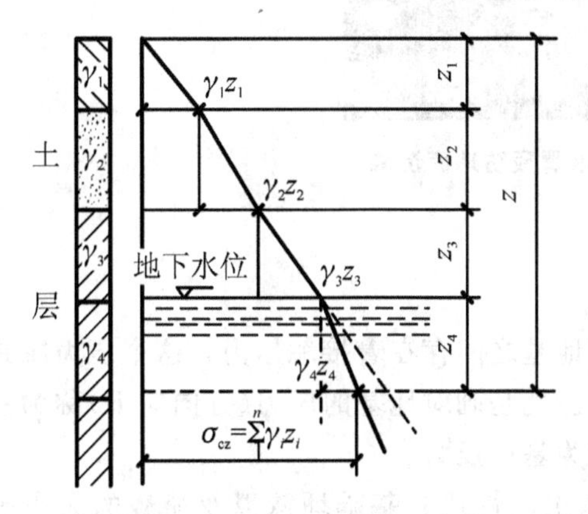

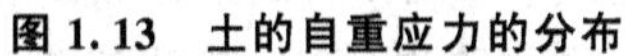

图 1.13　土的自重应力的分布

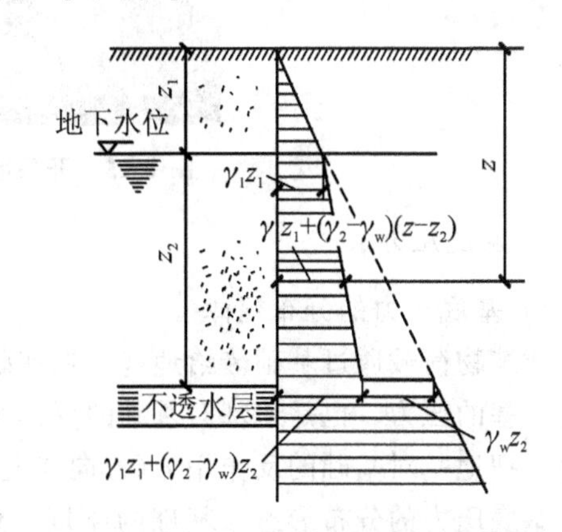

图 1.14　地下水及不透水层自重应力计算

由 σ_{cz} 分布图可知，竖向自重应力的分布规律如下。

(1) 土的自重应力分布线是一条折线，折点在土层交界处和地下水位处，在不透水层面处分布线有突变。

(2) 同一层土的自重应力按直线变化。

(3) 自重应力随深度增加而变大。

(4) 在同一平面，自重应力各点相。

自然界中的天然土层，形成至今已有很长的时间，在本身的自重作用下引起的土的压缩变形早已完成，因此自重应力一般不会引起建筑物基础的沉降。但对于近期沉积或堆积的土层，就应考虑由自重应力引起的变形。

此外，地下水位的升降会引起土中自重应力的变化。当水位下降时，原水位以下自重应力增加，增加值可作为附加应力，因此会引起地表或基础的下沉；当水位上升时，对设有地下室的建筑或地下建筑工程地基的防潮不利，对粘性土的强度也会有一定的影响。

应用案例1-4

北京、上海和西安等50多座城市出现地面沉降，其中一个主要原因是常年严重超采地下水，使得城市承压水位急剧降低，形成了地下水下降漏斗区，地下水漏斗区最大的危害是导致地面沉降，从而引起建筑物破坏和城市沉陷。例如西安大雁塔倾斜主要原因是长期超采导致地下水位大幅下降，1996年最严重时期，大雁塔向西北倾斜达1m。现在西安每天地下注水1200t以遏制地面沉降，通过封井、回灌地下水，西安市地下水位已开始缓慢回升，地面沉降和地裂缝发展得到遏制。位于大雁塔回灌区域的中核262厂回灌井附近，地下水位平均抬升2.11m，曾经严重倾斜的大雁塔也在逐渐回正。地面沉降如图1.15所示。

图1.15　开采地下水需预防地面沉降

2. 基底压力

1）基底压力的分布规律

建筑物荷载通过基础传给地基，在基础与地基之间存在着接触压力，这个压力既是基础对地基的压力，也是地基对基础的反作用力。把基础对地基的压力(方向向下)称为**基底压力**，把地基对基础的反作用力(方向向上)称为**基底反力**。

基底压力的分布形态与基础的刚度、地基土的性质、基础埋深以及荷载的大小等有关。当基础为绝对柔性基础时(即无抗弯刚度，如土筑成的路堤等)，基础随着地基一起变形，中部沉降大，四周沉降小，其压力分布与荷载分布相同，如图1.16(a)所示。如果要使柔性基础各点沉降相同，则作用在基础上的荷载必须是四周大而中间小，如图1.16(b)所示。当基础为绝对刚性基础时(即抗弯刚度无限大，如桥梁墩台基础、沉井基础等)，基底受荷后仍保持为平面，各点沉降相同，由此可知，基底的压力分布必是四周大而中间小，如图1.16(c)中的虚线所示。由于地基土的塑性性质，特别是基础边缘地基土产生塑性变形后，基底压力发生重分布，因而使边缘压力减小，而边缘与中心之间的压力相应增加，压力分布呈马鞍形，如图1.16(c)中的实线所示。随着荷载的增加，基础边缘地基土塑性变形区扩大，基底压力由马鞍形发展为抛物线形，甚至钟形，如图1.17所示。

实际建筑物基础是介于绝对柔性基础与绝对刚性基础之间而具有较大的抗弯刚度。作

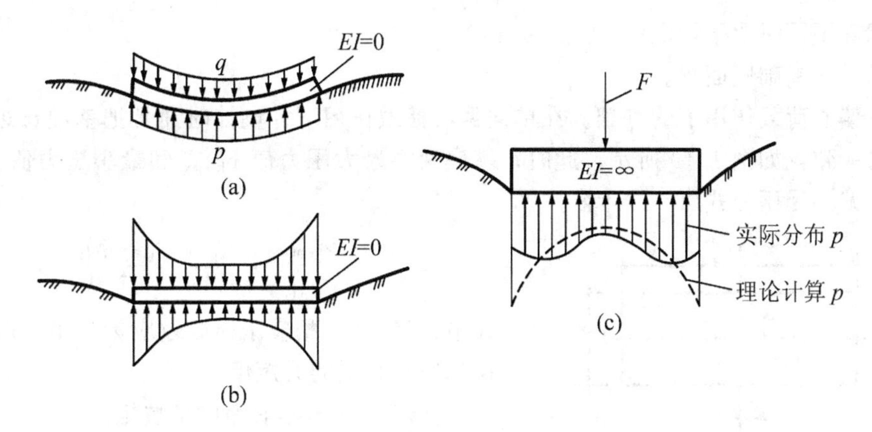

图 1.16 基础的基底反力和沉降

(a) 绝对柔性基础荷载均匀时；(b) 绝对柔性基础沉降均匀时；(c) 绝对刚性基础

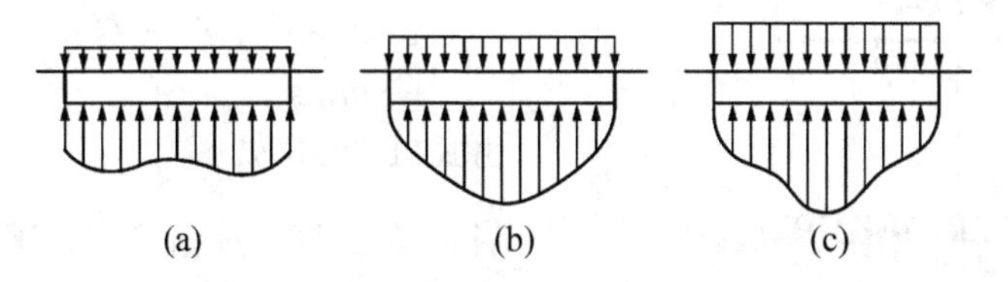

图 1.17 刚性基础基底压力的分布形态

(a) 马鞍形；(b) 抛物线形；(c) 钟形

用在基础上的荷载，受到地基承载力的限制，一般不会很大；而且基础又有一定的埋深，因此基底压力分布大多属于马鞍形分布，并比较接近直线。在工程中，常将基底压力假定为直线分布，按材料力学公式计算基底压力，这样使得基底压力的计算大为简化。

2）基底压力的简化计算

(1) 轴心荷载作用下的基础。轴心荷载作用下的基础所受竖向荷载的合力通过基底形心，如图 1.18 所示，基底压力按式(1-2)计算，即

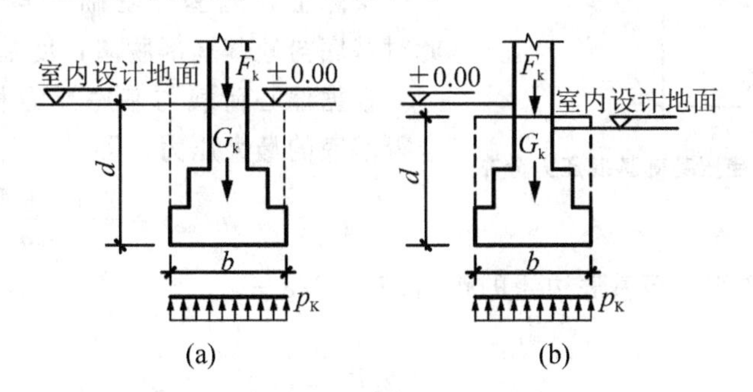

图 1.18 轴心受压基础基底反力分布

$$p_k = \frac{F_k + G_k}{A} \tag{1-20}$$

式中：p_k ——相应于荷载效应标准组合时，基础底面处的平均压力；

F_k ——相应于荷载效应标准组合时，上部结构传至基础顶面的竖向力；

G_k ——基础及其基础底面以上回填土的总重力，对一般的实体基础其 $G_k = \gamma_G Ad$，其中 γ_G 为基础及回填土的平均重度，通常 $\gamma_G = 20\text{kN/m}^3$；$d$ 为基础埋深，当室内外

标高不同时取平均值；

A ——基础底面积。

(2) 偏心荷载作用下的基础。在单向偏心荷载作用下，设计时通常把基础长边方向与偏心方向一致，如图 1.19 所示。此时，基底两端最大压力值 $p_{k,max}$ 和最小压力值 $p_{k,min}$ 按材料力学偏心受压公式(1-21)计算。

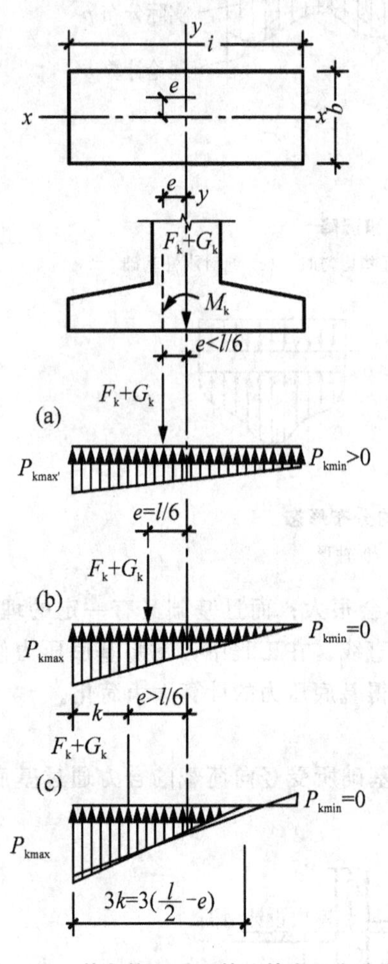

图 1.19　单向偏心受压基础基底压力分布

$$\begin{matrix} p_{k,max} \\ p_{k,min} \end{matrix} = \frac{F_k + G_k}{A} \pm \frac{M_k}{W} \tag{1-21}$$

式中：M_k ——相应于荷载效应标准组合时，作用在基底形心上的力矩值；

W ——基础底面的抵抗矩。

将 $M_k = (F_k + G_k)e$，$W = bl^2/6$ 代入式(1-21)得

$$\begin{matrix} p_{k,max} \\ p_{k,min} \end{matrix} = \frac{F_k + G_k}{A}\left(1 \pm \frac{6e}{l}\right) \tag{1-22}$$

由式(1-22)可知：

当 $e < \frac{l}{6}$ 时，$p_{k,min} > 0$，基底压力呈梯形分布；如图 1.19(a)中虚线所示。

当 $e = \frac{l}{6}$ 时，$p_{k,min} = 0$，基底压力分布呈三角形；如图 1.19(b)中虚线所示。

当 $e > \frac{l}{6}$ 时，$p_{k,min} < 0$，表示基础底面与地基之间一部分出现拉应力，如图 1.19(c)中虚线所示。

实际上，地基与基础之间不会传递拉应力，此时基底与地基局部脱离，使基底压力重分布。

根据偏心荷载与基底反力相平衡的条件，可求得基底的最大压力，即

$$p_{k,max} = \frac{2(F_k + G_k)}{3kb} \tag{1-23}$$

式中：k ——荷载作用点至基底边缘的距离，$k = l/2 - e$ 。

对于条形基础：

$$p_{k,max} = \frac{2(\bar{F}_k + \bar{G}_k)}{3k} \tag{1-24}$$

3）基底附加压力

基础总是有一定埋置深度的，在基坑开挖前，基底处已存在土的自重应力，基坑开挖后自重应力消失，所以基底附加压力 p_0 应从基底压力中扣除基底处原有的土中自重应力。

$$p_0 = p - \sigma_c = p - \gamma_0 d \tag{1-25}$$

式中：p ——对应于荷载效应准永久组合时的基底平均压力；

σ_c——基底处土的自重应力；

γ_0——基础底面以上天然土层的加权平均重度，$\gamma_0=\dfrac{\gamma_1 h_1+\gamma_2 h_2+\cdots+\gamma_n h_n}{h_1+h_2+\cdots+h_n}$；

d——基础埋深。

3. 附加应力

1）竖向集中荷载作用下土中附加应力的计算

竖向集中力作用于半空间表面，如图 1.20 所示，在半空间内任一点 $M(x,y,z)$ 的应力和位移解，由法国的布辛奈斯克(J·Boussinesq)根据弹性理论求得，其表达式如下：

$$\sigma_z=\alpha\frac{P}{z^2} \tag{1-26}$$

式中：α——集中荷载作用下的地基竖向附加应力系数，按 r/z 查表 1-15 可得。

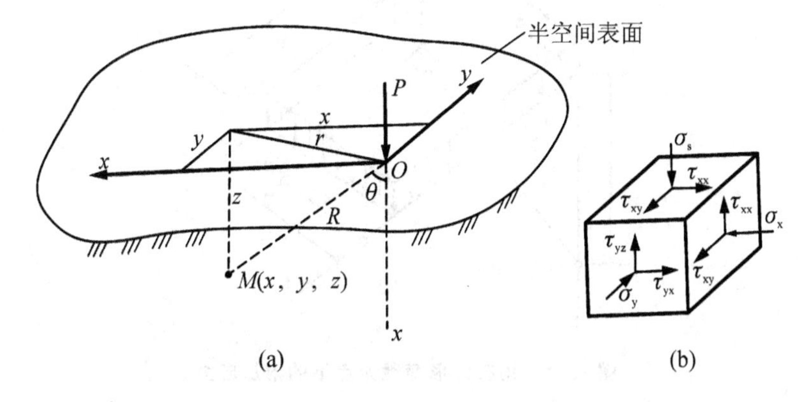

图 1.20 竖向集中力作用下的附加应力

(a) 半空间任意点 M；(b) M 点处的微元体

表 1-15 集中荷载作用下地基竖向附加应力系数 α

r/z	α	r/z	α	r/z	α	r/z	α	r/z	α
0	0.4775	0.50	0.2733	1.00	0.0844	1.50	0.0251	2.00	0.0085
0.05	0.4745	0.55	0.2466	1.05	0.0744	1.55	0.0224	2.20	0.0058
0.10	0.4657	0.60	0.2214	1.10	0.0658	1.60	0.0200	2.40	0.0040
0.15	0.4516	0.65	0.1978	1.15	0.0581	1.65	0.0179	2.60	0.0029
0.20	0.4329	0.70	0.1762	1.20	0.0513	1.70	0.0160	2.80	0.0021
0.25	0.4103	0.75	0.1565	1.25	0.0454	1.75	0.0144	3.00	0.0015
0.30	0.3849	0.80	0.1386	1.30	0.0402	1.80	0.0129	3.50	0.0007
0.35	0.3577	0.85	0.1226	1.35	0.0357	1.85	0.0116	4.00	0.0004
0.40	0.3294	0.90	0.1083	1.40	0.0317	1.90	0.0105	4.50	0.0002
0.45	0.3011	0.95	0.0956	1.45	0.0282	1.95	0.0095	5.00	0.0001

2）均布矩形荷载作用下土中附加应力

（1）均布矩形荷载角点下土中附加应力。在地基表面有一短边为 b、长边为 l 的矩形面积，其上作用均布矩形荷载 p_0，如图 1.21 所示，设坐标原点 O 在荷载面角点处，在矩形面积内取一微面积 $\mathrm{d}x\mathrm{d}y$，距离原点 O 为 x、y，微面积上的分布荷载以集中力 $P = p_0\mathrm{d}x\mathrm{d}y$ 代替，则在角点下任意深度 z 处的 M 点，由该集中力引起的竖向附加应力为 $\mathrm{d}\sigma_z$，角点下的附加应力为

$$\sigma_z = \alpha_c p_0 \tag{1-27}$$

式中：α_c——均布矩形荷载角点下竖向附加应力系数，按 l/b、z/b 查表 1-16 可得。

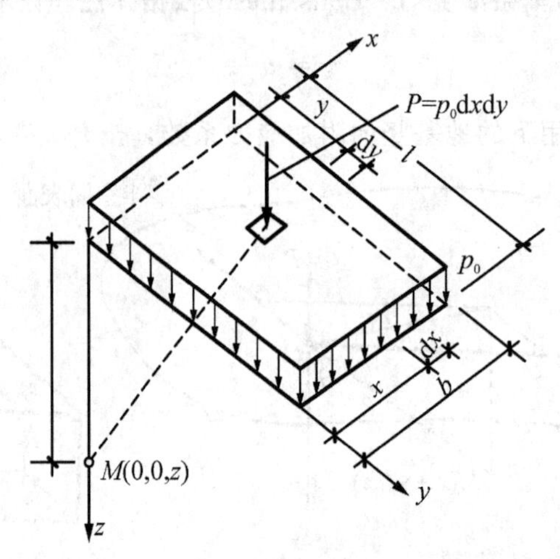

图 1.21　均布矩形荷载角点下的附加应力

表 1-16　均布矩形荷载角点下的竖向附加应力系数 α_c

z/b	l/b											
	1.0	1.2	1.4	1.6	1.8	2.0	3.0	4.0	5.0	6.0	10.0	条形
0.0	0.250	0.250	0.250	0.250	0.250	0.250	0.250	0.250	0.250	0.250	0.250	0.250
0.2	0.249	0.249	0.249	0.249	0.249	0.249	0.249	0.249	0.249	0.249	0.249	0.249
0.4	0.240	0.242	0.243	0.243	0.244	0.244	0.244	0.244	0.244	0.244	0.244	0.244
0.6	0.223	0.228	0.230	0.232	0.232	0.233	0.234	0.234	0.234	0.234	0.234	0.234
0.8	0.200	0.207	0.212	0.215	0.216	0.218	0.220	0.220	0.220	0.220	0.220	0.220
1.0	0.175	0.185	0.191	0.195	0.198	0.200	0.203	0.204	0.204	0.204	0.205	0.205
1.2	0.152	0.163	0.171	0.176	0.179	0.182	0.187	0.188	0.189	0.189	0.189	0.189
1.4	0.131	0.142	0.151	0.157	0.161	0.164	0.171	0.173	0.174	0.174	0.174	0.174
1.6	0.112	0.124	0.133	0.140	0.145	0.148	0.157	0.159	0.160	0.160	0.160	0.160
1.8	0.097	0.108	0.117	0.124	0.129	0.133	0.143	0.146	0.147	0.148	0.148	0.148
2.0	0.084	0.095	0.103	0.110	0.116	0.120	0.131	0.135	0.136	0.137	0.137	0.137
2.2	0.073	0.083	0.092	0.098	0.104	0.108	0.121	0.125	0.126	0.127	0.128	0.128

续表

z/b	l/b											
	1.0	**1.2**	**1.4**	**1.6**	**1.8**	**2.0**	**3.0**	**4.0**	**5.0**	**6.0**	**10.0**	**条形**
2.4	0.064	0.073	0.081	0.088	0.093	0.098	0.111	0.116	0.118	0.118	0.119	0.119
2.6	0.057	0.065	0.072	0.079	0.084	0.089	0.102	0.107	0.110	0.111	0.112	0.112
2.8	0.050	0.058	0.065	0.071	0.076	0.080	0.094	0.100	0.102	0.104	0.105	0.105
3.0	0.045	0.052	0.058	0.064	0.069	0.073	0.087	0.093	0.096	0.097	0.099	0.099
3.2	0.040	0.047	0.053	0.058	0.063	0.067	0.081	0.087	0.090	0.092	0.093	0.094
3.4	0.036	0.042	0.048	0.053	0.057	0.061	0.075	0.081	0.085	0.086	0.088	0.089
3.6	0.033	0.038	0.043	0.048	0.052	0.056	0.069	0.076	0.080	0.082	0.084	0.084
3.8	0.030	0.035	0.040	0.044	0.048	0.052	0.065	0.072	0.075	0.077	0.080	0.080
4.0	0.027	0.032	0.036	0.040	0.044	0.048	0.060	0.067	0.071	0.073	0.076	0.076
4.2	0.025	0.029	0.033	0.037	0.041	0.044	0.056	0.063	0.067	0.070	0.072	0.073
4.4	0.023	0.027	0.031	0.034	0.038	0.041	0.053	0.060	0.064	0.066	0.069	0.070
4.6	0.021	0.025	0.028	0.032	0.035	0.038	0.049	0.056	0.061	0.063	0.066	0.067
4.8	0.019	0.023	0.026	0.029	0.032	0.035	0.046	0.053	0.058	0.060	0.064	0.064
5.0	0.018	0.021	0.024	0.027	0.030	0.033	0.043	0.050	0.055	0.057	0.061	0.062
6.0	0.013	0.015	0.017	0.020	0.022	0.024	0.033	0.039	0.043	0.046	0.051	0.052
7.0	0.009	0.011	0.013	0.015	0.016	0.018	0.025	0.031	0.035	0.038	0.043	0.045
8.0	0.007	0.009	0.010	0.011	0.013	0.014	0.020	0.025	0.028	0.031	0.037	0.039
9.0	0.006	0.007	0.008	0.009	0.010	0.011	0.016	0.020	0.024	0.026	0.032	0.035
10.0	0.005	0.006	0.007	0.007	0.008	0.009	0.013	0.017	0.020	0.022	0.028	0.032
12.0	0.003	0.004	0.005	0.005	0.006	0.006	0.009	0.012	0.014	0.017	0.022	0.026
14.0	0.002	0.003	0.004	0.004	0.004	0.005	0.007	0.009	0.011	0.013	0.018	0.023
16.0	0.002	0.002	0.003	0.003	0.003	0.004	0.005	0.007	0.009	0.010	0.014	0.020
18.0	0.001	0.002	0.002	0.002	0.003	0.003	0.004	0.006	0.007	0.008	0.012	0.018
20.0	0.001	0.001	0.002	0.002	0.002	0.002	0.004	0.005	0.006	0.007	0.010	0.015
25.0	0.001	0.001	0.001	0.001	0.001	0.002	0.002	0.003	0.004	0.004	0.007	0.013
30.0	0.001	0.001	0.001	0.001	0.001	0.001	0.002	0.002	0.003	0.003	0.005	0.011
35.0	0.000	0.000	0.001	0.001	0.001	0.001	0.001	0.002	0.002	0.002	0.004	0.009
40.0	0.000	0.000	0.000	0.000	0.001	0.001	0.001	0.001	0.001	0.002	0.003	0.008

(2) 均布矩形荷载任意点下土中附加应力。在实际工程中，常需求地基中任意点的附加应力。如图 1.22 所示的荷载平面，求 O 点下深度为 z 处 M 点的附加应力时，可通过 O 点将荷载面积划分为几块小矩形，并使每块小矩形的某一角点为 O 点，分别求每个小矩形块在 M 点的附加应力，然后将各值叠加，即为 M 点的最终附加应力值。这种方法称为角点法。

① 图 1.22(a)，O 点在均布荷载的边界上，则 $\sigma_z=(\alpha_{c1}+\alpha_{c2})p_0$。

② 图 1.22(b)，O 点在均布荷载面内，则 $\sigma_z=(\alpha_{c1}+\alpha_{c2}+\alpha_{c3}+\alpha_{c4})p_0$。

当 O 点位于荷载面中心时，$\alpha_{c1}=\alpha_{c2}=\alpha_{c3}=\alpha_{c4}$，故有 $\sigma_z=4\alpha_{c1}p_0$。

③ 图 1.22(c)，O 点在荷载面边缘外侧，此时荷载面 $abcd$ 可以看成是由 Ⅰ($ofbg$) 与 Ⅱ(ofah)之差和Ⅲ($oecg$)与Ⅳ($oedh$)之差合成的，则 $\sigma_z=(\alpha_{c1}-\alpha_{c2}+\alpha_{c3}-\alpha_{c4})p_0$。

④ 图 1.22(d)，O 点在荷载角点外侧，把荷载面看成由 Ⅰ(ohce) 和Ⅳ($ogaf$)两个面积中扣除Ⅱ($ohbf$)和Ⅲ($ogde$)而成的，则 $\sigma_z=(\alpha_{c1}-\alpha_{c2}-\alpha_{c3}+\alpha_{c4})p_0$。

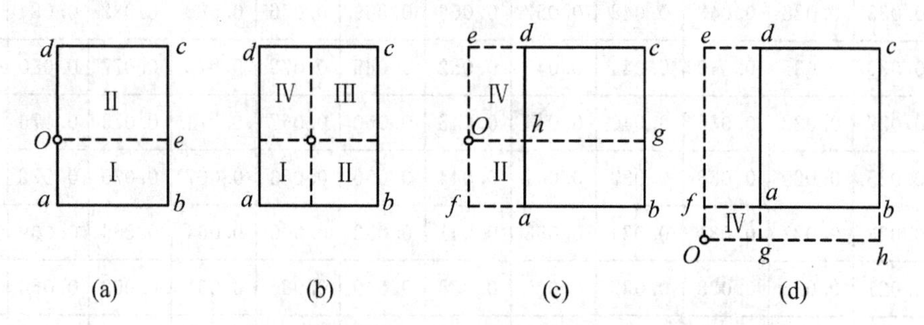

图 1.22 用角点法计算均布矩性荷载下的地基附加应力

(a) 计算点在荷载边缘；(b) 计算点在荷载面内

(c) 计算点在荷载边缘外侧；(d) 计算点在荷载面角外侧

特别提示

- 查表 1-16 时所取边长 l 和 b 应为划分后小矩形块的长边和短边。

3) 三角形分布矩形荷载作用下土中附加应力

由于弯矩作用，故基底反力呈梯形分布，此时可采用均匀分布及三角形分布叠加。

设 b 边荷载呈三角形分布，l 边的荷载分布不变，荷载最大值 p_0，如图 1.23 所示。取荷载零值边的角点 O 为坐标原点，在荷载面积内某点(x,y)取微面积 $dxdy$ 上的分布荷载用集中力$(x/b)p_0dxdy$ 代替，则角点 O 下深度 z 处的 M 点，由该集中力引起的附加应力 $d\sigma_z$ 可得

$$\sigma_z=\alpha_{t1}p_0 \tag{1-28}$$

式中：α_{t1} ——角点 1 下的竖向附加应力系数，由 l/b 及 z/b 查表 1-17 可得；

l ——三角形荷载分布不变化对应的边；

b ——三角形荷载分布变化对应的边。

同理可求得最大荷载边角点下附加应力为

$$\sigma_z=\alpha_{t2}p_0 \tag{1-29}$$

式中：α_{t2} ——角点 2 下的附加应力系数，由 l/b 及 z/b 查表 1-17 可得。

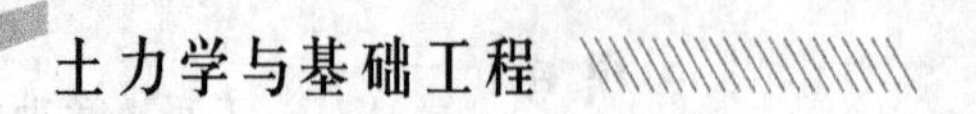

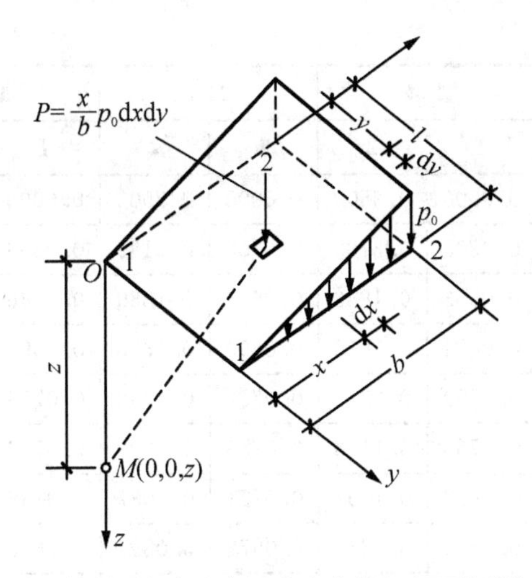

图 1.23　矩形面积上三角形分布荷载角点下的附加应力

表 1-17　三角形分布的矩形荷载角点下的竖向附加应力系数 α_{t1} 和 α_{t2}

z/b \ l/b	0.2		0.4		0.6		0.8		1.0	
	1	2	1	2	1	2	1	2	1	2
0.0	0.0000	0.2500	0.0000	0.2500	0.0000	0.2500	0.0000	0.2500	0.0000	0.2500
0.2	0.0223	0.1821	0.0280	0.2115	0.0296	0.2165	0.0301	0.2178	0.0304	0.2182
0.4	0.0269	0.1094	0.0420	0.1604	0.0487	0.1781	0.0517	0.1844	0.0531	0.1870
0.6	0.0259	0.0700	0.0448	0.1165	0.0560	0.1405	0.0621	0.1520	0.0654	0.1575
0.8	0.0232	0.0480	0.0421	0.0853	0.0553	0.1093	0.0637	0.1232	0.0688	0.1311
1.0	0.0201	0.0346	0.0375	0.0638	0.0508	0.0852	0.0602	0.0996	0.0666	0.1086
1.2	0.0171	0.0260	0.0324	0.0491	0.0450	0.0673	0.0546	0.0807	0.0615	0.0901
1.4	0.0145	0.0202	0.0278	0.0386	0.0392	0.0540	0.0483	0.0661	0.0554	0.0751
1.6	0.0123	0.0160	0.0238	0.0310	0.0339	0.0440	0.0424	0.0547	0.0492	0.0628
1.8	0.0105	0.0130	0.0204	0.0254	0.0294	0.0363	0.0371	0.0457	0.0435	0.0534
2.0	0.0090	0.0108	0.0176	0.0211	0.0255	0.0304	0.0324	0.0387	0.0384	0.0456
2.5	0.0063	0.0072	0.0125	0.0140	0.0183	0.0205	0.0236	0.0265	0.0284	0.0313
3.0	0.0046	0.0051	0.0092	0.0100	0.0135	0.0148	0.0176	0.0192	0.0214	0.0233
5.0	0.0018	0.0019	0.0036	0.0038	0.054	0.0056	0.0071	0.0074	0.0088	0.0091
7.0	0.0009	0.0010	0.0019	0.0019	0.0028	0.0029	0.0038	0.0038	0.0047	0.0047
10.0	0.0005	0.0004	0.0009	0.0010	0.0014	0.0014	0.0019	0.0019	0.0023	0.0024

续表

z/b \ l/b	1.2		1.4		1.6		1.8		2.0	
	1	2	1	2	1	2	1	2	1	2
0.0	0.0000	0.2500	0.0000	0.2500	0.0000	0.2500	0.0000	0.2500	0.0000	0.2500
0.2	0.0305	0.2184	0.0305	0.2185	0.0306	0.2185	0.0306	0.2185	0.0306	0.2185
0.4	0.0539	0.1881	0.0543	0.1886	0.0545	0.1889	0.0546	0.1891	0.0547	0.1892
0.6	0.0673	0.1602	0.0684	0.1616	0.0690	0.1625	0.0694	0.1630	0.0696	0.1633
0.8	0.0720	0.1355	0.0739	0.1381	0.0751	0.1396	0.0759	0.1405	0.0764	0.1412
1.0	0.0708	0.1143	0.0735	0.1176	0.0753	0.1202	0.0766	0.1215	0.0774	0.1225
1.2	0.1664	0.0962	0.0698	0.1007	0.0721	0.1037	0.0738	0.1055	0.0749	0.1069
1.4	0.0606	0.0817	0.0644	0.0864	0.0672	0.0897	0.0692	0.0921	0.0707	0.0937
1.6	0.0545	0.0696	0.0586	0.0743	0.0616	0.0780	0.0639	0.0806	0.0656	0.0826
1.8	0.0487	0.0596	0.0528	0.0644	0.0560	0.0681	0.0585	0.0709	0.0604	0.0730
2.0	0.0434	0.0513	0.0474	0.0560	0.0507	0.0596	0.0533	0.0625	0.0553	0.0649
2.5	0.0326	0.0365	0.0362	0.0405	0.0393	0.0440	0.0419	0.0469	0.0440	0.0491
3.0	0.0249	0.0270	0.0280	0.0303	0.0307	0.0333	0.0331	0.0359	0.0352	0.0380
5.0	0.0104	0.0108	0.0120	0.0123	0.0135	0.0139	0.0148	0.0154	0.0161	0.0167
7.0	0.0056	0.0056	0.0064	0.0066	0.0073	0.0074	0.0081	0.0083	0.0089	0.0091
10.0	0.0028	0.0028	0.0033	0.0032	0.0037	0.0037	0.0041	0.0042	0.0046	0.0046

z/b \ l/b	3.0		4.0		6.0		8.0		10.0	
	1	2	1	2	1	2	1	2	1	2
0.0	0.0000	0.2500	0.0000	0.2500	0.0000	0.2500	0.0000	0.2500	0.0000	0.2500
0.2	0.0306	0.2186	0.0306	0.2186	0.0306	0.2186	0.0306	0.2186	0.0306	0.2186
0.4	0.0548	0.1894	0.0549	0.1894	0.0548	0.1894	0.0549	0.1894	0.0549	0.1894
0.6	0.0701	0.1638	0.0702	0.1639	0.0702	0.1640	0.0702	0.1640	0.0702	0.1640
0.8	0.0773	0.1423	0.0776	0.1424	0.0776	0.1426	0.0776	0.1426	0.0776	0.1426
1.0	0.0790	0.1244	0.0794	0.1248	0.0795	0.1250	0.0796	0.1250	0.0796	0.1250
1.2	0.0774	0.1096	0.0779	0.1103	0.0782	0.1105	0.0783	0.1105	0.0783	0.1105
1.4	0.0739	0.0973	0.0748	0.0982	0.0752	0.0986	0.0752	0.0987	0.0753	0.0987
1.6	0.0697	0.0870	0.0708	0.0882	0.0714	0.0887	0.0715	0.0888	0.0715	0.0889
1.8	0.0652	0.0782	0.0666	0.0797	0.0673	0.0805	0.0675	0.0806	0.0675	0.0808
2.0	0.0607	0.0707	0.0624	0.0726	0.0634	0.0734	0.0636	0.0736	0.0636	0.0738
2.5	0.0504	0.0599	0.0529	0.0585	0.0543	0.0601	0.0547	0.0604	0.0548	0.0605
3.0	0.0419	0.0451	0.0449	0.0482	0.0469	0.0504	0.0474	0.0509	0.0476	0.0511
5.0	0.0214	0.0221	0.0248	0.0265	0.0283	0.0290	0.0296	0.0303	0.0301	0.0309
7.0	0.0124	0.0126	0.0152	0.0154	0.0186	0.0190	0.0204	0.0207	0.0212	0.0216
10.0	0.0066	0.0066	0.0084	0.0083	0.0111	0.0111	0.0128	0.0130	0.0139	0.0141

特别提示

- 表 1-17 中的 b 为荷载变化方向的基础边长，并不像其他表中是基础的短边。
- 表 1-17 中的 1 和 2 为图 1.23 中的点。

4）均布圆形荷载作用下土中附加应力

设圆形面积半径为 r_0，均布荷载 p_0 作用在半无限体表面上，如图 1.24 所示，求圆形面积中心点下深度 z 处的竖向附加应力。采用极坐标，原点设在圆心 O 处，在圆面积内取微面积 $dA = rd\theta dr$，将作用在此微面积上的分布荷载以一集中力 $p_0 dA$ 代替，由此在 M 点引起的附加应力可得

$$\sigma_z = \alpha_t p_0 \tag{1-30}$$

式中：α_t ——均布圆形荷载周边下的附加应力系数，按 z/r_0 查表 1-18 可得。

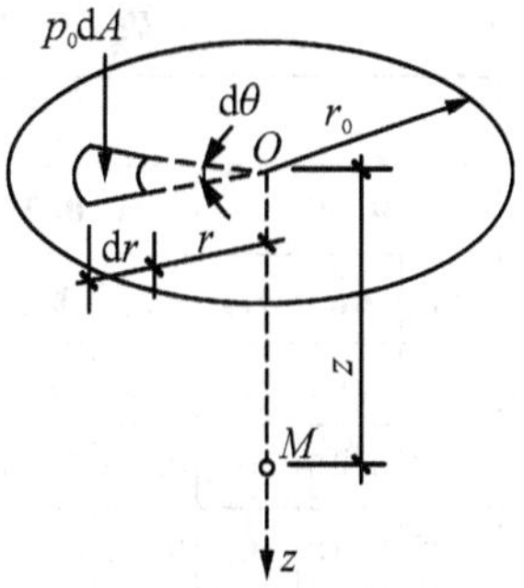

图 1.24 圆形面积上的均布荷载中心点下的附加应力

表 1-18 均布圆形荷载中心点及圆周边下的附加应力系数 α_0、α_t

z/r_0	α_0	α_t	z/r_0	α_0	α_t	z/r_0	α_0	α_t
0.0	1.000	0.500	1.6	0.390	0.244	3.2	0.130	0.103
0.1	0.999	0.482	1.7	0.360	0.229	3.3	0.124	0.099
0.2	0.993	0.464	1.8	0.332	0.217	3.4	0.117	0.094
0.3	0.976	0.447	1.9	0.307	0.204	3.5	0.111	0.089
0.4	0.949	0.432	2.0	0.285	0.193	3.6	0.106	0.084
0.5	0.911	0.412	2.1	0.264	0.182	3.7	0.100	0.079
0.6	0.864	0.374	2.2	0.246	0.172	3.8	0.096	0.074
0.7	0.811	0.369	2.3	0.229	0.162	3.9	0.091	0.070
0.8	0.756	0.363	2.4	0.211	0.154	4.0	0.087	0.066
0.9	0.701	0.347	2.5	0.200	0.146	4.2	0.079	0.058
1.0	0.646	0.332	2.6	0.187	0.139	4.4	0.073	0.052
1.1	0.595	0.313	2.7	0.175	0.133	4.6	0.067	0.049
1.2	0.547	0.303	2.8	0.165	0.125	4.8	0.062	0.047
1.3	0.502	0.286	2.9	0.155	0.119	5.0	0.057	0.045
1.4	0.461	0.270	3.0	0.146	0.113			
1.5	0.424	0.256	3.1	0.138	0.108			

5）均布条形荷载作用下土中附加应力

在地基表面作用一宽度为 b 的均布条形荷载 p_0，且沿 y 轴无限延伸，求地基中任一点 M 的附加应力时，可取 $p = p_0 d\xi$ 作为线荷载，在宽度 b 范围内积分得

$$\sigma_z = \alpha_{sz} p_0 \tag{1-31}$$

同理可得

$$\sigma_x = \alpha_{sx} p_0 \quad \tau_{xz} = \tau_{zx} = \alpha_{sxz} p_0$$

式中：α_{sz}、α_{sx}、α_{sxz} —— σ_z、σ_x、σ_{xz} 的附加应力系数，按 x/b、z/b 查表 1-19 可得，x 为 x 轴方向水平距离。

表 1-19　均布条形荷载下的附加应力系数 α_{sz}、α_{sx}、α_{sxz}

z/b	x/b																	
	0.00			0.25			0.50			1.00			1.50			2.00		
	α_{sz}	α_{sx}	α_{sxz}	α_{sz}	α_{sx}	α_{sxz}	α_{sz}	α_{sx}	α_{sxz}	α_{sz}	α_{sx}	α_{sxz}	α_{sz}	α_{sx}	α_{sxz}	α_{sz}	α_{sx}	α_{sxz}
0.00	1.00	1.00	0	1.00	1.00	0	0.50	0.50	0.32	0	0	0	0	0	0	0	0	0
0.25	0.96	0.45	0	0.90	0.39	0.13	0.50	0.35	0.30	0.02	0.17	0.05	0.00	0.07	0.01	0	0.04	0
0.50	0.82	0.18	0	0.74	0.19	0.16	0.48	0.23	0.26	0.08	0.21	0.13	0.02	0.12	0.04	0	0.07	0.02
0.75	0.67	0.08	0	0.61	0.10	0.13	0.45	0.14	0.20	0.15	0.22	0.16	0.04	0.14	0.07	0.02	0.10	0.04
1.00	0.55	0.04	0	0.51	0.05	0.10	0.41	0.09	0.16	0.19	0.15	0.16	0.07	0.14	0.10	0.03	0.13	0.05
1.25	0.46	0.02	0	0.44	0.03	0.07	0.37	0.06	0.12	0.20	0.11	0.14	0.10	0.12	0.10	0.04	0.11	0.07
1.50	0.40	0.01	0	0.38	0.02	0.06	0.33	0.04	0.10	0.21	0.08	0.13	0.11	0.10	0.10	0.06	0.10	0.07
1.75	0.35	—	0	0.34	0.01	0.04	0.30	0.03	0.08	0.21	0.06	0.11	0.13	0.09	0.10	0.07	0.09	0.08
2.00	0.31	—	0	0.31	—	0.03	0.28	0.02	0.06	0.20	0.05	0.10	0.14	0.07	0.10	0.08	0.08	0.08
3.00	0.21	—	0	0.21	—	0.02	0.20	0.01	0.03	0.17	0.02	0.06	0.13	0.03	0.07	0.10	0.04	0.07
4.00	0.16	—	0	0.16	—	0.01	0.15	—	0.02	0.14	0.01	0.03	0.12	0.02	0.05	0.10	0.03	0.05
5.00	0.13	—	0	0.13	—	—	0.12	—	—	0.12	—	—	0.11	—	—	0.09	—	—
6.00	0.11	—	0	0.10	—	—	0.10	—	—	0.10	—	—	0.10	—	—	—	—	—

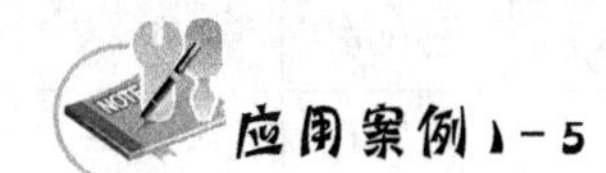

应用案例 1-5

用角点法计算图 1.25 所示矩形基础甲的基底中心点垂线下不同深度处的地基附加应力 σ_z 的分布，并考虑两相邻基础乙的影响(两相邻柱距为 6m，荷载同基础甲)。

解：

(1) 计算基础甲的基底平均附加压力。

基础及其上回填土的总重　$G_k = \gamma_G Ad = (20\times5\times4\times1.5)\text{kN} = 600\text{kN}$

基底平均压力　$p = \dfrac{F_k + G_k}{A} = \left(\dfrac{1940+600}{5\times4}\right)\text{kPa} = 127\text{kPa}$

基底处的土中自重应力　$\sigma_c = \gamma_m d = (18\times1.5)\text{kPa} = 27\text{kPa}$

基底处的土中附加应力　$p_0 = p - \sigma_c = (127-27)\text{kPa} = 100\text{kPa}$

(2) 计算基础甲中心点 o 下由本基础荷载引起的 σ_z，基底中心点 o 可看成是 4 个相等小矩形荷载Ⅰ($oabc$)的公共角点，其长度比 $l/b = 2.5/2 = 1.25$，取深度 $z = 0$、1、2、3、4、5、6、7、8、10m 各计算点，相应的 $z/b = 0$、0.5、1、1.5、2、2.5、3、3.5、4、5，利用表 1-16 即可查得地基附加应力系数 α_{c1}。σ_z 的计算列于表 1-20，根据计算资料绘出 σ_z 分布图(图 1.25)。

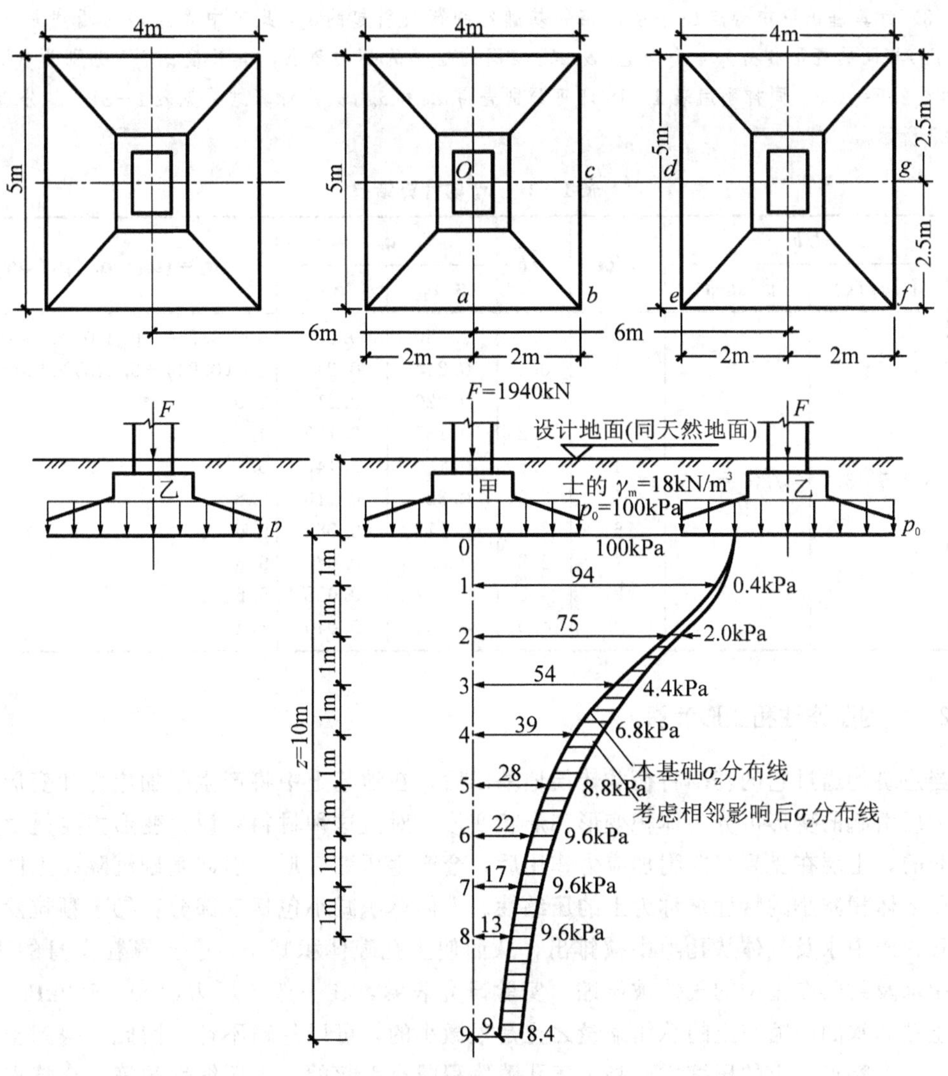

图 1.25 应用案例

表 1-20 σ_z 的计算

点	l/b	z/m	z/b	α_{c1}	$\sigma_z=4\alpha_{c1}p_0$/kPa
0	1.25	0	0	0.250	4×0.250×100=100
1	1.25	1	0.5	0.235	94
2	1.25	2	1	0.187	75
3	1.25	3	1.5	0.135	54
4	1.25	4	2	0.097	39
5	1.25	5	2.5	0.071	28
6	1.25	6	3	0.054	22
7	1.25	7	3.5	0.042	17
8	1.25	8	4	0.032	13
9	1.25	10	5	0.022	9

(3) 计算基础甲中心点 O 下由两相邻基础乙的荷载引起的 σ_z，此时中心点 O 可看成是 4 个与Ⅰ($oafg$)相同的矩形和另外 4 个与Ⅱ($oaed$)相同的矩形的公共角点，其长度比 l/b 分别为 8/2.5=3.2 和 4/2.5=1.6。同样利用表 1-16 即可分别查得 α_{c1} 和 α_{c2}，σ_z 的计算结果见表 1-21，其分布图如图 1.25 所示。

表 1-21　σ_z 的计算结果

点	l/b		z/m	z/b	α_c		$\sigma_z=(\alpha_{c1}-\alpha_{c2})p_0$/kPa
	Ⅰ($oafg$)	Ⅱ($oaed$)			$\alpha_{c1\alpha_{c2}}$	α_{c2}	
0	8/2.5=3.2	4/2.5=1.6	0	0	0.250	0.250	4×(0.250−0.250)×100=0
1			1	0.4	0.244	0.243	4×(0.244−0.243)×100=0.4
2			2	0.8	0.220	0.215	2.0
3			3	1.2	0.187	0.176	4.4
4			4	1.6	0.157	0.140	6.8
5			5	2.0	0.321	0.110	8.8
6			6	2.4	0.112	0.088	9.6
7			7	2.8	0.095	0.071	9.6
8			8	3.2	0.082	0.058	9.6
9			10	4.0	0.061	0.040	8.4

1.2.2　土的压缩性和变形计算

当建筑物通过它的基础将荷载传给地基以后，在地基土中将产生附加应力和变形，土体受力后引起的变形可分为体积变形和形状变形。对土这种材料来说，变形主要是由正应力引起的，土层在受到竖向附加应力作用后，会产生压缩变形，引起基础沉降。土体在压力作用下体积减小的特性被称为**土的压缩性**。土体体积减小包括三部分：①土颗粒发生相对位移，土中水及气体从孔隙中被排出，从而使土孔隙体积减小；②土颗粒本身的压缩；③土中水及封闭在土中的气体被压缩。实验研究表明，在一般的压力(100～600kPa)作用下，土粒和水的压缩与土的总压缩量之比是很微小的，可以忽略不计。因此，得到土压缩性的第一个特点：土的压缩主要是由于孔隙体积减小引起的。土压缩性的第二个特点：由孔隙水的排出而引起的压缩对于饱和粘性土来说是需要时间的，土的压缩随时间增长的过程被称为土的固结；这是由于粘性土的透水性差，土中水沿着孔隙排出的速度很慢。

在建筑物荷载作用下，地基上主要由于压缩而引起的竖直方向的位移被称为沉降，如果基础的沉降过大或产生过大的不均匀沉降，那么严重时会造成建筑物倾斜甚至倒塌。因此，需要预先对建筑物基础可能产生的最大沉降量和沉降差进行估算，由于土的压缩性的变形特点，因而还应研究沉降与时间的关系。

1. 土的压缩性

根据压缩过程中土样变形与土的三相指标的关系，可以导出实验过程孔隙比 e 与压缩量 Δh 的关系。

如图 1.26 所示，设土样的初始高度为 h_0，在某级荷载 p_i 作用下土样稳定后的总压缩量为 Δh_i，土样高度变为 $h_0-\Delta h_i$，土的孔隙比由受压前的初始孔隙比 e_0 变为受压后的孔隙比 e_i，由于受压前后土粒体积不变，土样横截面积不变，所以压缩前后土样中固体颗粒所占的高度不变，可以得到

$$\frac{h_0}{1+e_0}=\frac{h_0-\Delta h_i}{1+e_i} \tag{1-32}$$

由式(1-32)变换得到式(1-33)，即

$$e_i=e_0-\frac{\Delta h_i}{h_0}(1+e_0) \tag{1-33}$$

式中：$e_0=\frac{\rho_s(1+w_0)}{\rho}-1$，其中 ρ_s、ρ、w_0 分别为土粒密度、土样天然密度、土样初始含水量。

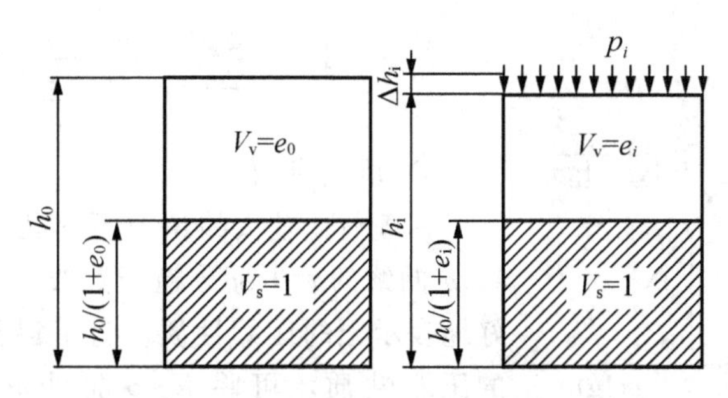

图 1.26　压缩实验中土样孔隙比变化

这样，根据式(1-33)即可得到各级荷载 p_i 下对应的孔隙比 e_i，如以纵坐标为孔隙比 e，横坐标为 p，从而可绘制出土样压缩实验的 $e-p$ 曲线(图 1.27)

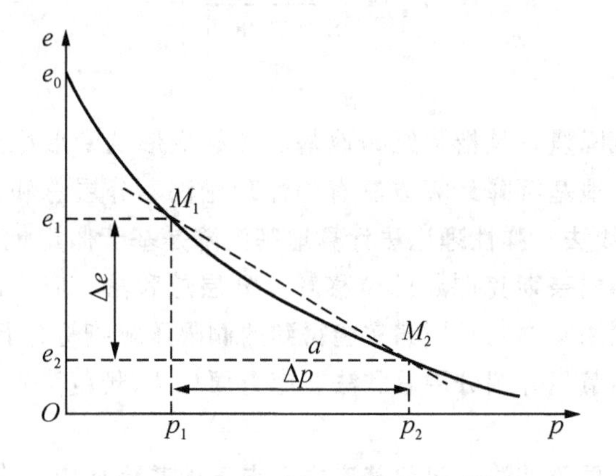

图 1.27　$e-p$ 压缩曲线

1）压缩系数

土的压缩系数 a 可用割线的斜率表示(图 1.21)，即

$$a=\frac{\Delta e}{\Delta p} \tag{1-34}$$

土的与压缩系数并不是一个常数，而是随压力 p_1 和 p_2 数值的改变而改变。在评价土体的压缩性时，一般取 $p_1=100\text{kPa}$，$p_2=200\text{kPa}$，并将相应的压缩系数记作 a_{1-2}，称为标准压缩系数。a_{1-2} 数值越大，土的压缩性越高。按 a_{1-2} 的大小可将土体的压缩性分为以下 3 类。

(1) $a_{1-2}\geqslant 0.5\text{MPa}^{-1}$，为高压缩性。

(2) $0.1\leqslant a_{1-2}<0.5\text{MPa}^{-1}$，为中压缩性。

(3) $a_{1-2} < 0.1\text{MPa}^{-1}$，为低压缩性。

2）压缩模量

压缩模量是土在完全侧限条件下竖向应力与竖向应变之比，即

$$E_s = \frac{\Delta p}{\Delta \varepsilon} \tag{1-35}$$

压缩模量与压缩系数的关系见下式推导。

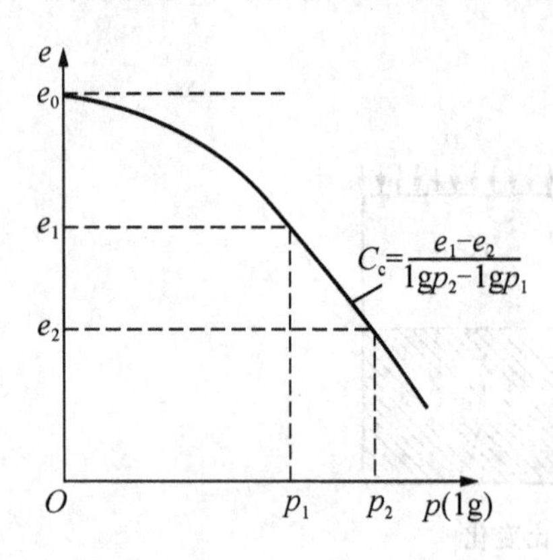

图 1.28　土的 e-lgp 曲线

$$\Delta \varepsilon = \frac{\Delta h}{h_1} = \frac{e_1 - e_2}{1 + e_1}$$

$$E_s = \frac{\Delta p}{\Delta \varepsilon} = \frac{p_2 - p_1}{\frac{e_1 - e_2}{1 + e_1}} = \frac{1 + e_1}{a} \tag{1-36}$$

3）压缩指数

在载荷比较大的情况下，孔隙比变化越来越小，$e-p$ 曲线的后半部分趋于直线，此时压缩系数不能很好地表示土的压缩性质。为了得到在高荷载作用下土的压缩性质，可将 $e-p$ 曲线转换成 $e-\lg p$ 曲线(图 1.28)，在压力较大时(1500kPa～3200kPa)，曲线后端呈直线状，其斜率即为**压缩指数**。

$$C_c = \frac{e_1 - e_2}{\lg p_2 - \lg p_1} \tag{1-37}$$

2. 地基沉降的计算

这里所说的地基沉降量，是指建筑物地基从开始变形到变形稳定时基础的总沉降值，即**最终沉降量**。目前，地基沉降计算方法有弹性理论法、分层总和法、应力面积法(亦称规范法)、原位压缩曲线法。弹性理论法计算地基沉降是基于假定地基为匀质、各向同性、线弹性的半无限体的布西奈斯克课题的位移解。分层总和法、应力面积法(亦称规范法)、原位压缩曲线法均是利用室内侧限压缩实验得到的侧限压缩指标进行地基沉降计算的，在工程上被广泛应用。本节只介绍分层总和法、应力面积法(规范法)。

1）分层总和法

(1) 计算原理。分层总和法一般取基底中心点下地基附加应力来计算各分层土的竖向压缩量，认为基础的平均沉降量 s 为各分层上竖向压缩量 Δs_i 之和。在计算出 Δs_i 时，假设地基土只在竖向发生压缩变形，没有侧向变形，故可利用室内侧限压缩实验成果进行计算。

(2)计算步骤(图 1.29)。

① 地基土分层。成层土的层面(不同土层的压缩性及重度不同)及地下水面(水面上下土的有效重度不同)是当然的分层界面，分层厚度一般不宜大于 $0.4b$(b 为基底宽度)。

② 计算各分层界面处土自重应力。土自重应力应从天然地面起算。

③ 计算各分层界面处基底中心下竖向附加应力。

④ 确定地基沉降计算深度(或压缩层厚度)。一般取地基附加应力等于自重应力的 20%(即 $\sigma_z/\sigma_c=0.2$)深度处作为沉降计算深度的限值；若在该深度以下为高压缩性土，则应取地基附加应力等于自重应力的 10%(即 $\sigma_z/\sigma_c=0.1$)深度处作为沉降计算深度的限值。

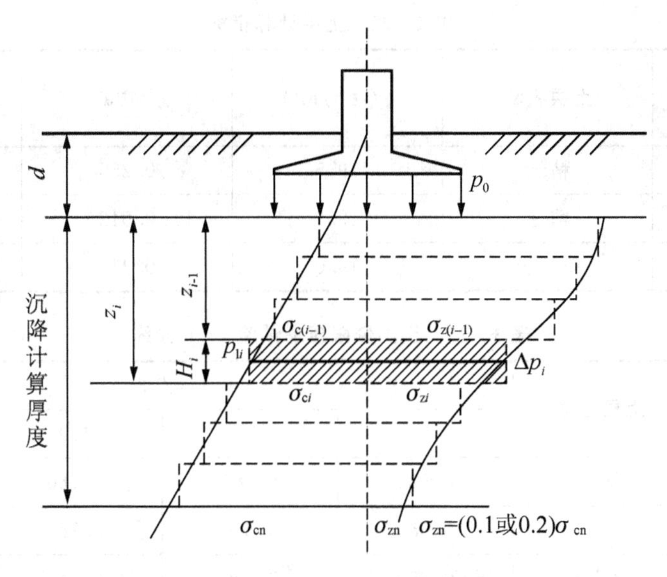

图 1.29 分层总和法计算地基最终沉降量

⑤ 计算各分层土的压缩量 Δs_i ：利用室内压缩实验成果进行计算，根据已知条件，具体可选用式(1-38a)、式(1-38b)、式(1-38c)中的一个进行计算。

$$\Delta s_i = \frac{\Delta e_i}{1+e_{1i}}H_i = \frac{e_{1i}-e_{2i}}{1+e_{1i}}H_i \tag{1-38a}$$

$$= \alpha_i \frac{(p_{2i}-p_{1i})}{1+e_{1i}}H_i \tag{1-38b}$$

$$= \frac{\Delta p_i}{E_{si}}H_i \tag{1-38c}$$

式中：H_i——第 i 分层土的厚度；

e_{1i}——对应于第 i 分层土上下层面自重应力值的平均值 $p_{1i}=\frac{\sigma_{c(i-1)}+\sigma_{ci}}{2}$ 从土的压缩曲线上得到的孔隙比；

e_{2i}——对应于第 i 分层土自重应力平均值 p_{1i} 与上下层面附加应力值的平均值 $\Delta p_i=\frac{\sigma_{z(i-1)}+\sigma_{zi}}{2}$ 之和（$p_{2i}=p_{1i}+\Delta p_i$）从土的压缩曲线上得到的孔隙比。

⑥ 按式(1-39)叠加计算基础的平均沉降量。

$$s=\sum_{i=1}^{n}\Delta s_i \tag{1-39}$$

式中：n_i——沉降计算深度范围内的分层数。

应用案例1-6

图 1.30 所示为某桥梁桥墩基础，基础底尺寸为 $l\times b=4\text{m}\times 2\text{m}$ 的矩形，作用于基础底面的中心竖向荷载 $N=1432\text{kN}$，已经考虑水的浮力、基础的重力，各土层计算指标见表 1－22 和表 1－23。

表 1-22　土层计算指标

土层编号	土层名称	$\gamma/(kN/m^3)$	a/MPa^{-1}	E_s/MPa
①	粘土	19.5	0.256	6.97
②	粘土	19.2	0.512	3.52
③	粉粘土	19.0	0.311	5.93

表 1-23　土层侧限压缩试验 $e-p$ 曲线

土层编号	土层名称	p/kPa			
		0	50	100	200
①	粘土	0.820	0.780	0.760	0.740
②	粘土	0.850	0.810	0.780	0.740
③	粉粘土	0.890	0.860	0.840	0.810

解：

(1) 地基土分层。考虑分层厚度不超过 $0.4b=0.8$m 以及地下水位，基底以下厚 1.6m 的粘土层分成两层，层厚均为 0.8m，其下粘土层厚度均取 0.8m。

(2) 计算各分层界面处土自重应力。地下水位以下取有效重度进行计算。

如图 1.30 中点 3 的自重应力为

$$\sigma_c = 2.3\times19.5+1.6\times(19.2-10)=59.6(\text{kPa})$$

计算第 i 分层土自重应力平均值 p_{1i} 与上下层面附加应力值的平均值 Δp_i，$p_{2i}=p_{1i}+\Delta p_i$，各分层点的自重应力值及各分层的平均自重应力值如图 1.30 所示并见表 1-24。

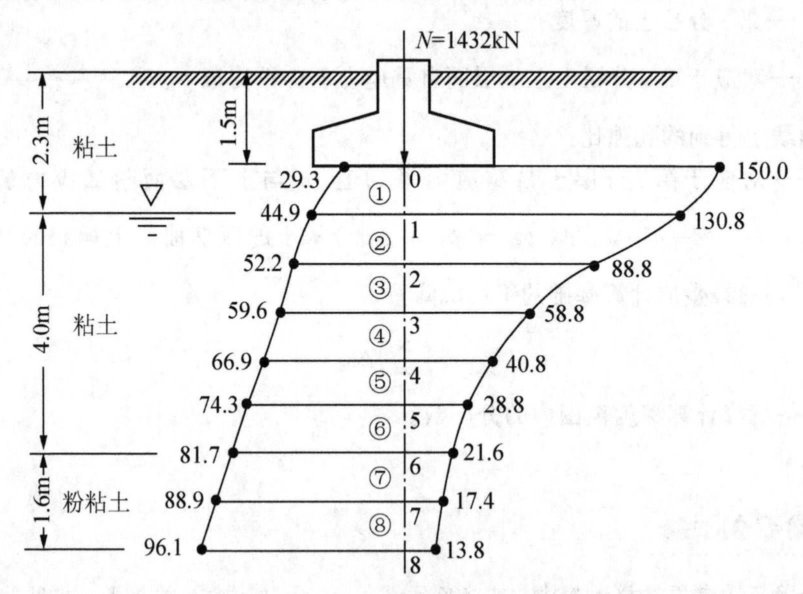

图 1.30　地基土分层及自重应力、附加应力分布

(3) 计算各分层界面处基底中心下竖向附加应力。

基底附加压力 $p_0 = \frac{N}{l \times b} - \gamma d = \frac{1432}{4 \times 2} - 19.5 \times 1.5 = 150(\text{kPa})$

从表1-16可以查应力系数 α_a（矩形均布荷载作用下角点下附加应力系数）并计算各分层点的竖向附加应力，如图1.30中点1的附加应力为

$$4 \times \alpha_a \times p_0 = 4 \times 0.218 \times 150 = 130.8(\text{kPa})$$

计算各分层上下界面处附加应力的平均值。各分层点的附加应力值、各分层平均附加应力平均值及各分层自重应力平均值和附加应力平均值之和作为该分层受压所受总应力 p_{2i}，如图1.30所示并见表1-24。

表1-24　分层总和法计算地基最终沉降量

点号	深度 z	层厚 H_i	土重度 γ	自重应力 σ_c	l/b	z/b	应力系数 α_a	附加应力 σ_z	p_{1i}	Δp_i	P_{2i}	e_{1i}	e_{2i}	Δs_i
0	0.00	1.50	19.50	29.3	2.00	0.00	0.2500	150.0						
1	0.80	0.80	19.50	44.9	2.00	0.80	0.2180	130.8	37.1	140.4	177.5	0.793	0.752	16.1
2	1.60	0.80	9.20	52.2	2.00	1.60	0.1480	88.8	48.5	109.8	158.3	0.812	0.757	24.3
3	2.40	0.80	9.20	59.6	2.00	2.40	0.0980	58.8	55.9	73.8	129.7	0.806	0.767	17.3
4	3.20	0.80	9.20	66.9	2.00	3.20	0.0680	40.8	63.3	49.8	113.1	0.801	0.774	12.0
5	4.00	0.80	9.20	74.3	2.00	4.00	0.0480	28.8	70.6	34.8	105.4	0.795	0.777	8.0
6	4.80	0.80	9.20	81.7	2.00	4.80	0.0360	21.6	78.0	25.2	103.2	0.792	0.778	6.3
7	5.60	0.80	9.00	88.9	2.00	5.60	0.0290	17.4	85.3	19.5	104.8	0.845	0.838	3.0
8	6.40	0.80	9.00	96.1	2.00	6.40	0.0230	13.8	92.5	15.6	108.1	0.842	0.837	2.2

(4) 确定地基沉降计算深度(或压缩层厚度)。

一般按 $s_z = 0.2 s_c$ 深度处作为沉降计算深度的限值。

基底下深度 $z = 5.6$ m处，$\sigma_z = 19.5\text{kPa} > 0.2\sigma_c = 17.1\text{kPa}$

基底下深度 $z = 6.4$ m处，$\sigma_z = 15.6\text{kPa} < 0.2\sigma_c = 18.5\text{kPa}$

所以压缩层深度为基底以下6.4m。

(5) 计算各分层土的压缩量 Δs_i。

如第③层 $\Delta s_3 = \frac{e_{1i} - e_{2i}}{1 + e_{1i}} H_i = \frac{0.806 - 0.767}{1 + 0.806} \times 800 = 17.3(\text{mm})$，各分层的压缩量列于表1-24中。

(6) 按式(1-39)叠加计算基础的平均沉降量。

$$s = \sum_{i=1}^{n} \Delta s_i = 16.1 + 24.3 + 17.3 + 12.0 + 8.0 + 6.3 + 3.0 + 2.2 = 89.1(\text{mm})$$

2) 应力面积法(规范法)

(1) 计算原理。应力面积法是国家标准《建筑地基基础设计规范》中推荐使用的一种计算地基最终沉降量的方法，故又称为规范法。应力面积法一般按地基土的天然分层面划分计算土层，引入土层平均附加应力的概念，通过平均附加应力系数，将基底中心以下地基中 $z_{i-1} \sim z_i$ 深度范围的附加应力按等面积原则化为相同深度范围内矩形分布时的分布应力大小，再按矩形分布应力情况计算土层的压缩量，各土层压缩量的总和即为地基的计算沉降量。

(2) 计算公式。如图1.31所示，若基底以下 $z_{i-1} \sim z_i$ 深度范围第 i 土层的侧限压缩模量为 E_{si}(可取该层中点处相应于自重应力至自重应力加附加应力段的 E_s 值)，则在附加应

力作用下第 i 分层的压缩量 $\Delta s'_i$ 为

$$\Delta s'_i = \int_{z_{i-1}}^{z_i} \varepsilon_z \mathrm{d}z = \int_{z_{i-1}}^{z_i} \frac{\sigma_z}{E_{si}} \mathrm{d}z = \frac{1}{E_{si}} \int_{z_{i-1}}^{z_i} \sigma_z \mathrm{d}z = \frac{1}{E_{si}} \left(\int_0^{z_i} \sigma_z \mathrm{d}z - \int_0^{z_{i-1}} \sigma_z \mathrm{d}z \right) \quad (1\text{-}40)$$

式中：$\int_0^{z_i} \omega_z \mathrm{d}z$ ——基底中心点以下 $0 \sim z_i$ 深度范围附加应力面积，用 A_i 来表示；

$\int_0^{z_i} \omega_z \mathrm{d}z$ ——基底中心点以下 $0 \sim z_{i-1}$ 深度范围附加应力面积，用 A_{i-1} 来表示。

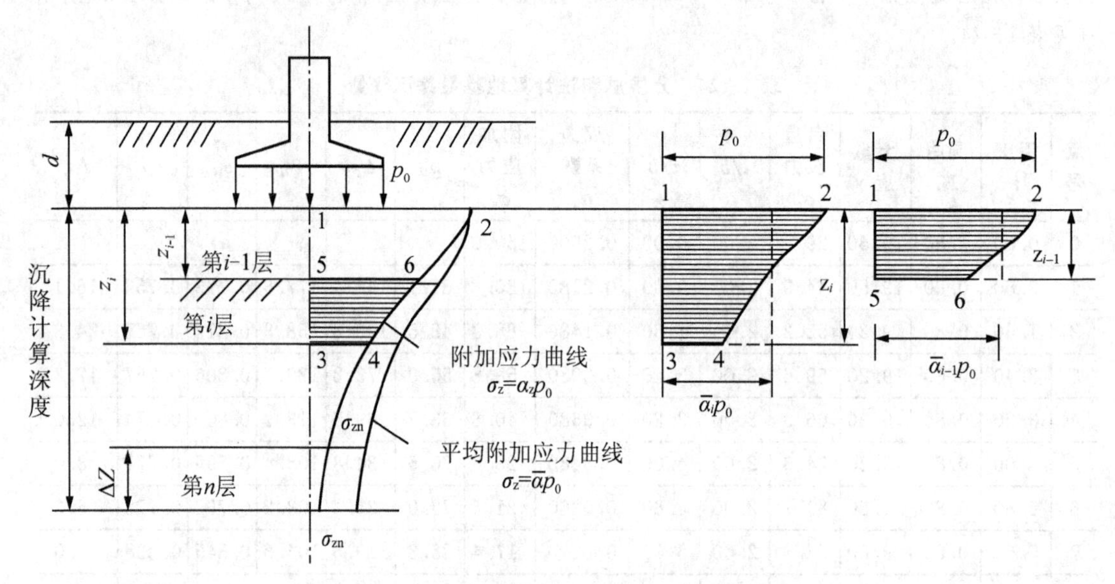

图 1.31　应力面积法计算地基最终沉降量

而 $\mathrm{D}A_i = A_i - A_{i-1}$ 为基底中心以下 $z_{i-1} \sim z_i$ 深度范围内的附加应力面积，于是上述第 i 分层的压缩量又可表示为

$$\Delta s'_i = \frac{\Delta A_i}{E_{si}} = \frac{A_i - A_{-1i}}{E_{si}} \quad (1\text{-}41)$$

为了便于计算，将附加应力面积 A_i 及 A_{i-1} 分别改写为

$$A_i = (\bar{\alpha}_i p_0) z_i \quad (1\text{-}42\text{a})$$

$$A_{i-1} = (\bar{\alpha}_{i-1} p_0) z_{i-1} \quad (1\text{-}42\text{b})$$

于是

$$\Delta s'_i = \frac{p_0}{E_{si}} (z_i \bar{\alpha}_i - z_{i-1} \bar{\alpha}_{i-1}) \quad (1\text{-}43)$$

这样，基础平均沉降量可表示如下：

$$s' = \sum_{i=1}^{n} \Delta s' = \sum_{i=1}^{n} \frac{p_0}{E_{si}} (z_i \bar{\alpha}_i - z_{i-1} \bar{\alpha}_{i-1}) \quad (1\text{-}44)$$

式中：n_i——沉降计算深度范围内划分的土层数；

p_0——基底附加压力；

$\bar{\alpha}_i$、$\bar{\alpha}_{i-1}$ ——平均竖向附加应力系数；

$\bar{\alpha}_i p_0$、$\bar{\alpha}_{i-1} p_0$ ——分别将基底中心以下地基中 $z_{i-1} \sim z_i$ 深度范围内附加应力，按等面积化为相同深度范围内矩形分布时分布应力的大小。

表 1-25 给出了矩形面积上均布荷载作用下角点下平均竖向附加应力系数 $\bar{\alpha}$ 值。

表 1－25 均布矩形荷载作用下角点下平均竖向附加应力系数 $\bar{\alpha}$ 值

z/b \ l/b	1.0	1.2	1.4	1.6	1.8	2.0	2.2	2.4	2.6	2.8	3.0	3.2	3.6	4.0	5.0	10.0
0.0	0.2500	0.2500	0.2500	0.2500	0.2500	0.2500	0.2500	0.2500	0.2500	0.2500	0.2500	0.2500	0.2500	0.2500	0.2500	0.2500
0.2	0.2496	0.2497	0.2497	0.2498	0.2498	0.2498	0.2498	0.2498	0.2498	0.2498	0.2498	0.2498	0.2498	0.2498	0.2498	0.2498
0.4	0.2474	0.2479	0.2481	0.2483	0.2483	0.2484	0.2484	0.2484	0.2485	0.2485	0.2485	0.2485	0.2485	0.2485	0.2485	0.2485
0.6	0.2423	0.2437	0.2444	0.2448	0.2451	0.2452	0.2453	0.2454	0.2454	0.2455	0.2455	0.2455	0.2455	0.2455	0.2455	0.2456
0.8	0.2346	0.2372	0.2387	0.2395	0.2400	0.2403	0.2405	0.2407	0.2407	0.2408	0.2409	0.2409	0.2409	0.2410	0.2410	0.2410
1.0	0.2252	0.2291	0.2313	0.2326	0.2335	0.2340	0.2344	0.2346	0.2348	0.2349	0.2350	0.2351	0.2352	0.2352	0.2353	0.2353
1.2	0.2149	0.2199	0.2229	0.2248	0.2260	0.2268	0.2274	0.2278	0.2280	0.2282	0.2284	0.2285	0.2286	0.2287	0.2288	0.2289
1.4	0.2043	0.2102	0.2140	0.2164	0.2180	0.2191	0.2199	0.2204	0.2208	0.2211	0.2213	0.2215	0.2217	0.2218	0.2220	0.2221
1.6	0.1939	0.2006	0.2049	0.2079	0.2099	0.2113	0.2123	0.2130	0.2135	0.2138	0.2141	0.2143	0.2146	0.2148	0.2150	0.2152
1.8	0.1840	0.1912	0.1960	0.1994	0.2018	0.2034	0.2046	0.2055	0.2061	0.2066	0.2070	0.2073	0.2077	0.2079	0.2082	0.2084
2.0	0.1746	0.1822	0.1875	0.1912	0.1938	0.1958	0.1972	0.1982	0.1990	0.1996	0.2000	0.2004	0.2009	0.2012	0.2016	0.2018
2.2	0.1659	0.1737	0.1793	0.1833	0.1862	0.1883	0.1899	0.1911	0.1920	0.1927	0.1933	0.1937	0.1943	0.1947	0.1952	0.1955
2.4	0.1578	0.1657	0.1715	0.1757	0.1789	0.1812	0.1830	0.1843	0.1854	0.1862	0.1868	0.1873	0.1880	0.1885	0.1890	0.1895
2.6	0.1503	0.1583	0.1642	0.1686	0.1719	0.1745	0.1764	0.1779	0.1790	0.1799	0.1806	0.1812	0.1820	0.1825	0.1832	0.1838
2.8	0.1433	0.1514	0.1574	0.1619	0.1654	0.1680	0.1701	0.1717	0.1729	0.1739	0.1747	0.1753	0.1763	0.1769	0.1777	0.1784
3.0	0.1369	0.1449	0.1510	0.1556	0.1592	0.1619	0.1641	0.1658	0.1672	0.1682	0.1691	0.1698	0.1708	0.1715	0.1725	0.1733
3.2	0.1310	0.1390	0.1450	0.1497	0.1533	0.1562	0.1584	0.1602	0.1617	0.1628	0.1638	0.1645	0.1657	0.1664	0.1675	0.1685
3.4	0.1256	0.1334	0.1394	0.1441	0.1478	0.1508	0.1531	0.1550	0.1565	0.1577	0.1587	0.1595	0.1607	0.1616	0.1628	0.1639

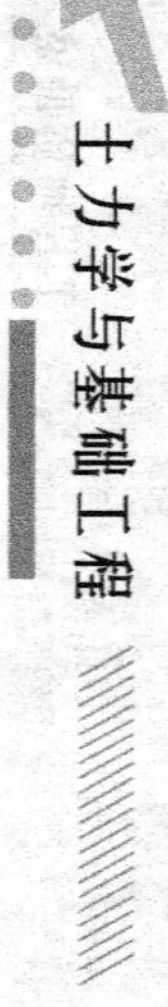

续表

l/b z/b	1.0	1.2	1.4	1.6	1.8	2.0	2.2	2.4	2.6	2.8	3.0	3.2	3.6	4.0	5.0	10.0
3.6	0.1205	0.1282	0.1342	0.1389	0.1427	0.1456	0.1480	0.1500	0.1515	0.1528	0.1539	0.1548	0.1561	0.1570	0.1583	0.1595
3.8	0.1158	0.1234	0.1293	0.1340	0.1378	0.1408	0.1432	0.1452	0.1469	0.1482	0.1493	0.1502	0.1516	0.1526	0.1541	0.1554
4.0	0.1114	0.1189	0.1248	0.1294	0.1332	0.1362	0.1387	0.1408	0.1424	0.1438	0.1450	0.1459	0.1474	0.1485	0.1500	0.1516
4.2	0.1073	0.1147	0.1205	0.1251	0.1289	0.1319	0.1344	0.1365	0.1382	0.1396	0.1408	0.1418	0.1434	0.1445	0.1462	0.1479
4.4	0.1035	0.1107	0.1164	0.1210	0.1248	0.1279	0.1304	0.1325	0.1342	0.1357	0.1369	0.1379	0.1396	0.1407	0.1425	0.1444
4.6	0.1000	0.1070	0.1127	0.1172	0.1209	0.1240	0.1265	0.1287	0.1304	0.1319	0.1332	0.1342	0.1359	0.1371	0.1390	0.1410
4.8	0.0967	0.1036	0.1091	0.1136	0.1173	0.1204	0.1229	0.1250	0.1268	0.1283	0.1296	0.1307	0.1324	0.1337	0.1357	0.1379
5.0	0.0935	0.1003	0.1057	0.1102	0.1139	0.1169	0.1194	0.1216	0.1234	0.1249	0.1262	0.1273	0.1291	0.1304	0.1325	0.1348
5.2	0.0906	0.0972	0.1026	0.1070	0.1106	0.1136	0.1162	0.1183	0.1201	0.1217	0.1230	0.1241	0.1259	0.1273	0.1295	0.1320
5.4	0.0878	0.0943	0.0996	0.1039	0.1075	0.1105	0.1130	0.1152	0.1170	0.1186	0.1199	0.1211	0.1229	0.1243	0.1265	0.1292
5.6	0.0852	0.0916	0.0968	0.1010	0.1046	0.1076	0.1101	0.1122	0.1140	0.1156	0.1170	0.1181	0.1200	0.1215	0.1238	0.1266
5.8	0.8280	0.0890	0.0941	0.0983	0.1018	0.1047	0.1072	0.1094	0.1112	0.1128	0.1141	0.1153	0.1172	0.1187	0.1211	0.1240
6.0	0.0805	0.0866	0.0916	0.0957	0.0991	0.4021	0.1046	0.1067	0.1085	0.1101	0.1115	0.1126	0.1146	0.1161	0.1185	0.1216
6.2	0.0783	0.0842	0.0891	0.0932	0.0966	0.0995	0.1020	0.1041	0.1059	0.1075	0.1089	0.1101	0.1120	0.1136	0.1161	0.1193
6.4	0.0762	0.0820	0.0869	0.0909	0.0942	0.0971	0.0995	0.1016	0.1035	0.1050	0.1064	0.1076	0.1096	0.1111	0.1137	0.1171
6.6	0.0742	0.0799	0.0847	0.0886	0.0919	0.0948	0.0972	0.0993	0.1011	0.1027	0.1041	0.1053	0.1073	0.1088	0.1114	0.1149
6.8	0.0723	0.0780	0.0826	0.0865	0.0898	0.0926	0.0950	0.0970	0.0988	0.1004	0.1018	0.1030	0.1050	0.1066	0.1092	0.1129
7.0	0.0705	0.0761	0.0806	0.0844	0.0877	0.0904	0.0928	0.0949	0.0967	0.0982	0.0996	0.1008	0.1028	0.1044	0.1071	0.1109

续表

z/b \ l/b	1.0	1.2	1.4	1.6	1.8	2.0	2.2	2.4	2.6	2.8	3.0	3.2	3.6	4.0	5.0	10.0
7.2	0.0688	0.0742	0.0787	0.0825	0.0857	0.0884	0.0908	0.0928	0.0946	0.0962	0.0975	0.0987	0.1008	0.1023	0.4051	0.1090
7.4	0.0672	0.0725	0.0769	0.0806	0.0838	0.0865	0.0888	0.0908	0.0926	0.0942	0.0955	0.0967	0.0988	0.1004	0.1031	0.1071
7.6	0.0656	0.0709	0.0752	0.0789	0.0820	0.0846	0.0869	0.0889	0.0907	0.0922	0.0936	0.0948	0.0968	0.0984	0.1012	0.1054
7.8	0.0642	0.0693	0.0736	0.0771	0.0802	0.0828	0.0851	0.0871	0.0888	0.0904	0.0917	0.0929	0.0950	0.0966	0.0994	0.1036
8.0	0.0627	0.0678	0.0720	0.0755	0.0785	0.0811	0.0834	0.0853	0.0871	0.0866	0.0900	0.0912	0.0932	0.0948	0.0976	0.1020
8.2	0.0614	0.0663	0.0705	0.0739	0.0769	0.0795	0.0817	0.0837	0.0854	0.0869	0.0882	0.0894	0.0914	0.0931	0.0959	0.1004
8.4	0.0601	0.0649	0.0690	0.0724	0.0754	0.0779	0.0801	0.0820	0.0837	0.0852	0.0866	0.0878	0.0989	0.0914	0.0943	0.0988
8.6	0.0588	0.0636	0.0676	0.0710	0.0739	0.0764	0.0786	0.0805	0.0822	0.0836	0.0850	0.0862	0.0882	0.0898	0.0927	0.0973
8.8	0.0576	0.0623	0.0663	0.0696	0.0724	0.0749	0.0771	0.0790	0.0806	0.0821	0.0834	0.0846	0.0866	0.0882	0.0912	0.0959
9.0	0.0565	0.0611	0.0650	0.0683	0.0711	0.0735	0.0756	0.0775	0.0792	0.0806	0.0819	0.0831	0.0851	0.0867	0.0897	0.0944
10.0	0.0514	0.0556	0.0592	0.0622	0.0649	0.0672	0.0692	0.0710	0.0725	0.0739	0.0752	0.0763	0.0783	0.0799	0.0829	0.0880
11.0	0.0471	0.0510	0.0544	0.0572	0.0597	0.0618	0.0637	0.0654	0.0669	0.0683	0.0695	0.0706	0.0725	0.0740	0.0770	0.0824
12.0	0.0435	0.0471	0.0502	0.0529	0.0552	0.0573	0.0590	0.0606	0.0621	0.0634	0.0645	0.0656	0.0674	0.0690	0.0719	0.0774
13.0	0.0403	0.0438	0.0467	0.0492	0.0514	0.0533	0.0550	0.0565	0.0579	0.0591	0.0602	0.0613	0.0630	0.0645	0.0674	0.0731

(3) 沉降计算深度 z_n 的确定。《建筑地基基础设计规范》(GB 50007—2011) 规定沉降计算深度 z_n 由下列要求确定。

$$\Delta s'_n \leqslant 0.025 \sum_{i=1}^{n} \Delta s'_i \tag{1-45}$$

式中：$\Delta s'_n$——自试算深度往上 Δz 厚度范围的压缩量(包括考虑相邻荷载的影响)，Δz 的取值按表 1－26 确定。

表 1－26　Δz 值

b/m	$b \leqslant 2$	$2 < b \leqslant 4$	$4 < b \leqslant 8$	$8 < b \leqslant 15$	$15 < b \leqslant 30$	$b > 30$
Δz/m	0.3	0.6	0.8	1.0	1.2	1.5

当确定的沉降计算深度下部仍有较软弱土层时，应继续往下进行计算，同样也应到满足式(1-39)为止。

当无相邻荷载影响，基础宽度在 1～50m 范围内时，地基沉降计算深度也可按下列简化公式计算。

$$z_n = b(2.5 - 0.4\ln b) \tag{1-46}$$

式中：b——为基础宽度。

在计算深度范围内存在基岩时，z_n 取至基岩表面。

(4) 沉降计算经验系数 ψ_s 的确定。

为提高计算准确度，规范规定按公式计算得到的沉降 s' 应乘以一个沉降计算经验系数 ψ_s。ψ_s 定义为根据地基沉降观测资料推算的最终沉降量 s 与由式(1-44)计算得到的 s' 之比，一般根据地区沉降观测资料及经验确定，也可按表 1－27 查取。

表 1－27　沉降计算经验系数 ψ_s

$\bar{E}_s$/MPa	2.5	4.0	7.0	15.0	20.0
$p_0 \geqslant f_{ak}$	1.4	1.3	1.0	0.4	0.2
$p_0 \leqslant 0.75 f_{ak}$	1.1	1.0	0.7	0.4	0.2

注：$\bar{E}_s$ 为沉降计算深度范围内各分层压缩模量的当量值，按下式计算。

设 $\dfrac{\sum A_i}{E_s} = \dfrac{A_1}{E_{s1}} + \dfrac{A_2}{E_{s2}} + \dfrac{A_3}{E_{s3}} + \cdots = \dfrac{\Sigma A_i}{E_{si}}$

$$\bar{E}_s = \frac{\sum A_i}{\sum \dfrac{A_i}{E_{si}}} \tag{1-47}$$

式中：A_i——第 i 层土附加应力面积，$A_i = p_0 (z_i \bar{\alpha}_i - z_{i-1} \bar{\alpha}_{i-1})$

f_{ak}——地基承载力标准值，表列数值可内插。

综上所述，应力面积法的地基最终沉降量计算公式为

$$s = \psi_s s' = \psi_s \sum_{i=1}^{n} \frac{p_0}{E_{si}} (z_i \bar{\alpha}_i - z_{i-1} \bar{\alpha}_{i-1}) \tag{1-48}$$

应用案例1-7

利用应力面积法计算【应用案例1-5】中基础中点的最终沉降量，已知地基标准承载力 $fa_k=200\text{kPa}$。

解：(1) 基底附加压力。

$$p_0=\frac{N}{l\times b}-\gamma d=\frac{1432}{4\times 2}-19.5\times 1.5=150(\text{kPa})$$

(2) 取计算深度为4.8 m，计算过程见表1-28，计算沉降量为82.3mm。

表1-28 应力面积法计算地基最终沉降量

深度 z	l/b	z/b		$\overline{\alpha}$	$z_i\overline{\alpha}_i$	$z_i\overline{\alpha}_i-z_{i-1}\overline{\alpha}_{i-1}$	E_{si}	$\triangle s_i$
0.00	2.00	0.00	0.2500	1.0000	0.000			
0.80	2.00	0.80	0.2403	0.9612	0.769	0.769	6.97	16.5
4.50	2.00	4.50	0.1260	0.5040	2.268	1.499	3.52	63.9
4.80	2.00	4.80	0.1204	0.4816	2.312	0.044	3.52	1.9
							Σ	82.3
6.40	2.00	6.40	0.0971	0.3884	2.486	0.174	5.93	4.4

(3) 确定沉降计算深度 z_n。

根据 $b=2.0\text{m}$ 查表1-26上可得 $\Delta z=0.3\text{m}$，相应于计算深度往上取 Δz 厚度范围(即4.5～4.8m深度范围)的土层计算沉降量为 $1.9\text{mm}\leqslant 0.025\times 82.3\text{mm}=2.1\text{mm}$，满足要求，故沉降计算深度可取为4.8m。

前面例题1—3用分层总和法计算的沉降量为89.1mm，而应力面积法计算得到的沉降量为82.3mm。从表1-28可以看出，应力面积法计算的压缩土层厚度比分层总和法少了深度范围为4.8～6.4m的土层，应力面积法计算该土层的压缩量为4.4mm。两种方法的计算结果大致相近。

(4) 沉降计算经验系数 ψ_s 的确定。

$$\overline{E}_s=\frac{\sum_1^n A_i}{\sum_1^n A_i/E_{si}}=\frac{p_0(z_n\overline{\alpha}_n-0\times\overline{\alpha}_0)}{p_0\left[\frac{(z_1\overline{\alpha}_1-0\times\overline{\alpha}_0)}{E_{s1}}+\frac{(z_2\overline{\alpha}_2-z_1\overline{\alpha}_1)}{E_{s2}}\right]}$$

$$=\frac{p_0\times 2.312}{p_0\left[\frac{0.769}{6.97}+\frac{1.543}{3.52}\right]}=4.21(\text{MPa})$$

由于 $p_0\leqslant 0.75f_k=150\text{kPa}$，故查表1-27可得 $s=0.98$。

(5) 计算基础中点最终沉降量 s。

$$s=\psi'_s s=\psi_s\sum_{i=1}^n\frac{p_0}{E_{si}}(z_i\overline{\alpha}_i-z_{i-1}\overline{\alpha}_{i-1})=0.98\times 82.3=80.7(\text{mm})$$

3. 地基沉降与时间的关系

前面介绍的方法确定地基的沉降量，是指建筑物地基从开始变形到变形稳定时基础的总沉降值，即最终沉降量。显然当饱和土体受载后，地基从开始变形到变形稳定是与时间有关的，即沉降值是时间的函数。在工程实践中，常常需要计算建筑物完工及施工时间某

一时刻的沉降量和达到某一沉降所需要的时间，这就要求解决沉降与时间的关系问题，其主要目的是要考虑由于沉降随时间发展而给工程建筑物带来的影响，以便在设计中做出处理方案。而对已发生裂缝、倾斜等事故的建筑物，更需要了解当时的沉降与今后沉降的发展趋势，作为解决事故的重要依据。下面简单介绍饱和土体依据渗流固结理论为基础解决地基沉降与时间的关系，引入太沙基(K. Terzaghi，1925)单向固结理论。

1）单向固结理论

所谓单向固结，是指土中的孔隙水，在孔隙水压力 u 作用下，只产生竖直一个方向渗流，同时土颗粒在有效应力 σ' 的作用下，也只沿竖直一个方向位移，即土在在水平方向无渗流，无位移。

(1) 基本假设。太沙基单向固结理论模型用于反映饱和粘性土的实际固结问题，其基本假设如下。

① 土层是均质的，完全饱和的。

② 在固结过程中，土粒和孔隙水是不可压缩的。

③ 土层仅在竖向产生排水固结(相当于有侧限条件)。

④ 土层的渗透系数 k 和压缩系数 a 为常数。

⑤ 土层的压缩速率取决于自由水的排出速率，水的渗出符合达西定律。

⑥ 外荷是一次瞬时施加的，且沿土层深度 z 为均匀分布。

(2) 单向固结微分方程式的建立。

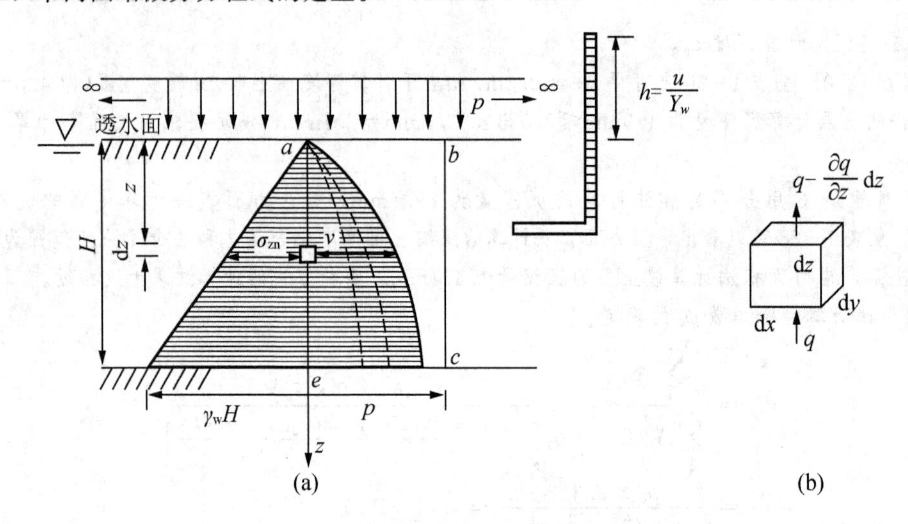

图 1.32 饱和粘性土一维渗流固结

(a) 一维渗流固结土层；(b) 微元体

在图 1.32 所示的厚度为 H 的饱和土层上施加无限宽广的均布荷载 p，土中附加应力沿深度均匀分布(即面积为 $abce$)，土层上面为排水边界，有关条件符合基本假定，考察土层顶面以下 z 深度的微元体 $\mathrm{d}x\mathrm{d}y\mathrm{d}z$ 在 $\mathrm{d}t$ 时间内的变化。

① 连续性条件：$\mathrm{d}t$ 时间内微元体内的排出的水量等于微元体内的孔隙减小的体积。

设在固结过程中，在 $\mathrm{d}t$ 时间内，从微元体顶面流出的水量为 $\left(q-\frac{\partial q}{\partial z}\mathrm{d}z\right)\mathrm{d}x\mathrm{d}y\mathrm{d}t$，从底面流入的水量为 $q\mathrm{d}x\mathrm{d}y\mathrm{d}t$，由此微元体孔隙水排出的水量为

$$dQ = \left[\left(q - \frac{\partial q}{\partial z}dz\right)dxdy - qdxdy\right]dt = -\left(\frac{\partial q}{\partial z}\right)dzdxdydt \quad (1\text{-}49)$$

式中：q——单位时间内流过单位水平横截面积的水量。

在 dt 时间内，已知单元体中孔隙体积 V_v 的变化为

$$dV_v = \frac{\partial V_v}{\partial t}dt = \frac{\partial(eV_s)}{\partial t}dt = \frac{1}{1+e_1}\frac{\partial e}{\partial t}dxdydzdt \quad (1\text{-}50)$$

式中：$V_s = \frac{1}{1+e_1}dxdydz$ 为固体体积，不随时间而变；

e_1——渗流固结前初始孔隙比。

由 $dQ = dV_v$ 得

$$\frac{1}{1+e_1}\frac{\partial e}{\partial t} = -\frac{\partial q}{\partial z} \quad (1\text{-}51)$$

② 根据达西定律得

$$q = KI = K\frac{\partial h}{\partial z} = \frac{K}{r_w}\frac{\partial u}{\partial z} \quad (1\text{-}52)$$

式中：I——为水力梯度；

h——超静水头；

u——超孔隙水压力。

③ 根据侧限条件下孔隙比的变化与竖直有效应力变化的关系和有效应力原理得到

$$\frac{\partial e}{\partial t} = -\alpha\frac{\partial \sigma'}{\partial t} = -\alpha\frac{\partial(\sigma - u)}{\partial t} = \alpha\frac{\partial u}{\partial t} \quad (1\text{-}53)$$

将式(1-53)和式(1-52)代入式(1-51)得到

$$\frac{a}{1+e_1}\frac{\partial u}{\partial t} = \frac{k}{\gamma_w}\frac{\partial^2 u}{\partial z^2} \quad (1\text{-}54)$$

令 $C_v = k\frac{1+e_1}{\gamma_w a} = k\frac{E_s}{\gamma_w}$，则式(1-54)变为

$$C_v\frac{\partial^2 u}{\partial z^2} = \frac{\partial u}{\partial t} \quad (1\text{-}55)$$

此式即饱和土体单向渗透固结微分方程式，C_v 称为竖向渗透固结系数(m^2/年或 cm^2/年)。

(3) 固结微分方程式的求解。对于 $C_v\frac{\partial^2 u}{\partial z^2} = \frac{\partial u}{\partial t}$ 方程，可以根据不同的起始条件和边界条件求得它的特解。

① 单面排水。

$$\alpha = \frac{p_1}{p_2}$$

式中：p_1——排水面的初始孔隙水压力；

p_2——不排水面的初始孔隙水压力，初始孔隙水压力沿深度为线性分布，如图 1.33 所示。

初始条件和边界条件为

$$t = 0, 0 \leqslant z \leqslant H, u = P_2\left[1 + (\alpha - 1)\frac{H - z}{H}\right]$$

$$0 < t < \infty, z = 0, u = 0$$

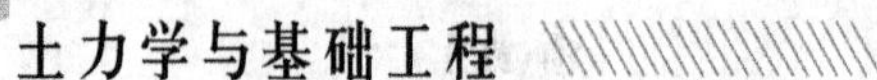

$$0 < t < \infty, z = H, \frac{\partial u}{\partial z} = 0$$

$$t = \infty, 0 \leqslant z \leqslant H, u = 0$$

采用分离变量法求得式(1-55)的特解为

$$u(z,t) = \frac{4p_2}{\pi^2}\sum_{m=1}^{\infty}\frac{1}{m^2}\left[m\pi\alpha + 2\,(-1)^{\frac{m-1}{2}}\,(1-\alpha)\right]e^{\frac{-m^2\pi^2}{4}T_V}\sin\frac{m\pi z}{2H} \tag{1-56}$$

上式中常取第一项 $m = 1$，得到

$$u(z,t) = \frac{4p_2}{\pi^2}\left[\alpha(\pi-2)+2\right]e^{\frac{-\pi^2}{4}T_V}\sin\frac{\pi z}{2H} \tag{1-57}$$

式中：m —— 奇正整数（$m = 1,3,5\cdots$）；

e—— 自然对数的底；

H —— 土层厚度；

T_v —— 时间因数，$T_v = -\frac{C_v t}{H^2}$。

② 双面排水。

$\alpha = \frac{p_1}{p_2}$；令土层厚度为 $2H$，初始孔隙水压力沿深度为线性分布如图 1.34 所示。

初始条件和边界条件为

$$t = 0, 0 \leqslant z \leqslant H, u = P_2\left[1 + (\alpha - 1)\frac{H-z}{H}\right]$$

$$0 < t \leqslant \infty, z = 0, u = 0$$

$$0 < t \leqslant \infty, z = 2H, u = 0$$

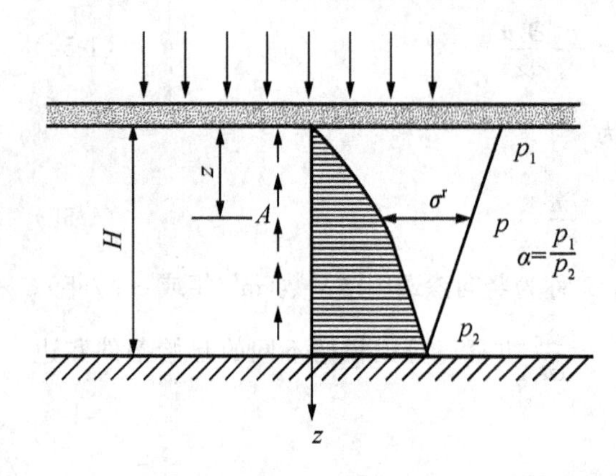

图 1.33　单面排水条件下超孔隙水压力的消散

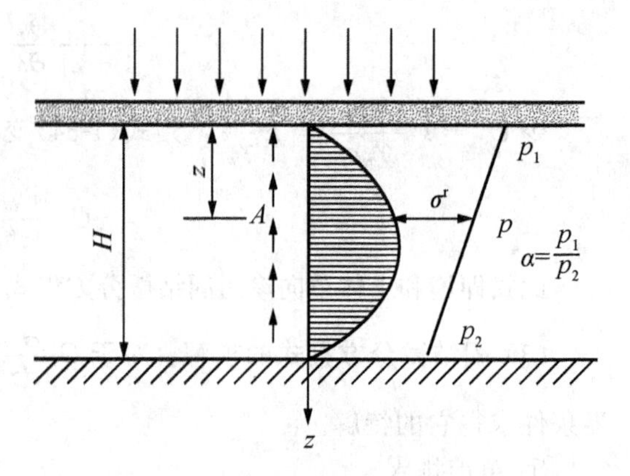

图 1.34　双面排水条件下超孔隙水压力的消散

采用分离变量法求得式(1-55)的特解为

$$u(z,t) = \frac{p_2}{\pi^2}\sum_{m=1}^{\infty}\frac{2}{m}\left[1-(-1)^m\alpha\right]\sin\frac{m\pi(2H-z)}{2H}e^{\frac{-m^2\pi^2}{4}T_V} \tag{1-58}$$

上式中常取第一项 $m = 1$，得到

$$u(z,t) = \frac{2p_2}{\pi^2}(1+\alpha)e^{\frac{-\pi^2}{4}T_V}\sin\frac{\pi(2H-z)}{2H} \tag{1-59}$$

(4) 固结度。

① 基本概念。

a. 某点的固结度：深度 z 处 A 点在 t 时刻竖向有效应力 σ'_t（或压缩量）与初始超孔隙水压力 p（或最终压缩量）的比值称为 A 点 t 时刻的固结度。

b. 土层平均固结度：t 时刻土层各点土骨架承担的有效应力图面积与初始超孔隙水压力（或附加应力）图面积之比为 t 时刻的固结度，用 U_t 表示，即

$$U_t = 1 - \frac{\int_0^H u(z,t)\mathrm{d}z}{\int_0^H p(z)\mathrm{d}z} = \frac{\int_0^H \sigma'(z,t)\mathrm{d}z}{\int_0^H p(z)\mathrm{d}z} = \frac{\int_0^H \frac{a}{1+e_1}\sigma'(z,t)\mathrm{d}z}{\int_0^H \frac{a}{1+e_1}p(z)\mathrm{d}z} = \frac{s_{ct}}{s_c} \tag{1-60}$$

式中：s_{ct} ——地基某时刻 t 的固结沉降，s_c ——地基最终的固结沉降。

② 初始超孔隙水压力沿深度线性分布情况下的固结度计算。将式(1-57)代入式(1-60)，得到单面排水情况下土层任一时刻 t 的固结度 U_t 的近似值，即

$$U_t = 1 - \frac{\left(\frac{\pi}{2}\alpha - \alpha + 1\right)}{1+\alpha}\frac{32}{\pi^3}e^{\frac{-\pi^2}{4}T_v} \tag{1-61}$$

利用式(1-61)，当 $\alpha = 1$ 得到

$$U_0 = 1 - \frac{8}{\pi^2}e^{\frac{-\pi^2}{4}T_V} \tag{1-62}$$

为方便查用，表 1 - 29 给出了不同的 $\alpha = \frac{p_1}{p_2}$ 下的 $U_t \sim T_v$ 关系。

表 1 - 29 不同 $\alpha=\frac{p_1}{p_2}$ 下的 $U_t \sim T_v$ 关系

α	固结度 U_t											类型
	0.0	0.1	0.2	0.3	0.4	0.5	0.6	0.7	0.8	0.9	1.0	
0.0	0.0	0.049	0.100	0.154	0.217	0.029	0.380	0.500	0.660	0.950	∞	"1" 型
0.2	0.0	0.027	0.073	0.126	0.186	0.26	0.35	0.46	0.63	0.92	∞	"0—1" 型
0.4	0.0	0.016	0.056	0.106	0.164	0.24	0.33	0.44	0.60	0.90	∞	
0.6	0.0	0.012	0.042	0.092	0.148	0.22	0.31	0.42	0.58	0.88	∞	
0.8	0.0	0.010	0.036	0.079	0.134	0.20	0.29	0.41	0.57	0.86	∞	
1.0	0.0	0.008	0.031	0.071	0.126	0.20	0.29	0.40	0.57	0.85	∞	"0" 型
1.5	0.0	0.008	0.024	0.058	0.107	0.17	0.26	0.38	0.54	0.83	∞	"0—2" 型
2.0	0.0	0.006	0.019	0.050	0.095	0.16	0.24	0.36	0.52	0.81	∞	
3.0	0.0	0.005	0.016	0.041	0.082	0.14	0.22	0.34	0.50	0.79	∞	
4.0	0.0	0.004	0.014	0.040	0.080	0.13	0.21	0.33	0.49	0.78	∞	
5.0	0.0	0.004	0.013	0.034	0.069	0.12	0.20	0.32	0.48	0.77	∞	
7.0	0.0	0.003	0.012	0.030	0.065	0.12	0.19	0.31	0.47	0.76	∞	
10.0	0.0	0.003	0.011	0.028	0.060	0.11	0.18	0.30	0.46	0.75	∞	
20.0	0.0	0.003	0.010	0.026	0.060	0.11	0.17	0.29	0.45	0.74	∞	
∞	0.0	0.002	0.009	0.024	0.048	0.09	0.16	0.23	0.44	0.73	∞	"2" 型

将式(1-59)代入式(1-60)，得到双面排水情况下土层任一时刻 t 的固结度 U_t 的近似值，即

$$U_t = 1 - \frac{8}{\pi^2} e^{\frac{-\pi^2}{4} T_v} \tag{1-63}$$

由式(1-63)可以看出，双面排水的固结度 U_t 与 α 值无关，且形式上与土层单面排水时的 U_0 相同，只是式中的 $T_v = \frac{C_v t}{H^2}$ 的 H 为固结土层厚度的一半。

图 1.35(a)为初始超孔隙水压力沿深度为线形分布的几种情况，在联系到工程实际问题时，应考虑如何将实际的超孔隙水压力分布简化成图 1.35(a)中的计算图式，以便进行简化计算分析。图 1.35(b)列出了 5 种实际情况下的初始超孔隙水压力分布图。

情况 1：薄压缩层地基。

情况 2：土层在自重应力作用下的固结。

情况 3：基础底面积小，传至压缩层底面的附加应力接近于零。

情况 4：在自重应力作用下尚未固结的土层上作用有基础传来的荷载。

情况 5：基础底面积小，传至压缩层底面的附加应力不接近于零。

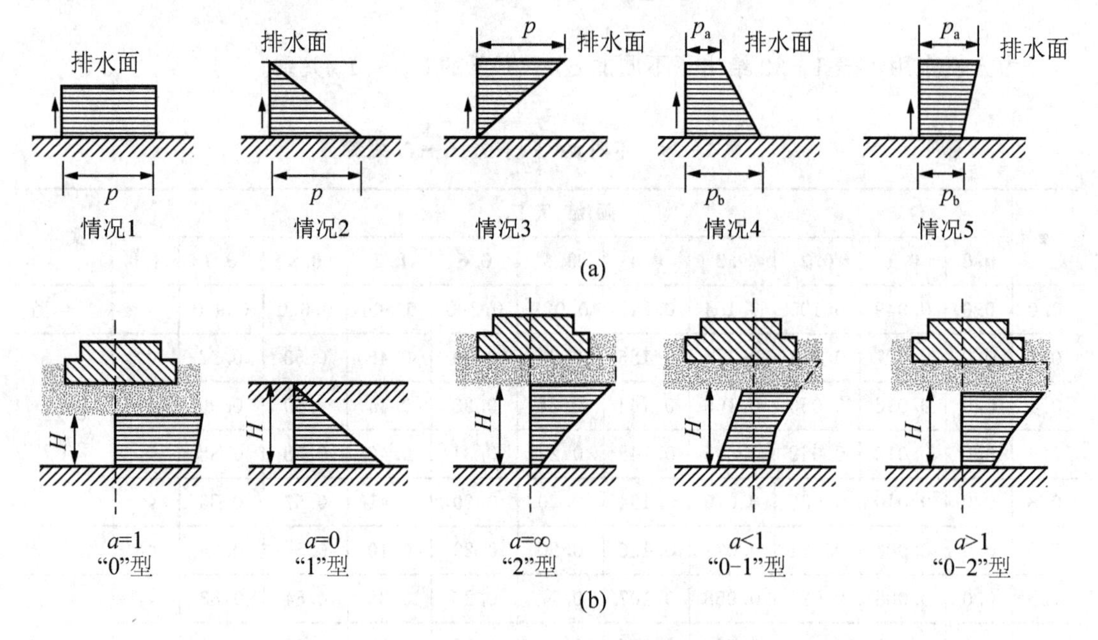

图 1.35　初始超孔隙水压力的几种情况

(a) 简化的线性分布；(b) 实际的分布

③ 影响固结度因素讨论。固结度是时间因数的函数，时间因素 T_v 越大，固结度 U_t 越大，影响 T_v 大小的因素有土的固结系数、时间和土层厚度；固结系数越大，固结时间越长，土层厚度越小，则 T_v 越大。

2) 渗透固结沉降与时间的关系

有了上述几个公式，就可根据土层中的初始应力分布(计算 α 值)、排水条件(判定单、双面排水)选择相应公式计算或查图，可以解决下列两类问题。

(1) 已知或计算土层的最终固结沉降量 S_c，求某时刻历时 t 的沉降 s_t 。由地基资料得

到计算公式所需的参数：渗透系数 k、压缩模量 E_s 或压缩系数 a、初始孔隙比 e_1、土层厚 H、固结时间 t，按式 $C_v = k\dfrac{1+e_1}{\gamma_w a} = k\dfrac{E_s}{\gamma_w}$，$T_v = \dfrac{C_v t}{H^2}$ 求得 T_v 后，然后利用式(1-55)、式(1-57)或查表 1-22 得到相应的固结度 U_t，得到沉降 $S_t = U_t S_c$。

(2) 已知或计算土层的最终固结沉降量 s_c，求土层到达某一沉降 s_t 时，所需的时间 t。

【例题 1-1】 某饱和粘性土层，厚为 10m，在外荷作用下产生的附加应力沿土层深度分布简化为梯度，如图 1.36 所示，下为不透水层。已知初始孔隙比 $e_1=0.85$，压缩系数 $a=2.5\times10^{-4}\text{kPa}^{-1}$，渗透系数 $k=2.5\text{cm/年}$。求：(1)加荷 1 年后的沉降量；(2)求土层沉降 15.0cm 所需时间。

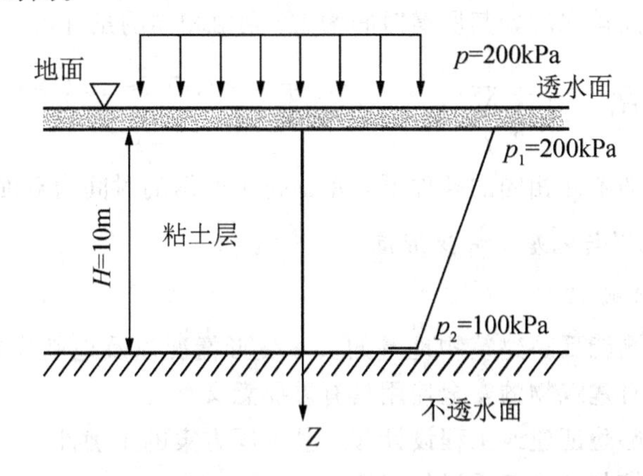

图 1.36 计算图

解：

(1) $s_t = U_t s_c$

该土层平均附加应力：$\sigma_z = \dfrac{1}{2}(100+200) = 150(\text{kPa})$

最终沉降量：$s_c = \dfrac{a}{1+e_1}\sigma_z H = \dfrac{2.5\times10^{-4}}{1+0.85}\times150\times1000 = 20.27(\text{cm})$

固结系数：$C_v = \dfrac{k(1+e_1)}{a\gamma_w} = \dfrac{2.5(1+0.85)}{2.5\times10^{-4}\times10}\times100 = 1.9\times10^5(\text{cm}^2/\text{a})$

时间因数：$T_v = \dfrac{C_v}{H^2}t = \dfrac{1.9\times10^5}{1000^2}\times1 = 0.19$

$$\alpha = \frac{p_1}{p_2} = \frac{200}{100} = 2.0$$

$$U_t = 1-\frac{\left(\dfrac{\pi}{2}\alpha-\alpha+1\right)}{1+\alpha}\frac{32}{\pi^3}e^{\frac{-\pi^2}{4}T_V} = 1-\frac{\left(\dfrac{\pi}{2}\times2-2+1\right)}{1+2}\frac{32}{\pi^3}e^{\frac{-\pi^2}{4}0.19} = 0.538$$

$$s_t = U_t s_c = 0.538\times20.27 = 10.91(\text{cm})$$

(2) $U_t = \dfrac{s_t}{s_c} = \dfrac{15}{20.27} = 0.74$

$$T_v = -\frac{4}{\pi^2}\ln\left[\frac{\pi^3(1+\alpha)}{16(\alpha\pi-2\alpha+2)}(1-U_t)\right] = 0.422$$

所以 $t = \dfrac{T_v H^2}{C_v} = \dfrac{0.422\times1000^2}{1.9\times10^5} \approx 2.22$(年)

【例题 1-2】 若有一粘性层，厚为 10m，上、下两面均可排水。现从粘土层中心取样后切取一厚 2cm 的试样，放入固结仪做实验(上、下均有透水面)，在某一级固结压力作用下，测得其固结度达到 80%时所需的时间为 10 分钟。问：该粘土层在同样固结压力作用下达到同一固结度所需的时间为多少？若粘性土改为单面排水，所需时间又为多少？

解：已知 $H_1 = 10\text{m}, H_2 = 2\text{cm}, t_2 = 10\text{min}, U_t = 80\%$

由于土的性质和固结度均相同，因而由 $C_{v1} = C_{v2}$ 及 $T_{v1} = T_{v2}$ 的条件可得

$$\frac{t_1 C_{v1}}{\left(\dfrac{H_1}{2}\right)^2} = \frac{t_2 C_{v2}}{\left(\dfrac{H_2}{2}\right)^2},\quad t_1 = \frac{H_1^2}{H_2^2} t_2 = \frac{1000^2}{2^2} \times 10 = 4.76\,(\text{年})$$

当粘土层改为单面排水时，其所需时间为 t_3，则由相同的条件可得

$$\frac{t_3}{H_1^2} = \frac{t_1}{\left(\dfrac{H_1}{2}\right)^2},\quad t_3 = 4t_1 = 4 \times 4.76 \approx 19\,(\text{年})$$

从上可知，在其他条件相同的条件下，单面排水所需的时间为双面排水的 4 倍。

4. 建筑物沉降观测与地基允许变形值

1) 建筑物沉降观测

建筑物的沉降观测能反映建筑物地基的实际变形情况以及地基变形对建筑物的影响，故建筑物的沉降观测对建筑物的安全使用具有重要意义。

(1) 沉降观测能够验证建筑工程设计和地基加固方案的正确性。

(2) 沉降观测能够判别施工质量的好坏。

(3) 沉降观测可以作为分析事故原因和加固处理的依据。

(4) 沉降观测可以判断现行的各种沉降计算方法的准确性。

沉降观测主要用于控制地基的沉降量和沉降速率。一般情况下，在竣工后半年到一年的时间内，不均匀沉降发展最快。在正常情况下，沉降速率应逐渐减慢。如沉降速率减到 0.05mm/日以下时，可认为沉降趋向稳定，这种沉降被称为减速沉降。当出现等速沉降时，就会导致地基出现丧失稳定的危险。当出现加速沉降时，表示地基丧失稳定，应及时采取工程措施，防止建筑物发生工程事故。

《建筑地基基础设计规范》(GB 50007—2011)规定，以下建筑物应在施工期间及使用期间进行沉降观测。

(1) 地基基础设计等级为甲级的建筑物。

(2) 复合地基或软弱地基上的设计等级为乙级的建筑物。

(3) 加层、扩建建筑物。

(4) 受邻近深基坑开挖施工影响或受场地地下水等环境因素变化影响的建筑物。

(5) 需要积累建筑经验或进行设计反分析的工程。

沉降观测首先要设置好水准基点，其位置必须稳定可靠、妥善保护，埋设地点宜靠近观测对象，但必须在建筑物所产生的压力影响范围以外。在一个观测区内，水准基点不应少于 3 个。其次是设置好建筑物上的沉降观测点，其位置由设计人员确定，一般设置在室外地面以上，外墙(柱)身的转角及重要部位，数量不宜少于 6 个。对于观测次数与时间，一般情况下，民用建筑物每施工完一层(包括地下部分)应观测 1 次；工业建筑按不同荷载阶段分次观测，施工期间的观测不应少于 4 次。对于建筑物竣工后的观测，第一年不少于

3～5 次，第二年不少于 2 次，以后每年 1 次，直到下沉稳定为止。对于突然发生严重裂缝或大量沉降等情况时，应增加观测次数。沉降观测后应及时整理好资料，算出各点的沉降量、累计沉降量及沉降速率，以便及早发现和处理出现的地基问题。

在地基基础设计中，除了保证地基的强度、稳定要求外，还需保证地基的变形控制在允许的范围内，以保证上部结构不因地基变形过大而丧失其使用功能。为此，《建筑地基基础设计规范》(GB 50007—2011)规定：建筑物的地基变形计算值，不应大于地基变形允许值，并作为强制性条文执行。

2）地基变形类型

对于地基变形的验算，要针对建筑物的具体类型与特点，分析对结构正常使用有主要控制作用的地基变形特征、地基变形的类型。按其特征可分为沉降量、沉降差、倾斜和局部倾斜 4 类。

建筑物和构筑物的类型不同，对地基变形的反应也不同，因此要求用不同的变形特征来加以控制。

(1) 沉降量。沉降量是指基础中心的沉降量，主要用于计算比较均匀时的单层排架结构柱基的沉降量，在满足允许沉降量后可不再验算相邻柱基的沉降差值。此外，为了决定工艺上考虑沉降所预留建筑物有关部分之间净空、连接方法及施工顺序时也需用到沉降量，此时往往需要分别预估施工期间和使用期间的地基沉降量。

(2) 沉降差。沉降差是指相邻两个单独基础的沉降量之差。对于排架及框架结构，当遇到下述情况之一时，应计算其沉降差。验算时应选择预估可能产生较大沉降差的两相邻基础。

① 地基土质不均匀、荷载差异较大时。

② 有相邻结构物的荷载影响时。

③ 在原有基础附近堆积重物时。

④ 当必须考虑在使用过程中结构物本身与之有联系部分的标高变动时。

(3) 倾斜。倾斜是指单独基础在倾斜方向两端点的沉降差(s_1-s_2)与此两点水平距离 b 之比。对于有较大偏心荷载的基础和高耸构筑物的基础，当地基不均匀或在基础的附近堆有地面荷载时，要验算倾斜。当地基土质均匀且无相邻荷载影响时，高耸构筑物的沉降量如不超过允许沉降量，可不再验算倾斜值；对于有桥式吊车的厂房，为了防止因地基不均匀变形使吊车轨面倾斜而影响正常使用，要验算纵、横向的倾斜度是否超过允许值。

(4) 局部倾斜。局部倾斜是指砌体承重结构沿纵向 6～10m 内，基础两点的下沉值与此两点水平距离之比。调查分析表明，砌体结构墙身开裂是由局部倾斜超过了允许值而引起的，故由局部倾斜控制。距离 l 可根据具体建筑物情况，如横隔墙的距离而定，一般应将沉降计算点选择在地基不均匀、荷载相差很大或体型复杂的局部段落的纵横墙相交处作为沉降的计算点。

3）地基允许变形值

建筑物的不均匀沉降，除了地基条件之外，还和建筑物本身的刚度和体型等因素有关。因此，建筑物地基的允许变形值的确定，要考虑建筑物的结构类型、特点、使用要求、上部结构与地基变形的相互作用和结构对不均匀下沉的敏感性以及结构的安全储备等因素。《建筑地基基础设计规范》(GB 50007—2011)根据理论分析、实践经验，并结合国

内外各种规范，给出了建筑物的地基变形允许值(表 1－30)。对表 1－30 中未包括的建筑物，其地基变形允许值应根据上部结构对地基变形的适应能力和使用上的要求确定。

特 别 提 示

- 一般多层建筑物在施工期间完成的沉降量，对于碎石或砂土可认为其最终沉降量已完成 80%以上，对于其他低压缩性土可认为已完成最终沉降量的 50%～80%，对于中压缩性土可认为已完成 20%～50%，对于高压缩性土可认为已完成 5%～20%。

表 1－30　建筑物的地基变形允许值

变形特征		地基土类别	
		中、低压缩性土	高压缩性土
砌体承重结构基础的局部倾斜		0.002	0.003
工业与民用建筑相邻柱基的沉降差	框架结构	$0.002l$	$0.003l$
	砌体墙填充的边排柱	$0.0007l$	$0.001l$
	当基础不均匀沉降时不产生附加应力的结构	$0.005l$	$0.005l$
单层排架结构(柱距为 6m)柱基的沉降量/mm		(120)	200
桥式吊车轨面的倾斜(按不调整轨道考虑)	纵向	0.004	
	横向	0.003	
多层和高层建筑的整体倾斜	$H_g \leqslant 24$	0.004	
	$24 < H_g \leqslant 60$	0.003	
	$60 < H_g \leqslant 100$	0.0025	
	$H_g > 100$	0.002	
体型简单的高层建筑基础的平均沉降量/mm		200	
高耸结构基础的倾斜	$H_g \leqslant 20$	0.008	
	$20 < H_g \leqslant 50$	0.006	
	$50 < H_g \leqslant 100$	0.005	
	$100 < H_g \leqslant 150$	0.004	
	$150 < H_g \leqslant 200$	0.003	
	$200 < H_g \leqslant 250$	0.002	
高耸结构基础的沉降量/mm	$H_g \leqslant 100$	400	
	$100 < H_g \leqslant 200$	300	
	$200 < H_g \leqslant 250$	200	

注：1. 本表数值为建筑物地基实际最终变形允许值。

2. 有括号者仅适用于中压缩性土。

3. l 为相邻柱基的中心距离(mm)；H_g 为自室外地面起算的建筑物高度(m)。

1.2.3 土的抗剪强度

土的抗剪强度是指土体抵抗剪切破坏的极限能力，其大小就等于剪切破坏时滑动面上的剪应力。

土的抗剪强度是土的基本力学性质之一。地基承载力、挡土墙土压力、边坡的稳定等都受土的抗剪强度的控制。因此，研究土的抗剪强度及其变化规律对于工程设计、施工及管理都具有非常重要的意义。

土的抗剪强度受多种因素的影响。首先，决定于土的基本性质，即土的组成、土的状态和土的结构，这些性质又与它形成的环境和应力历史等因素有关。如土颗粒越粗、形状越不规则、表面越粗糙及级配越好的土，其内摩擦力就越大，抗剪强度也大，砂土级配中随粗颗粒含量的增多抗剪强度也随之提高。土的原始密度越大，土粒之间紧密接触，土粒间孔隙小，土颗粒间的表面摩擦力和咬合力就越大，剪切时需要克服这些力的剪应力也越大。随着土的含水量增多，土的抗剪强度随之降低。若土的结构受到扰动破坏，其抗剪强度亦随之降低。其次，还决定于它当前所受的应力状态。再次，土的抗剪强度主要依靠室内实验和野外现场原位测试确定，实验中仪器的种类和实验方法对确定土的强度值有很大的影响。最后，试样的不均一、实验误差，甚至整理资料的方法亦都将影响实验的结果。

土体是否达到剪切破坏状态，除了决定于土本身的性质外，还与它所受的应力组合密切相关。这种破坏时的应力组合关系就被称为破坏准则。土的破坏准则是一个十分复杂的问题，目前在生产实践中广泛采用的准则是莫尔—库仑破坏准则。

测定土的抗剪强度的常用方法有室内的直接剪切实验、三轴压缩实验、无侧限抗压强度实验及原位十字板剪切试验等。

1. 土的强度指标与测定

土体在荷载作用下，不仅会产生压缩变形，而且还会产生剪切变形，剪切变形的不断发展，可使土体发生剪切破坏，即丧失稳定性。剪切破坏的特征是土体中的一部分与另一部分沿着某一裂面发生相对滑动。例如，路堤滑坡、挡土墙产生的倾覆或滑动、地基的失稳、基坑坑壁的失稳或坍塌等都是由于一部分土体相对于另一部分土体发生相对滑动而造成(图 1.37)。产生这些现象的主要原因是土的强度不够。通过大量的工程实践和室内的实验表明，土体中的强度破坏大多为剪切破坏。因此，土的强度实质上就是指土的抗剪强度。

1）土的强度理论

(1）库仑定律。法国科学家库仑(C. A. Coulomb)通过对砂土的一系列试验研究，总结土的破坏现象和影响因素后，于 1776 年首先提出了砂土的抗剪强度规律，其数学表达式为

$$\tau_f = \sigma \tan\phi \tag{1-64}$$

后来，为了适应不同土类和试验条件，把上式改写成更为普遍的形式，即

$$\tau_f = \sigma \tan\phi + c \tag{1-65}$$

式中：τ_f——土的抗剪强度，kPa；

σ——剪切滑动面上的法向总应力，kPa；

c——土的粘聚力，kPa，对于无粘性土，$c=0$；

ϕ——土的内摩擦角，(°)。

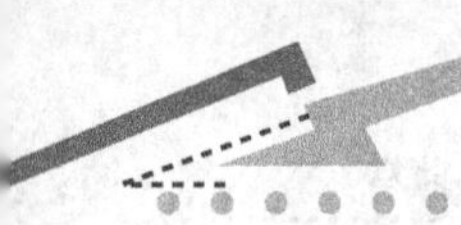

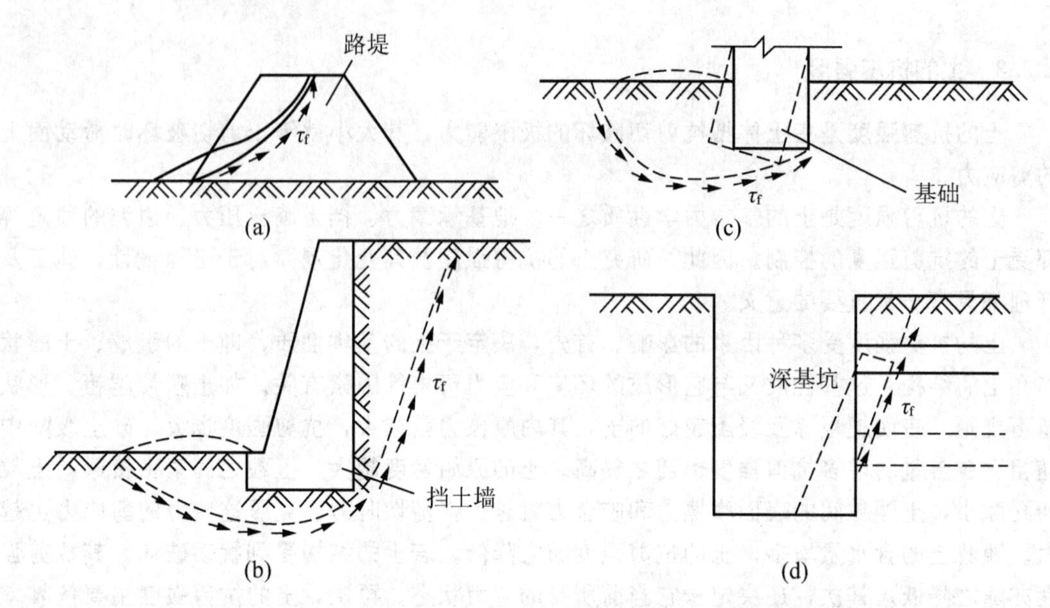

图 1.37　工程中的土体强度破坏现象(滑动面上 τ_f 为抗剪强度)

式(1-65)和式(1-66)为库仑定律。它表明在一般荷载范围内土的法向应力 σ 和抗剪强度 τ_f 之间呈直线关系，如图 1.38 所示。对于无粘性土，直线通过坐标原点，其抗剪强度仅仅是土粒间的摩擦力(图 1.38(a))；对于粘性土，直线在 τ_f 轴上的截距为 c，其抗剪强度由粘聚力和摩擦力两部分组成(图 1.38(b))。

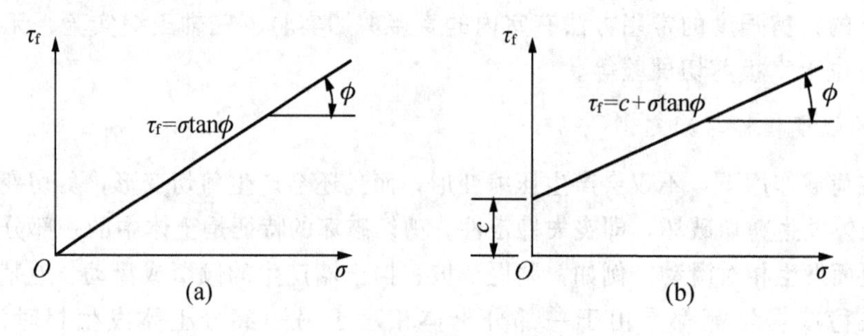

图 1.38　抗剪强度曲线图

库仑定律表明，影响抗剪强度的外在因素是剪切面上的法向应力，而当法向应力一定时，抗剪强度则取决于土的粘聚力 c 和内摩擦角ϕ。因此，c、ϕ是影响土的抗剪强度的内在因素，它反映了土抗剪强度变化的规律性，称为土的抗剪强度指标。对于土的抗剪强度指标 c、ϕ的测定，随试验方法和土样排水条件的不同而有较大差异。

(2) 土的极限平衡条件。

① 土中一点的应力状态。在工程实践中，如果土中某点可能发生剪切破坏面的位置已经确定，那么只要算出作用于该平面上的法向应力 σ(正应力)和切向应力 τ(剪应力)，再利用库仑定律 $\tau_f=\sigma\tan\phi+c$，就可以直接判断该点是否会发生剪切破坏。若 $\tau<\tau_f$，该点处于弹性平衡状态；若 $\tau=\tau_f$，该点处于极限平衡状态；若 $\tau>\tau_f$，该点发生了剪切破坏。但是，土中某点由于处于复杂的应力状态，其发生剪切破坏面的位置无法预先确定，也就不能根据上述的库仑定律直接判断该点是否会发生剪切破坏。这时，需要采用其他的方法，通常以研究土体内任一微小单元体的应力状态为切入点。

在土体内某微小单元体的任一平面上，一般都作用着一个合应力，它与该面法向成某一倾角，并可分解为法向应力 σ(正应力)和切向应力 τ(剪应力)两个分量。如果某一平面上只有法向应力，没有切向应力，则将该平面称为主应力面，而将作用在主应力面上的法向应力就称为主应力。由材料力学可知，通过一微小单元体的 3 个主应力面是彼此正交的，因此微小单元体上 3 个主应力也是彼此正交的。

对于平面问题，取某一土单元体分析，如图 1.39 所示，假设最大主应力 σ_1 和最小主应力 σ_3 的大小和方向都为已知，l_{ab}、l_{ac}、l_{bc}分别为法向应力与剪应力作用面、最大主应力作用面、最小主应力作用面，则与最大主应力面成 θ 角的任一平面上的法向应力 σ 和剪应力 τ 可由力的平衡条件求得。

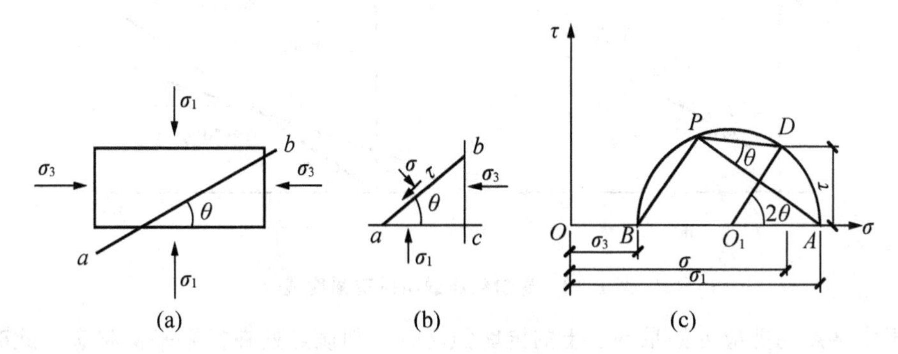

图 1.39　单元土体的应力状态

(a)单元土体上的应力；(b)脱离体上的应力；(c)莫尔应力圆

a. 按 σ 方向的静力平衡条件。

$$\sigma l_{ab} = \sigma_1 l_{ac} \cos\theta + \sigma_3 l_{bc} \sin\theta$$

则

$$\sigma = \sigma_1 \frac{l_{ac}}{l_{ab}} \cos\theta + \sigma_3 \frac{l_{bc}}{l_{ab}} \sin\theta = \sigma_1 \cos^2\theta + \sigma_3 \sin^2\theta$$

根据三角函数的倍角公式：$\cos2\theta = 2\cos^2\theta - 1 = 1 - 2\sin^2\theta$，可得

$$\sigma = \sigma_1 \frac{\cos2\theta + 1}{2} + \sigma_3 \frac{1 - \cos2\theta}{2} = \frac{\sigma_1 + \sigma_3}{2} + \frac{\sigma_1 - \sigma_3}{2} \cos2\theta$$

b. 按 τ 方向的静力平衡条件

$$\tau l_{ab} = \sigma_1 l_{ac} \sin\theta - \sigma_3 l_{bc} \cos\theta$$

$$\tau = \sigma_1 \frac{l_{ac}}{l_{ab}} \sin\theta - \sigma_3 \frac{l_{bc}}{l_{ab}} \cos\theta = \sigma_1 \cos\theta\sin\theta - \sigma_3 \sin\theta\cos\theta$$

则

$$\tau = (\sigma_1 - \sigma_3) \sin\theta\cos\theta = \frac{\sigma_1 - \sigma_3}{2} \sin2\theta$$

根据 $\sigma = \dfrac{\sigma_1 + \sigma_3}{2} + \dfrac{\sigma_1 - \sigma_3}{2} \cos2\theta$

$$\tau = \frac{\sigma_1 - \sigma_3}{2} \sin2\theta \tag{1-66}$$

消去 θ，可得应力圆方程，即

$$\left(\sigma - \frac{\sigma_1 + \sigma_3}{2}\right)^2 + \tau^2 = \left(\frac{\sigma_1 - \sigma_3}{2}\right)^2$$

可见，在$\sigma-\tau$坐标平面内，土单元体的应力状态的轨迹是一个圆，该圆的圆心在σ轴上，与坐标原点的距离为$\frac{\sigma_1+\sigma_3}{2}$，半径为$\frac{\sigma_1-\sigma_3}{2}$，该圆被称为莫尔(Mohr)应力圆，如图1.39(c)所示。若某土单元体的莫尔应力圆一经确定，那么该单元体的应力状态也就确定了。

② 莫尔库仑准则 。莫尔在采用应力圆表示一点应力状态的基础上，提出破裂面的法向应力σ与抗剪强度τ_f之间有一曲线的函数关系，即$\tau_f=f(\sigma)$。实际上，常取与试验应力圆相切的包络线(莫尔包络线，一般为曲线)反映两者的关系，在实用应力范围内，可用直线代替该曲线，该直线就是库仑公式表示的抗剪强度线(图1.40)。

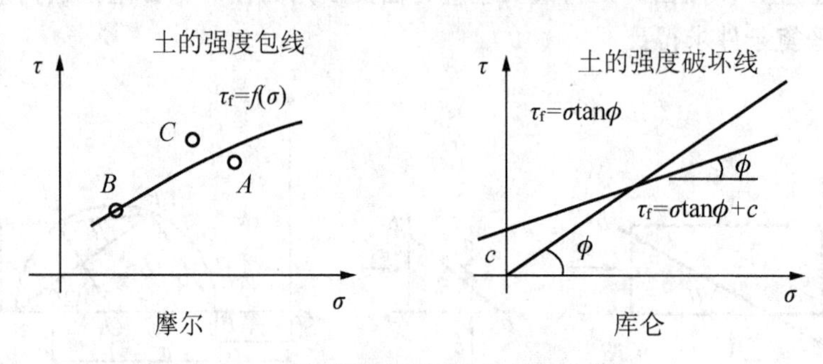

图1.40 莫尔包络线与抗剪强度线

当土中某点的剪应力如果等于土的抗剪强度时，则该点处在极限平衡状态，此时的应力圆称为莫尔极限应力圆。而某点处于极限平衡状态时最大主应力和最小主应力之间的关系则称为莫尔库仑破坏准则。

为了判断土体中某点的平衡状态，现将抗剪强度线与描述土体中某点应力状态的莫尔圆绘于同一坐标系中，则会出现不同的3种情况，如图1.41所示。当莫尔圆在强度线以下时，如A圆，表示通过该单元的任何平面上的剪应力都小于它的强度，故土中单元体处于稳定状态，没有剪破。当莫尔圆与强度线相切时，如B圆，表示通过该单元的某一平面上的剪应力等于抗剪强度，该单元体处于极限平衡状态，濒临剪切破坏。当莫尔圆与强度线相割时，如C圆，表示该单元体已剪破。实际上，这种应力状态并不存在，因为在此之前，土单元体早已沿某一个平面剪破了。

如前所述，当土体达到极限平衡状态时，莫尔圆与抗剪强度线相切。图1.42即表示某一土体单元处于极限平衡状态时的应力条件，抗剪强度线和极限应力圆相切于A点。根据几何关系可得

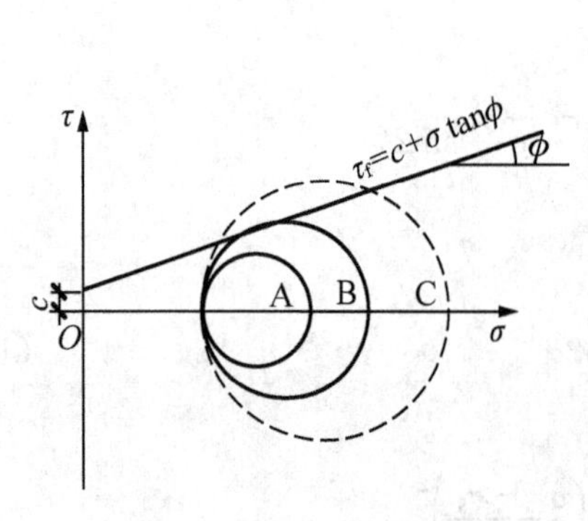

图1.41 莫尔库仑破坏准则

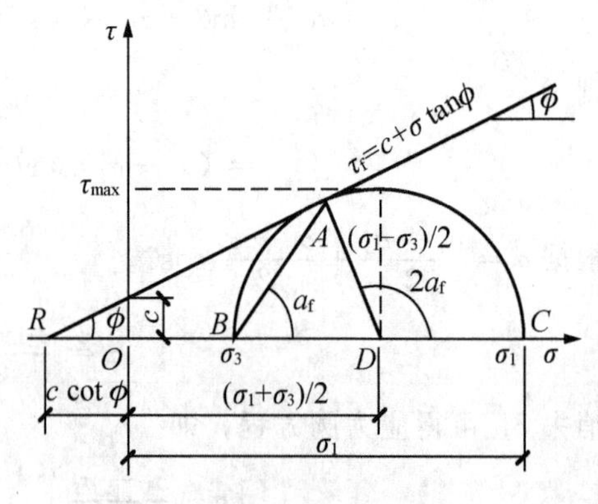

图1.42 土的极限平衡状态

$$\sin\phi = \frac{(\sigma_1 - \sigma_3)/2}{c\cot\phi + \frac{1}{2}(\sigma_1 + \sigma_3)}$$

$$\frac{\sigma_1 - \sigma_3}{2} = \frac{\sigma_1 + \sigma_3}{2}\sin\phi + c\cos\phi$$

上式简化后可得

$$\sigma_1 = \frac{1+\sin\phi}{1-\sin\phi}\sigma_3 + 2c\,\frac{\cos\phi}{1-\sin\phi}$$

再通过三角函数间的变换关系，最后可得土中某点处于极限平衡状态时主应力与抗剪强度指标之间的关系，即极限平衡条件为

$$\sigma_1 = \sigma_3\tan^2\left(45° + \frac{\phi}{2}\right) + 2c\tan\left(45° + \frac{\phi}{2}\right) \tag{1-67}$$

或

$$\sigma_3 = \sigma_1\tan^2\left(45° - \frac{\phi}{2}\right) - 2c\tan\left(45° - \frac{\phi}{2}\right) \tag{1-68}$$

当土处于极限平衡状态时，破坏面与最大主应力面间的夹角为 α_f，且

$$\alpha_f = \frac{1}{2}(90° + \phi) = 45° + \frac{\phi}{2} \tag{1-69}$$

式(1-67)、式(1-68)是基于粘性土推导得到的极限平衡条件，当为无粘性土时，由于 $c=0$，代入式(1-67)、式(1-68)，可得

$$\sigma_1 = \sigma_3\tan^2\left(45° + \frac{\phi}{2}\right) \tag{1-70}$$

或

$$\sigma_3 = \sigma_1\tan^2\left(45° - \frac{\phi}{2}\right) \tag{1-71}$$

上面推导的极限平衡表达式(1-67)～式(1-71)是用来判别土是否达到剪切破坏的强度条件，是土的强度理论，通常称为莫尔库仑强度理论。由该理论可知，土的剪切破坏并不是由最大剪应力 $\tau_{max} = \frac{\sigma_1 - \sigma_3}{2}$ 来控制，即剪切破坏不是发生在最大剪应力面(与大主应力面成45°夹角)，而是发生在与大主应力面成 $45°+\phi/2$ 夹角(由于大、小主应力面互相垂直，故与小主应力面成 $45°-\phi/2$ 夹角)的平面上，只有当 $\phi=0$ 时，剪切破坏面才与最大剪应力面一致。

根据极限平衡条件，可以很方便地判断土体一点是否达到剪切破坏。其方法如下：若已知土中某点的主应力及强度指标分别为 σ_1、σ_3、c、ϕ，就可根据式(1-67) 或式(1-71) 来判断，如将已知的 σ_3(或 σ_1)、c、ϕ 等数值代入公式的右边，求出 σ'_1(或 σ'_3)，若 $\sigma_1 < \sigma'_1$(或 $\sigma_3 > \sigma'_3$)，则 该土点处于弹性平衡状态；若 $\sigma_1 = \sigma'_1$(或 $\sigma_3 = \sigma'_3$)，则土点处于极限平衡状态；若 $\sigma_1 > \sigma'_1$(或 $\sigma_3 < \sigma'_3$)，则该土点已经破坏。

【例题 1-3】 某粉质粘土地基内一点的最大主应力 $\sigma_1 = 135\text{kPa}$，最小主应力 $\sigma_3 = 20\text{kPa}$，粘聚力 $c=20\text{kPa}$，内摩擦角 $\phi=30°$。试根据极限平衡条件判断该点土体是否破坏。

解：根据极限平衡条件进行如下判断。

(1) 由已知 σ_3 求 σ'_1。

$$\sigma'_1=\sigma_3\tan^2\left(45°+\frac{\varphi}{2}\right)+2c\tan\left(45°+\frac{\varphi}{2}\right)$$
$$=20\times\tan^2\left(45°+\frac{30°}{2}\right)+2\times20\times\tan\left(45°+\frac{30°}{2}\right)$$
$$=60+69.28=129.28\text{ kPa}<\sigma_1=135\text{kPa}$$

故土体破坏。

(2) 由已知 σ_1 求 σ'_3。

$$\sigma'_3=\sigma_1\tan^2\left(45°-\frac{\varphi}{2}\right)-2c\tan\left(45°-\frac{\varphi}{2}\right)$$
$$=135\times\tan^2\left(45°-\frac{30°}{2}\right)-2\times20\times\tan\left(45°-\frac{30°}{2}\right)$$
$$=45-23.09=21.91\text{ kPa}>\sigma_3=20\text{kPa}$$

故土体破坏。

2) 强度指标的测定方法

土的抗剪强度指标的确定有很多种方法，既可在室内进行，也可在现场进行原位测试。室内实验的特点是边界条件比较明确，并且容易控制，其不足是必须从现场采集样品，在取样的过程中不可避免会引起土的应力释放和结构扰动。原位测试的优点是能够直接在现场进行，不需取样，能较好反映土的结构和构造特性。目前，常用的室内实验有直接剪切实验、三轴剪切实验、无侧限压缩实验等，原位测试有十字剪切试验等。

(1) 直接剪切实验。直接剪切实验是测定土的抗剪强度指标的室内实验方法之一，它可以直接测出预定剪切破裂面上的抗剪强度，简称直剪实验。直接剪切实验的仪器称直剪仪，分为应变控制式和应力控制式两种，前者以等应变速率使试样产生剪切位移直至剪破，后者是分级施加水平剪应力并测定相应的剪切位移。目前，我国用得较多的是应变控制式直剪仪，如图 1.43 所示，剪切盒由两个可互相错动的上、下金属盒组成。试样一般呈扁圆柱形，高为 2 cm，面积为 30 cm^2。

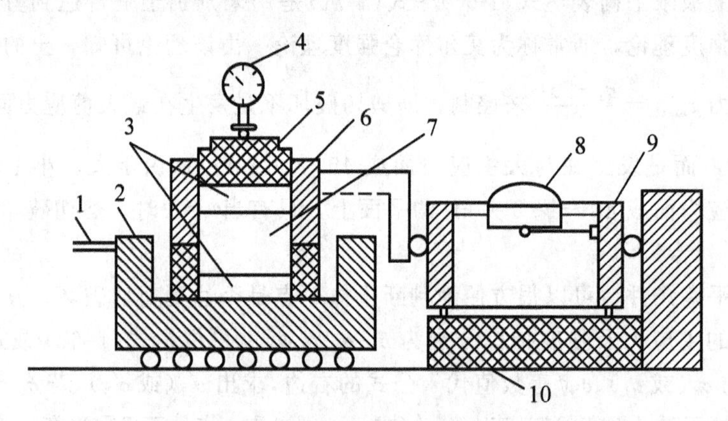

图 1.43　土的极限平衡状态

1—轮轴；2—底座；3 透水石；4—测微表；5—加压顶盖；6—上盒；
7—土样；8—测微表；9—量力环；10—下盒

实验时，首先通过加压盖板对试样施加某一竖向压力，然后以规定速率对下盒施加水平剪切力并逐渐加大，直至试样沿上、下盒间预定的水平交界面剪破。在剪切力施加过程中，要记录下盒的位移及所加水平剪力的大小。由于破坏面为水平面，且试样较薄，试样侧壁摩擦力可不计，故剪前施加在试样顶面上的竖向压力即为剪破面上的法向应力σ。剪切面上的剪应力由实验中测得的剪切力除以试样断面面积求得。根据实验记录数据可绘制竖向应力σ下的剪应力与剪切位移关系曲线，如图1.44所示。以曲线的剪应力峰值作为该级法向应力下土的抗剪强度。若剪应力不出现峰值，则取某一剪切位移(如上述尺寸的试样，常取6mm)对应的剪应力作为它的抗剪强度。

为了确定土的抗剪强度指标，通常要取4组(或4组以上)相同的试样，分别施加不同的竖向应力，一般可取竖向应力为100kPa、200kPa、300kPa、400kPa，测出它们相应的抗剪强度，将结果绘在以竖向应力σ为横轴、以抗剪强度τ_f为纵轴的平面图上。连接图上各实验点可绘一直线，此即土的抗剪强度线，如图1.44所示。

为了近似模拟土体在现场受剪的排水条件，根据加荷速率的快慢将直剪实验分为快剪、固结快剪和慢剪3种实验类型。

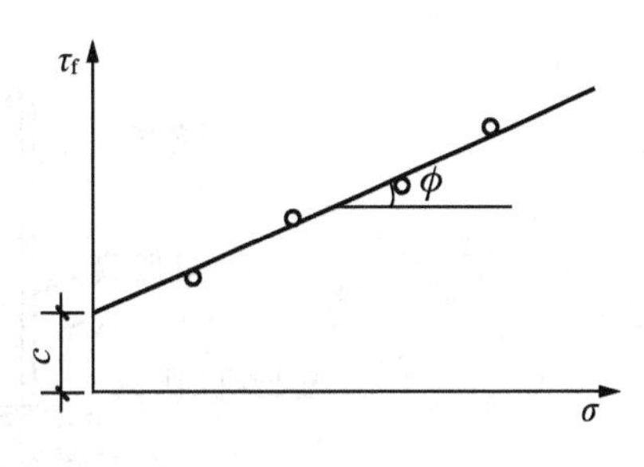

图1.44 抗剪强度线

① 快剪。在竖向压力施加后，立即施加水平剪力进行剪切，使土样在3～5min内剪坏，剪切速率为0.8mm/min，由于剪切速度快，故可认为土样在这样短暂时间内没有排水固结或者说模拟了“不排水”剪切情况。如公路挖方边坡，一般比较干燥，施工期边坡不发生排水固结作用，可以采用该实验方法。

② 固结快剪。在竖向压力施加后，给以充分时间使土样排水固结。固结终了后施加水平剪力，快速地(约在3～5min内)把土样剪坏，剪切速率为0.8mm/min，即剪切时模拟不排水条件。对于公路高填方边坡，土体有一定湿度，施工中逐步压实固结，可以采用该实验方法。

③ 慢剪。在竖向压力施加后，让土样充分排水固结，固结后以慢速施加水平剪力，剪切速率为0.2mm/min，使土样在受剪过程中一直有充分时间排水固结，直到土被剪破。对于在施工期和工程使用期有充分时间允许排水固结的情况，可以采用该实验方法。

由上述3种实验方法可知，即使在同一垂直压力作用下，由于实验时的排水条件不同，作用在受剪面积上的有效应力也不同，所以测得的抗剪强度指标也不同。在一般情况下，$\phi_{慢} > \phi_{固快} > \phi_{快}$。

上述3种实验方法对粘性土是有意义的，但效果要视土的渗透性大小而定。对于非粘性土，由于土的渗透性很大，即使快剪也会产生排水固结，所以常只采用一种剪切速率进行“排水剪实验”。

直剪实验有较突出的优点，如仪器构造简单，操作方便，但是它也有存在的缺点，主要如下。

① 不能控制排水条件。

② 剪切面是人为固定的，该面不一定是土样的最薄弱的面。

③ 剪切面上的应力分布不均匀的。

④ 在剪切过程中，土样剪切面逐渐缩小，而在计算抗剪强度时却是按土样的原截面积计算的。

(2) 三轴压缩实验。三轴压缩实验是直接量测试样在不同恒定周围压力下的抗压强度，然后利用莫尔—库仑破坏理论间接推求土的抗剪强度。

三轴压缩仪是目前测定土抗剪强度较为完善的仪器，其核心部分是三轴压力室，三轴压力室的构造如图 1.45 所示。它是一个由金属上盖、底座和透明有机玻璃圆筒组成的密闭容器。此外，还配备有以下几部分：①轴压系统，即三轴剪切仪的主机台，用以对式样施加轴向附加压力，并可控制轴向应变的速率；②侧压系统，通过液体(通常是水)对土样施加周围压力；③孔隙水压力测读系统，用以测量土样孔隙水压力及其在实验过程中的变化。

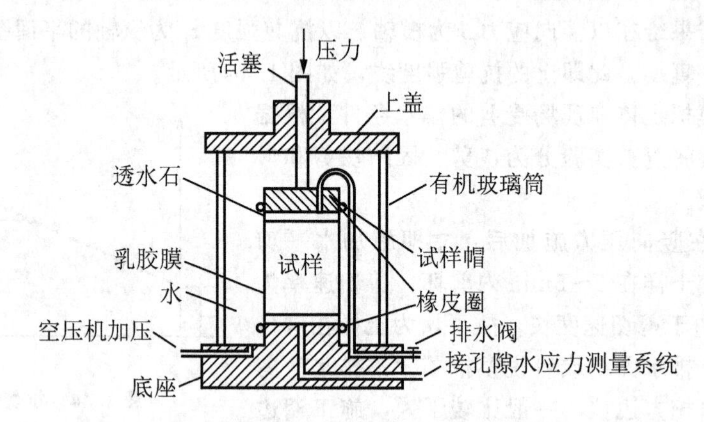

图 1.45　三轴压力室构造图

试样为圆柱形，高度与直径之比一般采用 2～2.5。试样用乳胶膜封裹，避免压力室的水进入试样。试样上、下两端可根据实验要求放置透水石或不透水板。实验中试样的排水情况可由排水阀控制。试样底部与孔隙水压力量测系统连接，可根据需要测定实验中试样的孔隙水压力值。

实验时，首先通过空压机或其他稳压装置对试样施加各向相等的围压 σ_3，然后通过传压活塞在试样顶上逐渐施加轴向力$(\sigma_1-\sigma_3)$，逐渐加大$(\sigma_1-\sigma_3)$的值，直至土样剪破。在受剪过程中同时要测读试样的轴向压缩量，以便计算轴向应变 ε。

根据三轴压缩实验结果绘制某一 σ_3 作用下的主应力差$(\sigma_1-\sigma_3)$与轴向应变 ε 的关系曲线，如图 1.46 所示。以曲线峰值$(\sigma_1-\sigma_3)_f$(该级 σ_3 下的抗压强度) 作为该级 σ_3 的极限应力圆的直径。如果不出现峰值，则取与某一轴向应变(如 15%)对应的主应力差作为极限应力圆的直径。

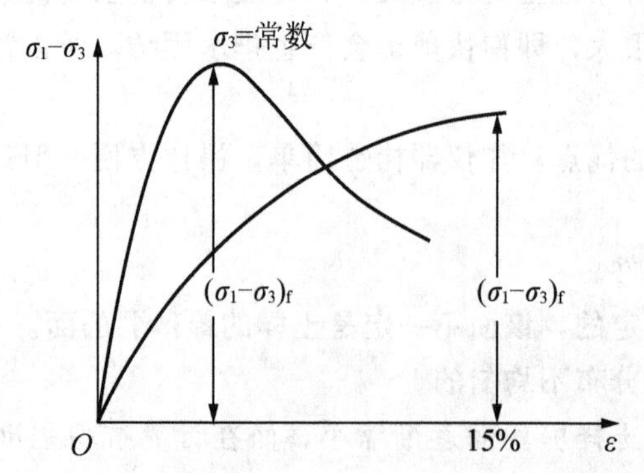

图 1.46　主应力差$(\sigma_1-\sigma_3)$与轴向应变 ε 的关系曲线

通常至少需要3～4个土样在不同的σ_3作用下进行剪切，得到3～4个不同的极限应力圆，绘出各应力圆的公切线，即为土的抗剪强度包络线。由此可求得抗剪强度指标c、ϕ值，如图1.47所示。

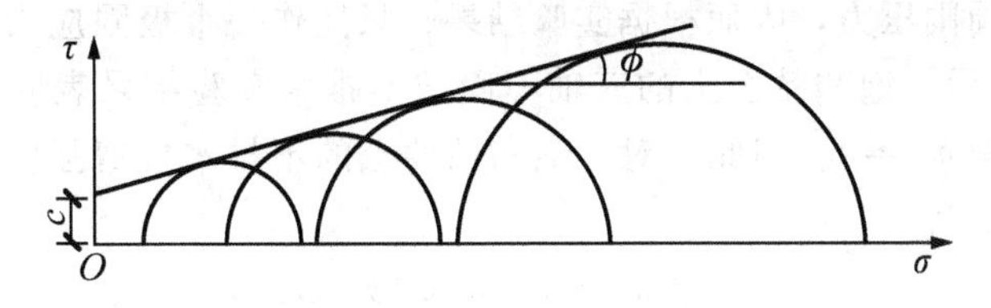

图1.47 土的抗剪强度包络线

根据土样固结排水条件的不同，相应于直剪实验三轴实验也可分为下列3种基本方法。

① 不固结不排水剪(UU)实验。先向土样施加周围压力σ_3，随后即施加轴向力$(\sigma_1-\sigma_3)$直至剪坏。在施加主应力差$(\sigma_1-\sigma_3)$过程中，自始至终关闭排水阀门不允许土中水排出，即在施加周围压力和剪切力时均不允许土样发生排水固结。

这样从开始加压直到试样剪坏的全过程中土中含水量保持不变。这种实验方法所对应的实际工程条件相当于饱和软粘土中快速加荷时的应力状况。

② 固结不排水剪(CU)实验。实验时先对土样施加周围压力σ_3，并打开排水阀门，使土样在σ_3作用下充分排水固结。然后施加轴向力$(\sigma_1-\sigma_3)$，此时关上排水阀门，使土样在不能向外排水条件下受剪直至破坏为止。

三轴“CU”实验是经常要做的工程实验，它适用的实际工程条件常常是一般正常固结土层在工程竣工时或以后受到大量、快速的活荷载或新增加的荷载的作用时所对应的受力情况。

③ 固结排水剪(CD)实验。在施加周围压力σ_3和轴向力$(\sigma_1-\sigma_3)$的全过程中，土样始终是排水状态，土中孔隙水压力始终处于消散为零的状态，使土样剪切破坏。

这3种不同的三轴实验方法所得强度、包线性状及其相应的强度指标也不相同，如图1.48所示。不固结不排水剪(UU)实验强度指标为c_u、ϕ_u；固结不排水剪(CU)实验强度指标为c_{cu}、ϕ_{cu}；固结排水剪(CD)实验强度指标为c_d、ϕ_d。其中，对于UU实验指标ϕ_u来说，一般情况下，ϕ_u是不太大的，实验业已证明，对于饱和软粘土其$\phi_u \approx 0°$，即它的强度包线是一条近乎水平的直线。

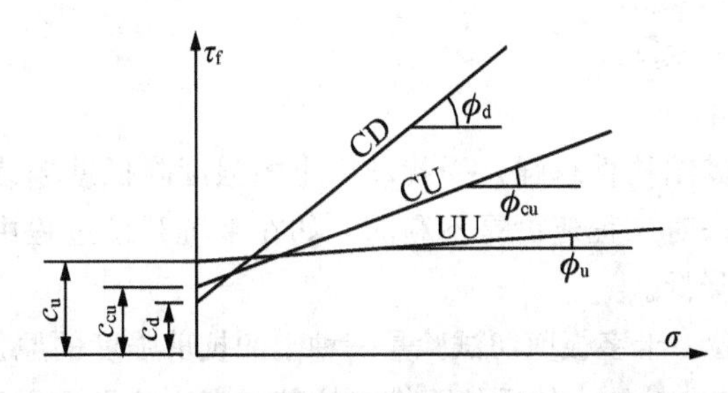

图1.48 不同排水条件下的强度包线与强度指标

(3) 无侧限抗压强度实验。无侧限抗压强度实验是三轴压缩实验中周围压力$\sigma_3=0$的一种特殊情况，所以又称单轴实验。无侧限抗压强度实验所使用的无侧限抗压强度仪的结构构造如图 1.49 所示。但现在也常利用三轴仪做该种实验，实验时，在不加任何侧向压力的情况下，对圆柱体试样施加轴向压力，直至试样剪切破坏为止。试样破坏时的轴向压力以 q_u 表示，称为无侧限抗压强度。

由于不能施加周围压力，因而根据实验结果，只能作一个极限应力圆，难以得到破坏包线，如图 1.50 所示。饱和粘性土的三轴不固结不排水实验结果表明，其破坏包线为一水平线，即内摩擦角 $\phi_u=0$。因此，对于饱和粘性土的不排水抗剪强度，就可利用无侧限抗压强度 q_u来得到，即

$$\tau_f = c_u = q_u/2 \tag{1-72}$$

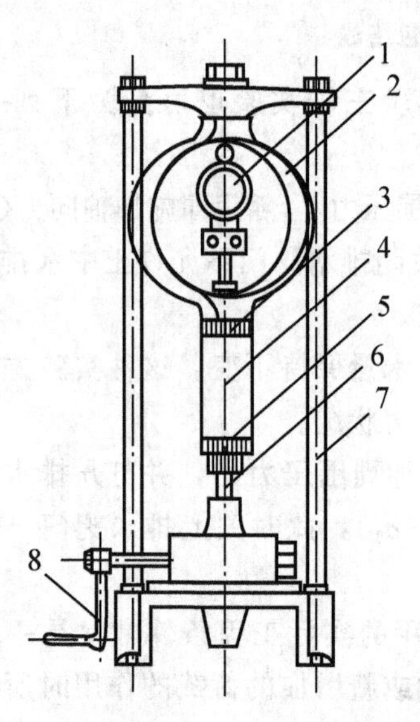

图 1.49　应变控制式无侧限抗压强度仪

1—百分表；2—测力计；3—上加压杆；4—试样；
5—下加压板；6—升降螺杆；7—加压框架；8—手轮

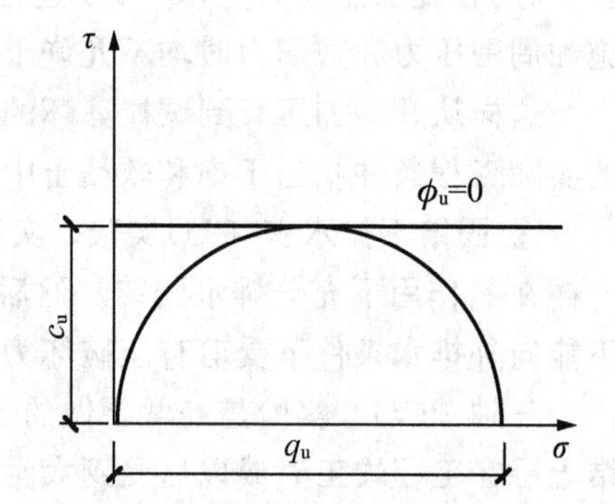

图 1.50　土的无侧限抗压强度实验结果

用无侧限抗压强度实验还可以测定饱和粘性土的灵敏度 S_t。土的灵敏度是以原状土的强度与土样经重塑后(完全扰动但含水量不变)的强度之比来表示的，即

$$S_t = q_u/q'_u \tag{1-73}$$

工程中根据灵敏度的大小，可将饱和粘性土分为 3 类。

① 低灵敏土：$1< S_t \leqslant 2$。

② 中灵敏土：$2< S_t \leqslant 4$。

③ 高灵敏土：$S_t >4$。

土的灵敏度越高，其结构性越强，受扰动后土的强度降低就越多。粘性土受扰动而强度降低的性质，一般说来对工程建设是不利的，如在基坑开挖过程中，因施工可能造成土的扰动而会使地基强度降低。

(4) 十字板剪切试验。十字板剪切试验是一种土的抗剪强度的原位测试方法，这种试验方法适合于在现场测定饱和粘性土的原位不排水抗剪强度，特别适用于均匀饱和软粘土。它的优点是构造简单，操作方便，试验时对土的结构扰动也较小，故在实际中得到广泛应用。

十字板剪切试验采用的试验设备主要是十字板剪力仪，十字板剪力仪通常由十字板头、扭力装置和量测装置三部分组成，其构造如图 1.51 所示。试验时，先把套管打到要

求测试深度以下0.75m，将套管内的土清除，再通过套管将安装在钻杆下的十字板压入土中至测试的深度。加荷是由地面上的扭力装置对钻杆施加扭矩，使埋在土中的十字板扭转，直至土体剪切破坏(破坏面为十字板旋转所形成的圆柱面)。

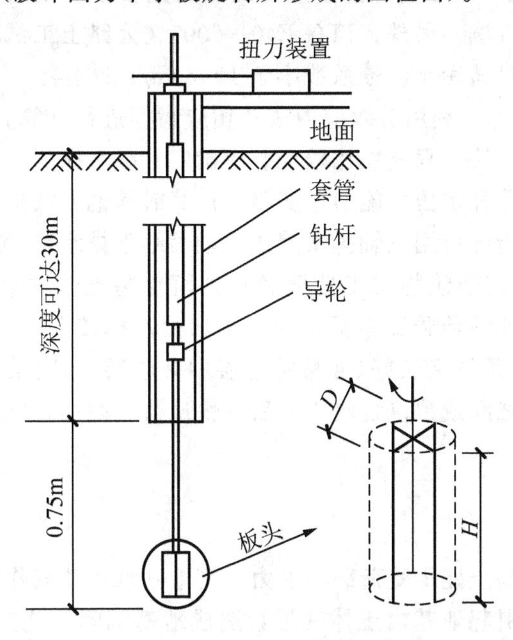

图1.51　十字板试验装置示意图

设土体剪切破坏时所施加的扭矩为M，则它应该与剪切破坏圆柱面(包括侧面和上下面)上土的抗剪强度所产生的抵抗力矩相等，即

$$M=\pi DH\frac{D}{2}\tau_{f}+2\frac{\pi D^{2}}{4}\frac{D}{3}\tau_{H}=\frac{1}{2}\pi D^{2}H\tau_{V}+\frac{\pi D^{2}}{6}\tau_{H}\tag{1-74}$$

式中：M——剪切破坏时的扭矩，kN·m；

τ_{v}、τ_{H}——分别为剪切破坏时圆柱体侧面和上下面土的抗剪强度，kPa；

H——十字板的高度，m；

D——十字板的直径，m。

天然状态的土体是各向异性的，但实用上为了简化计算，假定土体为各向同性体，即$\tau_{v}=\tau_{H}$，并记作τ_{f}，则式(1-68)可写成

$$\tau_{f}=\frac{2M}{\pi D^{2}\left(H+\frac{D}{3}\right)}\tag{1-75}$$

式中：τ_{f}——十字板测定的土的抗剪强度，kPa。

十字板剪切试验所得结果相当于不排水抗剪强度。

(5) 强度试验方法与指标的选用。在实际工程中，强度试验方法与指标如何选用是个比较复杂的问题。主要是地基条件与加荷情况不一定非常明确，如加荷速度的快慢、土层的厚薄、荷载大小以及加荷过程等都没有定量的界限值，而常规的直剪实验与三轴实验是在理想化的室内实验条件下进行的，与实际工程之间存在一定的差异。因此，在选用强度指标前需要认真分析实际工程的地基条件与加荷条件，并结合类似工程的经验加以判断，选用合适的试验方法与强度指标。

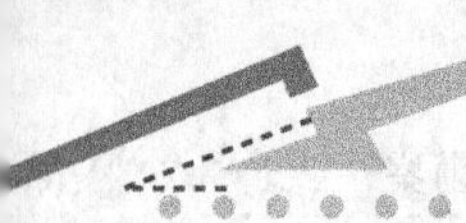

① 试验方法。相对于三轴实验而言，直剪实验的设备简单，操作方便，故目前在实际工程中使用比较普遍。然而，直剪实验中只是用剪切速率的“快”与“慢”来模拟实验中的“不排水”和“排水”，对实验排水条件的控制是很不严格的，因此在有条件的情况下应尽量采用三轴实验方法。另外，JTG E40—2007《公路土工试验规程》规定直剪实验的固结快剪和快剪实验只适用于渗透系数小于 10^{-6}cm/s 的土类。

② 有效应力强度指标。利用有效应力法及相应指标进行计算，概念明确，指标稳定，是一种比较合理的分析方法，只要能比较准确地确定孔隙水压力，则应该推荐采用有效应力强度指标。当土中的孔隙水压力能通过实验、计算或其他方法加以确定时，宜采用有效应力法。有效应力强度指标可用三轴排水剪成三轴固结不排水剪(测孔隙水压力)测定。

③ 剪切方法选用。若建筑物施工速度较快，而地基土的透水性和排水条件不良时，可采用不固结不排水剪和快剪强度指标；如地基加荷速率较慢，地基土的透水性好(如底塑性的粘性土)以及排水条件又较好(如粘性土层中夹砂层)，则采用固结排水剪或慢剪指标；如果介于两种情况之间或建筑物竣工以后有快速荷载增加，则采用固结不排水剪或固结快剪强度指标。

1.2.4 地基承载力

地基承载力是指地基土能承受荷载的能力。当地基承受荷载作用后，内部应力发生变化。一方面，附加应力引起地基内土体变形，造成地基沉降，这方面内容已在前面阐述；另一方面，引起地基内土体的剪应力增加。当荷载继续增大，地基出现较大范围的塑性区时，将显示地基承载力不足而失去稳定，此时地基达到极限承载能力。

1. 地基的破坏类型

无论从工程实践还是实验室等的研究和分析都可以获得：地基的破坏主要是由于基础下持力层抗剪强度不够，土体产生剪切破坏所致。

为了了解地基土在受荷以后剪切破坏的过程以及承载力的性状，通过现场载荷试验对地基土的破坏模式进行了研究。载荷试验实际上是一种基础的原位模拟试验，模拟基础作用于地基的是一块刚性的载荷板，载荷板的尺寸一般为 0.25～1.0m²，在载荷板上逐级施加荷载，同时测定在各级荷载作用下载荷板的沉降量及周围土体的位移情况，加荷直至地基土破坏失稳为止。由试验得到压力 p 与所对应的稳定沉降量 s 的关系曲线如图 1.52 所示。

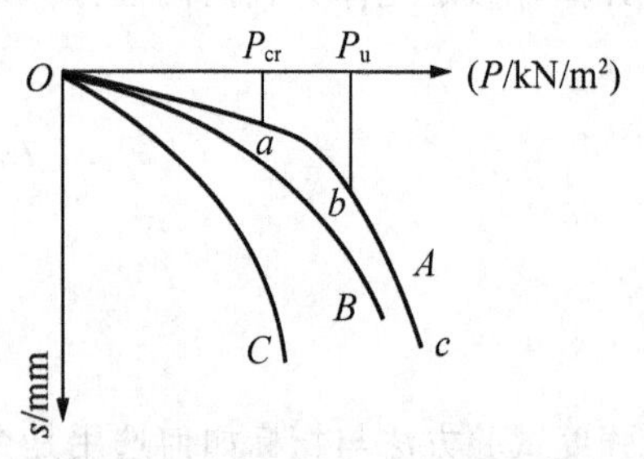

图 1.52 荷载试验的 $p-s$ 曲线

从曲线 $p-s$ 的特征可以了解不同性质土体在荷载作用下的地基破坏机理，曲线 A 在开始阶段呈直线关系，但当荷载增大到某个极限值以后沉降急剧增大，呈现脆性破坏的特征；曲线 B 在开始阶段也呈直线关系，在到达某个极限以后虽然随着荷载增大，沉降增大较快，但不出现急剧增大的特征；曲线 C 在整个沉降发展的过程中不出现明显的拐弯点，沉降对压力的变化率也没有明显的变化。

1）地基破坏的 3 种形式

在图 1.52 中，3 种曲线代表了 3 种不同的地基破坏类型。

(1) 整体剪切破坏，如图1.53(a)所示，当基础上荷载较小时，基础下形成一个三角形压密区，随同基础压入土中，这时 $p-s$ 曲线如图1.52中的曲线 A 呈直线关系。随着荷载增加，压密区向两侧挤压，土中产生塑性区，塑性区先在基础边缘产生，然后逐步扩大扩展。这时基础的沉降增长率较前一阶段增大，故 $p-s$ 曲线呈曲线状。当荷载达到最大值后，土中形成连续滑动面，并延伸到地面，土从基础两侧挤出并隆起，基础沉降急剧增加，整个地基失稳破坏，$p-s$ 曲线上出现明显的转折点，其相应的荷载被称为极限荷载。整体剪切破坏常发生在浅埋基础下的密砂或硬粘土等坚实地基中。当发生这种类型的破坏时，建筑物突然倾倒。

(2) 局部剪切破坏，如图1.53(b)所示，随着荷载的增加，基础下也产生压密区及塑性区，但塑性区仅仅发展到地基某一范围内，土中滑动面并不延伸到地面，基础两侧地面微微隆起，没有出现明显的裂缝。其 $p-s$ 曲线如图1.52中的曲线 B 所示，曲线也有一个转折点，但不像整体剪切破坏那么明显。局部剪切破坏常发生于中等密实砂土中。

(3) 冲切破坏，如图1.53(c)所示，在基础下没有明显的连续滑动面，随着荷载的增加，基础随着土层发生压缩变形而下沉，当荷载继续增加，基础周围附近土体发生竖向剪切破坏，使基础刺入土中。刺入剪切破坏的 $p-s$ 曲线如图1.52中的曲线 C，该曲线没有明显的转折点，没有明显的比例界限及极限荷载。这种破坏形式常发生在松砂及软土中。

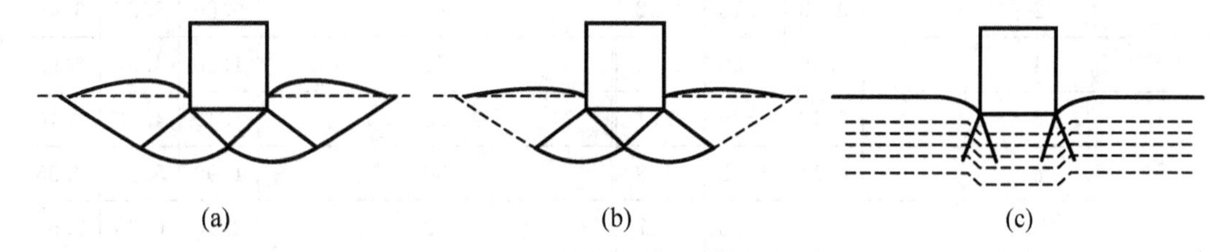

图1.53 地基破坏形式

(a) 整体剪切破坏；(b) 局部剪切破坏；(c) 冲切破坏

2) 地基破坏的3个阶段

人们根据载荷试验结果进一步发现了地基整体剪切破坏的3个发展阶段。

(1) 压密阶段(或称弹性变形阶段)：图1.52中 $p-s$ 曲线上的 Oa 段。在这一阶段，$p-s$ 曲线接近于直线，土中各点的剪应力均小于土的抗剪强度，土体处于弹性平衡状态。载荷板的沉降主要是由于土的压密变形引起的。将 $p-s$ 曲线上相应于 a 点的荷载称为比例界限 p_{cr}，也称临塑荷载。

(2) 剪切阶段：图1.52中 $p-s$ 曲线上的 ab 段。此阶段 $p-s$ 曲线已不再保持线性关系，沉降的增长率 $\Delta s/\Delta p$ 随荷载的增大而增加。地基土中局部范围内的剪应力达到土的抗剪强度，土体发生剪切破坏，这些区域也称塑性区。随着荷载的继续增加，土中塑性区的范围也逐步扩大，直到土中形成连续的滑动面，由载荷板两侧挤出而破坏。因此，剪切阶段也是地基中塑性区的发生与发展阶段。将相应于 $p-s$ 曲线上 b 点的荷载称为极限荷载 p_u。

(3) 破坏阶段(或塑性变形阶段)：图1.52中 $p-s$ 曲线上的超过 b 点的曲线段。当荷载超过极限荷载 p_u 后，基础急剧下沉，即使不增加荷载，沉降也不能停止；或是地基土体从基础四周大量挤出隆起，地基土产生失稳破坏。

2. 地基承载力的确定方法

《建筑地基基础设计规范》(GB 50007—2011)规定，地基承载力的特征值是指由载荷试验测定的地基土压力变形曲线线性变形段内规定的变形所对应的压力值，其最大值为比例界限值。地基承载力的特征值可由载荷试验或其他原位测试、理论公式计算、规范方法(建筑和公路等规范方法不同)和工程实践经验等方法综合确定。

1）建筑地基规范法确定地基承载力特征值

《建筑地基基础设计规范》(GB 50007—2011)中 5.2.5 条规定，当偏心距 e 小于或等于 0.033 倍基础底面宽度时，根据土的抗剪强度指标确定地基承载力特征值可按式(1-76)计算，并满足变形要求。

$$f_a = M_b \gamma b + M_d \gamma_m d + M_c c_k \tag{1-76}$$

式中：b——基础底面宽度，大于6m 时按 6m 取值，对于砂土小于 3m 时按 3m 取值；

M_b、M_d、M_c——承载力系数，按 φ_k 值查表 1-31；

φ_k、c_k、γ——基底下 1 倍短边宽深度内土的内摩擦角标准值、粘聚力标准值、土的重度，水位下取有效重度。

表 1-31　承载力系数 M_b、M_d、M_c值

土的内摩擦角标准值 φ_k/°	M_b	M_d	M_c	土的内摩擦角标准值 φ_k/°	M_b	M_d	M_c
0	0	1.00	3.14	22	0.61	3.44	6.04
2	0.03	1.12	3.32	24	0.80	3.87	6.45
4	0.06	1.25	3.51	26	1.10	4.37	6.90
6	0.10	1.39	3.71	28	1.40	4.93	7.40
8	0.14	1.55	3.93	30	1.90	5.59	7.95
10	0.18	1.73	4.17	32	2.60	6.35	7.55
12	0.23	1.94	4.42	34	3.40	7.21	9.22
14	0.29	2.17	4.69	36	4.20	8.25	9.97
16	0.36	2.43	5.00	38	5.00	9.44	10.80
18	0.43	2.72	5.31	40	5.80	10.84	11.73
20	0.51	3.06	5.66				

2）由现场载荷试验确定地基承载力特征值

载荷试验主要有浅层平板载荷试验和深层平板载荷试验。浅层平板载荷试验的承压板面积不应小于 0.25m²，对于软土不应小于 0.5m²，可测定浅部地基土层在承压板下应力主要影响范围内的承载力。深层平板载荷试验的承压板一般采用直径为 0.8m 的刚性板，紧靠承压板周围外侧的土层高度应不少于 80cm，可测定深部地基土层在承压板下应力主要影响范围内的承载力。

载荷试验都是按分级加荷，逐级稳定，直到破坏的试验步骤进行的，最后得到 $p-s$ 曲线，据 $p-s$ 曲线(图 1.54)，确定承载力特征值 f_{ak}的规定如下。

(1) 当 $p-s$ 曲线上有比例界限时，取该比例界限所对应的荷载值。

(2) 当极限荷载小于比例界限荷载值的 2 倍时，取其极限荷载值的 1/2。

(3) 当不能按以上方法确定时，可取 s/d=0.01～0.015 所对应的荷载值，但其值不应大于最大加载量的 1/2。

(4) 同一土层参加统计的试验点不应少于 3 点，当试验实测值的极差不超过其平均值的 30%时，取其平均值作为该土层的地基承载力特征值 f_{ak}。

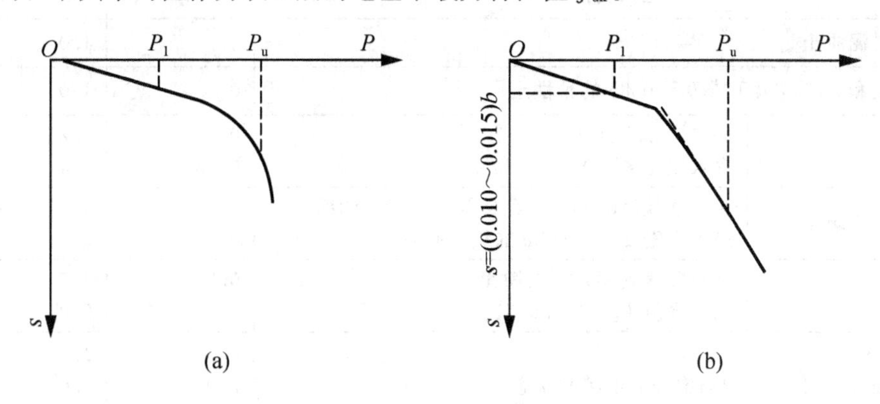

图 1.54 按载荷试验成果确定地基承载力特征值

(a) 低压缩性土；(b) 高压缩性土

3) 确定地基承载力特征值的其他方法

在《建筑地基基础设计规范》(GB 50007—2011)中，静力触探、动力触探、标准贯入试验等原位测试用于确定地基承载力，在我国已有丰富经验，可以应用，但必须有地区经验，即当地的对比资料。同时，还应注意，当地基基础设计等级为甲级和乙级时，应结合室内试验成果综合分析，不宜单独应用。

建筑地基基础设计规范 1974 版建立了土的物理力学性指标与地基承载力关系，1989 版仍保留了地基承载力表，列入附录，并在使用上加以适当限制。承载力表使用方便是其主要优点，但也存在一些问题。承载力表是用大量的试验数据，通过统计分析得到的。我国幅员广大，土质条件各异，用几张表格很难概括全国的规律。用查表法确定承载力，在大多数地区可能基本适合或偏保守，但也不排斥个别地区可能不安全。此外，随着设计水平的提高和对工程质量要求的趋于严格，变形控制已是地基设计的重要原则，本规范作为国标，如仍沿用承载力表，显然已不适应当前的要求，2002 版已决定取消有关承载力表的条文和附录，勘察单位应根据试验和地区经验确定地基承载力等设计参数。

4) 地基承载力特征值修正

当实际工程的基础宽度 $b>3$m，基础 $d>0.5$m 时，按 GB 50007—2011 的规定，由载荷试验或其他原位测试、经验值等方法确定的地基承载力特征值 f_{ak}，都应按式(1-77)进行基础宽度和埋深的修正，修正后的承载力才是地基承载力的设计值(岩石地基除外)。

$$f_a = f_{ak} + \eta_b \gamma (b-3) + \eta_d \gamma_m (d-0.5) \tag{1-77}$$

式中：f_a——修正后的地基承载力特征值；

f_{ak}——地基承载力特征值；

η_b、η_d——基础宽度和埋深的地基承载力修正系数，按基底下土的类别查表 1-32 取值；

γ——基底以下持力层土的天然重度，地下水位以下取有效重度 γ'；

b——基础底面宽度，当 $b<3$m 时按 3m 取值，当 $b>6$m 时按 6m 取值；

γ_m——基础底面以上土的加权平均重度，地下水位以下取有效重度；

d——基础埋置深度，当 $d<0.5$m 时按 0.5m 取值，一般自室外地面标高算起。

表 1-32 承载力修正系数

土的类别		η_b	η_d
淤泥和淤泥质土		0	1.0
人工填土和 e 或 I_L 大于或等于 0.85 的粘性土		0	1.0
红粘土	含水比 $a_w>0.8$	0	1.2
	含水比 $a_w\leqslant0.8$	0.15	1.4
大面积压实填土	压实系数>0.95、粘粒含量 $\rho_c\geqslant10\%$ 的粉土	0	1.5
	最大干密度>2.1t/m 的级配砂石	0	2.0
粉土	粘粒含量 $\rho_c\geqslant10\%$ 的粉土	0.3	1.5
	粘粒含量 $P_c\leqslant10\%$ 的粉土	0.5	2.0
e 或 I_L 均<0.85 的粘性土		0.3	1.6
粉砂、细砂(不包括很湿与饱和时的稍密状态)		2.0	3.0
中砂、粗砂、砾砂和碎石土		3.0	4.4

特别提示

- 对于强风化和全风化的岩石，可参照所风化成的相应土类取值，其他状态下的岩石不修正。
- 地基承载力特征值按 GB 50007—2011 的附录 D 中的“深层平板载荷试验”确定时 η_d 取 0。

应用案例 1-8

某建筑物的箱形基础宽为 8.5m，长为 20m，埋深 4m，土层情况见表 1-33，由荷载试验确定的粘土持力层承载力特征值 $f_{ak}=160\text{kPa}$，已知地下水位线位于地表下 2m 处，试修正该地基的承载力特征值。

表 1-33 土工试验成果表

层次	土类	层底埋深	土工试验结果
1	填土	1.80	$\gamma=17.8\text{kN/m}^3$
2	粘土	2.00	$\omega_0=32.0\%$，$\omega_L=37.5\%$，$\omega_P=17.3\%$，$d_s=2.72$
		7.80	水位以上：$\gamma=18.9\text{kN/m}^3$；水位以下：$\gamma=19.2\text{kN/m}^3$

解：

(1) 先确定计算参数。

因箱基宽度 $b=8.5\text{m}>6.0\text{m}$，故按 6m 考虑；箱基埋深 $d=4\text{m}$。

由于持力层为粘性土，故根据《建筑地基基础设计规范》，确定修正系数 η_b、η_d 的指标为孔隙比 e 和液性指数 I_L，它们可以根据土层条件分别求得

$$e=\frac{d_s(1+\omega_0)\gamma_w}{\gamma}-1=\frac{2.72\times(1+0.32)\times9.8}{19.2}-1=0.83$$

$$I_L=\frac{\omega-\omega_P}{\omega_L-\omega_P}=\frac{32.0-17.3}{37.5-17.3}=0.73$$

由于 $I_L=0.73<0.85$，$e=0.83<0.85$，从表1-32查得 $\eta_b=0.3$，$\eta_d=1.6$。

因为基础埋在地下水位以下，故持力层的取有效容重为

$$\gamma'=19.2-10=9.2\ (\mathrm{kN/m^3})$$

而基底以上土层的加权平均容重为

$$\gamma_m=\frac{\sum_1^3\gamma_i h_i}{\sum_1^3 h_i}=\frac{17.8\times1.8+18.9\times0.2+(19.2-10)\times2.0}{1.8+0.2+2.0}=\frac{54.22}{4}=13.6\ (\mathrm{kN/m^3})$$

(2) 修正后的地基承载力特征值。

$$\begin{aligned}f_a&=f_{ak}+\eta_b\gamma'(b-3)+\eta_d\gamma_m(d-0.5)\\&=160+0.3\times9.2\times(6-3)+1.6\times13.6\times(4-0.5)\\&=160+8.28+76.16\\&=244.4(\mathrm{kPa})\end{aligned}$$

5) 公路桥涵规范法确定地基承载力

现行的《公路桥涵地基与基础设计规范》(JTG D63—2007)是在《公路桥涵地基与基础设计规范》(JTJ 024—85)的基础上，吸取了国内有关科研、设计、检测等单位的研究成果和实际工程经验，得出了在一般情况下能都能适用的基本方法。

其方法和步骤如下。

(1) 确定地基土的类别、状态和物理力学性质指标。进行必要的土工试验，确定地基土的物理性质和状态指标。对一般的粘性土，主要是液性指数 I_L 和天然孔隙比 e；对砂性土，主要是密实度和水位情况；其他土类所需指标见设计规范。

(2) 确定地基承载力基本容许值 [f_{a0}]。当基础宽度 $b\leqslant2$m，埋置深度 $h\leqslant3$m 时，地基土的容许承载力可从规范相应的表中根据地基承载力基本容许值 [f_{a0}] 直接查得。现将常用土类的 [f_{a0}] 值列于表1-34～表1-42。

① 粘性土。

a. 一般粘性土地基的容许承载力 [f_{a0}]，可按 I_L 和 e 查表1-34。

表1-34 一般粘性土地基承载力基本容许值 [f_{a0}]

e \ [f_{a0}]/kPa \ I_L	0	0.1	0.2	0.3	0.4	0.5	0.6	0.7	0.8	0.9	1.0	1.1	1.2
0.5	450	440	430	420	400	380	350	310	270	240	220	—	—
0.6	420	410	400	380	360	340	310	280	250	220	200	180	—
0.7	400	370	350	330	310	290	270	240	220	190	170	160	150
0.8	380	330	300	280	260	240	230	210	180	160	150	140	130
0.9	320	280	260	240	220	210	190	180	160	140	130	120	100
1.0	250	230	220	210	190	170	160	150	140	120	110	—	—
1.1	—	—	160	150	140	130	120	110	100	90	—	—	—

注：1. 当土中含有粒径大于2mm的颗粒质量超过总质量30%以上者时，[f_{a0}] 可适当提高。

2. 当 $e<0.5$ 时，取 $e=0.5$；当 $I_L<0$ 时，取 $I_L=0$。此外，超过表列范围的一般粘性土，[f_{a0}] $=57.22Es^{0.57}$。

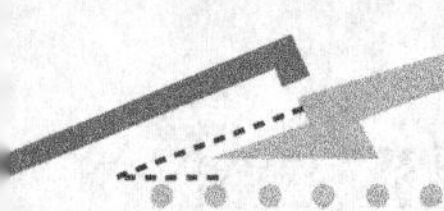

b. 新近沉积粘性土地基的容许承载力 [f_{a0}]，可按 I_L和 e 查表 1－35。

表 1－35　新近沉积粘性土地基承载力基本容许值 [f_{a0}]

I_L / [f_{a0}] /kPa / e	≤0.25	0.75	1.25	I_L / [f_{a0}] /kPa / e	≤0.25	0.75	1.25
≤0.8	140	120	100	1.0	120	100	80
0.9	130	110	90	1.1	110	90	—

c. 老粘性土地基的容许承载力 [f_{a0}]，可按弹性模量 E_s 查表 1－36。

表 1－36　老粘性土地基承载力基本容许值 [f_{a0}]

E_s/MPa	10	15	20	25	30	35	40
[f_{a0}] /kPa	380	430	470	510	550	580	620

② 砂土。砂土地基的容许承载力 [f_{a0}]，可按表 1－37 选用。

表 1－37　砂土地基承载力基本容许值 [f_{a0}]

土名及水位情况 \ [f_{a0}] /kPa \ 密实度		密实	中密	稍密	松散
砾砂、粗砂	与湿度无关	550	430	370	200
中砂	与湿度无关	450	370	330	150
细砂	水上	350	270	230	100
	水下	300	210	190	—
粉砂	水上	300	210	190	—
	水下	200	110	90	—

③ 碎石。碎石地基的容许承载力 [f_{a0}]，可按表 1－38 选用。

表 1－38　碎石地基承载力基本容许值 [f_{a0}]

土名 \ [f_{a0}] /kPa \ 密实程度	密实	中密	稍密	松散
卵石	1200～1000	1000～650	650～500	500～300
碎石	1000～800	800～550	550～400	400～200
圆砾	800～600	600～400	400～300	300～200
角砾	700～500	500～400	400～300	300～200

注：1. 由硬质岩组成，填充砂土者取高值；由软质岩组成，填充粘性土者取低值。

2. 半胶结的碎石土，可按密实的同类土 [f_{a0}] 值提高 10%～30%。

3. 松散的碎石土在天然河床中很少遇见，需特别注意鉴定。

4. 漂石、块石的 [f_{a0}] 值，可参照卵石、碎石适当提高。

④ 岩石。一般岩石地基可根据强度等级、节理按表 1－39 确定承载力基本容许值 [f_{a0}]。对于复杂的岩层(如溶洞、断层、软弱夹层、易溶岩石、软化岩石等)，应按各项因素综合确定。

岩石地基的承载力与岩石的成因、构造、矿物成分、形成年代、裂隙发育程度和水浸湿影响等因素有关。各种因素影响程度视具体情况而异，通常主要取决于岩块强度和岩体破碎程度这两个方面。新鲜完整的岩体主要取决于岩块强度；受构造作用和风化作用的岩体，岩块强度低，破碎性增加，则其承载力不仅与强度有关，而且与破碎程度有关。因此，将岩石地基按岩石强度分类，再以岩体破碎程度分级，既明确又能反映客观实际。

表 1－39　岩石地基承载力基本容许值 [f_{a0}]

节理发育程度 / [f_{a0}] /kPa / 坚硬程度	节理不发育	节理发育	节理很发育
坚硬岩	＞3000	3000～2000	2000～1500
较硬岩	3000～1500	1500～100	1000～800
软　岩	1200～1000	1000～800	800～500
极软岩	500～400	400～300	300～200

⑤ 粉土。粉土地基的容许承载力 [f_{a0}]，可按 ω 和 e 查表 1－40。

表 1－40　粉土地基承载力基本容许值 [f_{a0}]

ω(%) / [f_{a0}] /kPa / e	10	15	20	25	30	35
0.5	400	380	355	—	—	—
0.6	300	290	280	270	—	—
0.7	250	235	225	215	205	—
0.8	200	190	180	170	165	—
0.9	160	150	145	140	130	125

(3) 计算修正后的地基承载力容许值 [f_a]。地基容许承载力不仅与地基土的性质有关，而且与基础底面尺寸、埋置深度等有关。因此，当基地宽度 $b>2$m，埋置深度 $h>3$m，且 $h/b\leqslant 4$ 时，地基的容许承载力应该修正，修正后的地基承载力容许值 [f_a] 可按公式(1-78)计算，当基础位于水中不透水地层上时，[f_a] 按平均常水位至一般冲刷线的水深每米再增大 10kPa。

$$[f_a]=[f_{a0}]+k_1\gamma_1(b-2)+k_2\gamma_2(h-3) \tag{1-78}$$

式中：[f_a] ——修正后的地基承载力容许值，kPa；

b——基础底面的最小边宽，m；当 $b<2$ 时，取 $b=2$m；当 $b>10$m 时，取 $b=10$m；

h——基底埋置深度，m，自天然地面起算，有水流冲刷时自一般冲刷线起算；当 $h<3$m 时，取 $h=3$m；当 $h/b>4$ 时，取 $h=4b$；

k_1、k_2——基底宽度、深度修正系数，根据基底持力层土的类别按表 1－34 确定；

γ_1——基底持力层土的天然重度，kN/m³；若持力层在水面以下且为透水者，应取浮重度；

γ_2——基底以上土层的加权平均重度，kN/m³；换算时若持力层在水面以下，且不透水，则不论基底以上土的透水性质如何，一律取饱和重度；当透水时，水中部分土层则应取浮重度。

关于深度和宽度的修正问题，应该注意：从地基强度考虑，基础越宽，承载力越大，但从沉降方面考虑，在荷载强度相同的情况下，基础越宽，沉降越大，这在粘性土地基上尤其明显，故在表1-41中它的 k_1 为零，即不做宽度修正。对其他土的宽度修正，也做了一定的限制，如当规定 $b>10\text{m}$ 时，按 $b=10\text{m}$ 计。对深度的修正，由于公式是按浅基础概念导出的，故为了安全相对埋深限制 $h/b\leqslant4$。

表1-41　地基土承载力宽度与深度修正系数 k_1、k_2

土类＼系数	粘性土				粉土	砂土								碎石土			
	老粘性土	一般粘性土		新近沉积粘性土	—	粉砂		细砂		中砂		砾砂、粗砂		碎石、圆砾、角砾		卵石	
		$I_L\geqslant0.5$	$I_L<0.5$		—	中密	密实	中密	密实	中密	密实	中密	密实	中密	密实	中密	密实
k_1	0	0	0	0	0	1.0	1.2	1.5	2.0	2.0	3.0	3.0	4.0	3.0	4.0	3.0	4.0
k_2	2.5	1.5	2.5	1.0	1.5	2.0	2.5	3.0	4.0	4.0	5.5	5.0	6.0	5.0	6.0	6.0	10.0

注：1. 对于稍密实和松散状态的砂、碎石土，k_1、k_2 值可采用表列中密值的50%。

2. 强风化和全风化的岩石，可参照所风化成的相应土类取值；其他状态下的岩石不修正。

(4) 地基承载力容许值的提高。地基承载力容许值 $[f_a]$ 应根据地基受荷阶段和受荷情况，乘以下列规定的抗力系数 γ_R。

① 使用阶段。

a. 当地基承受作用短期效应组合或作用效应偶然组合时，可取 $\gamma_R=1.25$；但对承载力容许值 $[f_a]$ 小于150kPa的地基，应取 $\gamma_R=1.0$。

b. 当地基承受的作用短期效应组合仅包括结构自重、预加力、土重、土侧压力、汽车和人群效应时，应取 $\gamma_R=1.0$。

c. 当基础建于经多年压实未遭破坏的旧桥基(岩石旧桥基除外)上时，不论地基承受的作用情况如何，抗力系数均可取 $\gamma_R=1.5$；对 $[f_a]$ 小于150kPa的地基，可取 $\gamma_R=1.25$。

d. 基础建于岩石旧桥基上，应取 $\gamma_R=1.0$。

② 施工阶段。

a. 地基在施工荷载作用下，可取 $\gamma_R=1.25$。

b. 当墩台施工期间承受单向推力时，可取 $\gamma_R=1.5$。

应用案例1-9

某桥墩基础如图1.55所示。已知基础底面宽度 $b=5\text{m}$，长度 $l=10\text{m}$，埋置深度 $h=4\text{m}$，作用在基底中心的竖向荷载 $N=8000\text{kN}$，地基土的性质如图1.55所示，试按《公路桥涵地基与基础设计规范》(JTG D63—2007)确定地基是否满足强度要求。

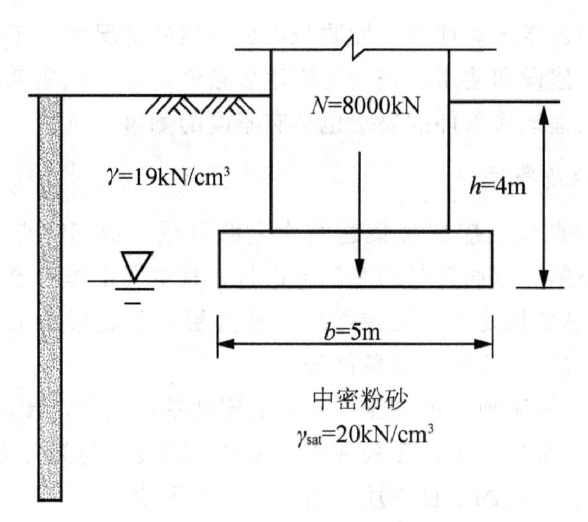

图 1.55 某桥墩基础

解：首先判定地基承载力容许值是否要修正。

已知基础底面宽度 $b=5\text{m}$，埋置深度 $h=4\text{m}$，可得 $h/b=1.25<4$，因此该地基的承载力容许值需要进行修正。

已知地基下持力层为中密粉砂(水下)，查表 1-37，可得 $[f_{a0}]=110\text{kPa}$；且中密粉砂在水下为透水层，故 $\gamma_1=\gamma_{sat}-\gamma_w=20-10=10\text{kN/cm}^3$；基地以上土为水上的中密粉砂，故 $\gamma_2=19\text{kN/cm}^3$；由表 1-34 查得 $k_1=1.0$，$k_2=2.0$。将以上数据代入公式(1-72)，得

$$
\begin{aligned}
[f_a] &= [f_{a0}]+k_1\gamma_1(b-2)+k_2\gamma_2(h-3) \\
&= 110+1\times10\times(5-2)+2\times19\times(4-3) \\
&= 178(\text{kPa})
\end{aligned}
$$

基底压力：$\sigma=\dfrac{N}{bl}=\dfrac{8000}{5\times10}=160\text{kPa}<[f_a]=178(\text{kPa})$

故地基强度满足要求。

任务 1.3 工程地质勘察报告编制和使用

【知识任务】

(1) 了解不同类别工程地质条件。

(2) 了解工程地质勘察阶段划分。

(3) 掌握工程地质勘察的方法。

(4) 具备阅读工程地质勘察报告的能力。

【实训任务】

(1) 掌握土的静力荷载试验原理和方法。

(2) 掌握土的静力触探试验原理和方法。

(3) 掌握土的标准贯入试验原理和方法。

(4) 掌握土的十字板剪切试验原理和方法。

1.3.1 工程地质条件

工地质条件是各种对工程建筑有影响的地质因素的总称，如地形地貌、地层岩性、地

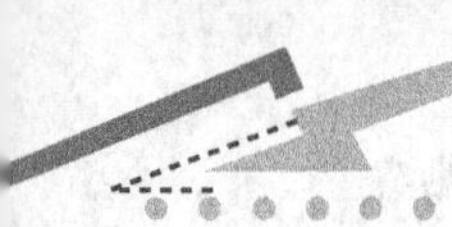

质构造、水文地质条件、岩土物理力学性质与不良地质的情况等。工程地质条件直接影响各种土木工程的选址、建设和使用。查明工程地质条件是工程地质勘察的重要任务，但不同类型的土木工程对工程地质条件的要求也会有不同的侧重。

1. 建筑地基工程地质条件

建筑物的岩土工程勘察，应在搜集建筑物上部荷载、功能特点、结构类型、基础形式、埋置深度和变形限制等方面资料的基础上进行。其主要工作内容应符合下列规定。

- 查明场地和地基的稳定性、地层结构、持力层和下卧层的工程特性、土的应力历史和地下水条件以及不良地质条件等。
- 提供满足设计、施工所需的岩土参数，确定地基承载力，预测地基变形性状。
- 提出地基基础、基坑支护、工程降水和地基处理设计与施工方案的建议。
- 提出对建筑物有影响的不良地质作用的防治方案建议。

图 1.56 所示为宜川三维地质模型。

图 1.56　宜川三维地质模型

《岩土工程勘察规范(2009 年版)》(GB 50021—2001)根据工程重要性等级、场地复杂程度等级和地基复杂程度等级，将岩土工程勘察划分为以下 3 个等级。

(1) 甲级：在工程重要性、场地复杂程度和地基复杂程度等级中，有一项或多项为一级。

(2) 乙级：除勘察等级为甲级和丙级以外的勘察项目。

(3) 丙级：工程重要性、场地复杂程度和地基复杂程度等级均为三级。

2. 公路工程地质条件

公路是线型工程，由路基工程、桥隧工程和防护建筑物等组成。公路线路往往要穿越地形、地质条件复杂的不同地区或构造单元。工程地质论证或工程地质条件分析在公路建设中非常重要。

公路的规划设计工作，首先是路线选择问题。对于路线的选择，要根据地形地貌、工程地质条件及施工条件等综合考虑，其中工程地质条件是决定性因素。在公路的选线工作中，通常要考虑地形地貌条件、岩土类型条件、地质构造条件和不良地质现象条件等。选线时应尽量避开崩塌、滑坡、泥石流、岩堆、岩溶(尤其是落水洞、溶洞)等地质灾害发育地段。当无法避开时，应进行详细的地质测绘、勘探工作，采取必要的治理措施，以保证公路长期安全使用。在实际工作中，应对道路多条备选路线的工程地质条件进行全面调查和综合分析比较，从中选出工程地质条件好、工程造价较低的路线方案。选线实例如图1.57所示。

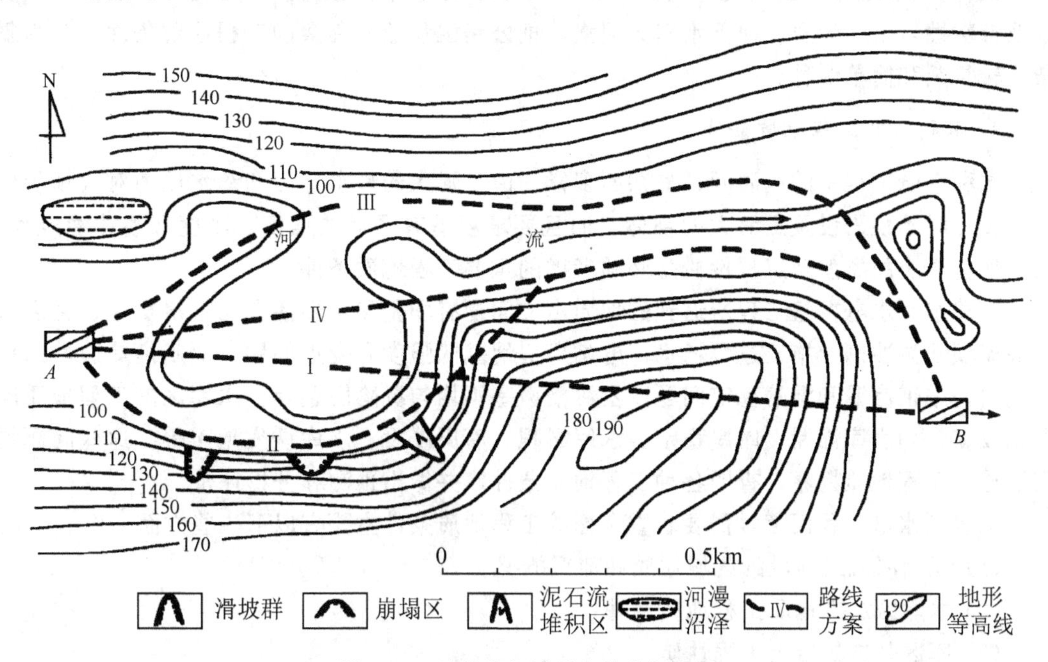

图1.57 路线选择地质条件分析实例

由图1.57可见，路线A、B两点间共有3个基本选线方案，Ⅰ方案需修两座桥梁和一座长隧道，路线虽短，但隧道施工困难，不经济；Ⅱ方案需修一座短隧道，但西段边坡陡峻，易发崩塌、滑坡等地质灾害，治理困难，维修费用大，也不经济；Ⅲ方案为跨河走对岸路线，需修两座桥梁，比修一座隧道容易，但也不经济。综合上述3个方案的优点，对工程地质条件进行分析比较，提出较优的第Ⅳ方案，即把河弯过于弯曲地段取直，改移河道，取消西段两座桥梁而改用路堤通过，使路线既平直，又避开地质灾害发育地段，而东段则连接Ⅱ方案的沿河路线。此方案的路线虽稍长，但工程地质条件较好，维修费用少，施工方便，从长远看还是经济的，故为最优方案。

路基是公路工程的主体部分，它主要承受车辆的动力荷载及其上部建筑的重力。坚固、稳定的路基是公路安全运行的保障。路基形式包括路堑、路堤和半路堤、半路堑等。在丘陵地区尤其是地形起伏较大的山区修建公路时，翻山越岭，路基工程量较大，往往通过高填或深挖等方式才能满足路线最大纵向坡度的要求。因此，必须对路基基底、路基边坡、越岭垭口等的工程地质条件进行分析研究。

桥梁、涵洞是公路工程的重要组成部分。公路路线经常跨越各种川河、沟谷等，需要修建各种类型桥梁、涵洞等构造物。地质灾害直接威胁桥梁、涵洞构造物的安全和正常运营。因而，对桥梁与涵洞的所处位置及周边范围的工程地质情况进行休息调查和分析，是解决桥址选择、桥墩台地基稳定性、冲刷问题以及桥基承载力等问题的重要先决条件。

隧道是公路工程中的重要组成部分。隧道结构的稳定性和安全性与其所处位置的地质与水文条件密切相关。隧道位于地表以下，处于各种不同的地质构造部位，四周被各种不同类型围岩包围，可能遇到地质条件很复杂。不良的地质环境不仅给隧道修建带来一系列的工程问题，而且会大大增加工程造价和施工工期。因此，在进行公路规划、勘测设计及施工中，需要认真考虑地形、岩性、地质构造、地下水等地质条件。

《公路工程地质勘察规范》(JTG C20—2011)根据地形地貌、岩土类别、不良地质现象及特殊性岩土、地震、地下水六大因素，把公路工程地质勘察的工程地质条件可分为复杂、较复杂和简单3种。

3. 水利水电工程地质条件

水利水电工程中的地质问题复杂而多样。由于强大的静水压力和动水压力对大坝的作用，设计时不仅需设置足够大的坝体，而且要求坝基有足够的强度、刚度和整体稳定性，所以地基岩土的类型及工程性质是必须考虑的重要工程地质条件。

修建水利水电枢纽工程所遇到的地质水文问题有坝基和绕坝渗漏与抗滑稳定、溢洪道和溢流坝下游冲刷及施工过程涌水，电站厂房地基的强度和变形问题，船闸高陡边坡的稳定问题，渠道渗漏和湿陷稳定问题以及渡槽墩基不均匀沉陷问题等。水库区的工程地质问题也较多，如水库渗漏、库岸稳定、水库淤积、库周浸没、水库诱发地震等。这些问题均需要通过工程地质勘察，查明各种工程地质条件，并做出预测和分析评价。

就水利水电工程而言，需要着重考虑的工程地质条件主要有以下一些方面。

(1) 规划河流或河段的区域地质和地震概况。

(2) 水库区水文地质工程地质条件。

(3) 库区基岩的岩土工程性质。

(4) 区域不良地质现象的分布及特点。

(5) 区域内的天然建筑材料条件。

4. 港口工程的工程地质条件

港口工程是兴建港口所需的各项工程设施的工程技术，包括港址选择、工程规划设计及各项设施(如各种建筑物、装卸设备、系船浮筒、航标等)的修建。在港址选择过程中，需要充分考虑拟建区域的地质地貌条件；港口水工建筑物的设计，首先要满足强度、刚度、稳定性(包括抗地震的稳定性)和沉陷方面的要求，因此也需充分查明有关的工程地质条件。

港口工程的建设主要考虑以下工程地质问题：

(1) 由于地质构造对对海岸发育的控制作用和海岸地壳运动以及海岸的升降变化所引起的区域稳定问题。

(2) 码头和防波堤的地基稳定问题。

(3) 港池和航道的回淤问题。

为解决上述问题，必须在港口工程的勘察中查明以下工程地质条件：

(1) 地貌类型及其分布、港湾或河段类型、岸坡形态与冲淤变化、岸坡的整体稳定性。

(2) 地层成因、时代、岩土性质与分布。

(3) 对场地稳定性有影响的地质构造和地震情况。

(4) 不良地质现象和地下水情况。

1.3.2 工程地质勘察阶段划分

建筑工程的设计分为场址选择、初步设计和施工图设计 3 个阶段。为了对应各阶段所需的工程地质资料，《岩土工程勘察规范》把勘察工作也相应地分为可行性研究勘察、初步勘察和详细勘察 3 个阶段。《公路工程地质勘察规范》把公路工程地质勘察分为预可行性研究阶段工程地质勘察(简称预可勘察)、工程可行性研究阶段工程地质勘察(简称工可勘察)、初步设计阶段工程地质勘察(简称初步勘察)和施工图设计阶段工程地质勘察(简称详细勘察)4 个阶段。两者的阶段划分可统一分为可行性研究勘察、初步勘察和详细勘察 3 个阶段。

建筑物的岩土工程勘察应分阶段进行，可行性研究勘察应符合选择场址方案的要求；初步勘察应符合初步设计的要求；详细勘察应符合施工图设计的要求；而且对场地条件复杂或有特殊要求的工程，还应进行施工勘察。

场地较小且无特殊要求的工程可合并勘察阶段。当建筑物平面布置已经确定，且场地或其附近已有岩土工程资料时，可根据实际情况，直接进行详细勘察。

1. 可行性研究勘察

可行性研究勘察的目的是为了取得几个场址方案的主要工程地质资料，对拟选场地的稳定性和适宜性进行工程地质评价和方案比较。一般情况应避开工程地质条件恶劣的地区或地段，像不良地质现象比较发育或设计地震烈度较高场地以及受洪水威胁或存在地下水不利影响的场地等。

可行性研究勘察应对拟建场地的稳定性和适宜性做出评价，并应符合下列要求。

(1) 搜集区域地质、地形地貌、地震、矿产、当地的工程地质、岩土工程和建筑经验等资料。

(2) 在充分搜集和分析已有资料的基础上，通过踏勘了解场地的地层、构造、岩性不良地质作用和地下水等工程地质条件。

(3) 当拟建场地工程地质条件复杂，已有资料不能满足要求时，应根据具体情况进行工程地质测绘和必要的勘探工作。

(4) 当有两个或两个以上拟选场地时，应进行比选分析。

2. 初步勘察

可行性研究勘察对场地稳定性给予全局性评价之后，还存在有建筑地段的局部稳定性的评价问题。初步勘察的任务之一就是查明建筑场地不良地质现象的成因、分布范围、危害程度以及发展趋势，在确定建筑总平面布置时使主要建筑避开不良地质现象比较发育的地段。除此之外，还要查明地层及其构造、土的物理力学性质、地下水埋藏条件以及土的冻结深度等，这些工程地质资料为建筑物基础方案的选择、不良地质现象的防治提供依据。

初步勘察应对场地内拟建建筑地段的稳定性做出评价，并进行下列主要工作。

(1) 搜集拟建工程的有关文件、工程地质和岩土工程资料以及工程场地范围的地形图。

(2) 初步查明地质构造、地层结构、岩土工程特性、地下水埋藏条件。

(3) 查明场地不良地质作用的成因、分布、规模、发展趋势，并对场地的稳定性做出评价。

(4) 对抗震设防烈度等于或大于 6 度的场地，应对场地和地基的地震效应做出初步评价。

(5) 对季节性冻土地区，应调查场地土的标准冻结深度。

(6) 初步判定水和土对建筑材料的腐蚀性。

(7) 高层建筑初步勘察时，应对可能采取的地基基础类型、基坑开挖与支护、工程降水方案进行初步分析、评价。

3. 详细勘察

经过可行性研究勘察和初步勘察之后，建筑场地的工程地质条件已经基本查明。详细勘察的任务是针对具体的建筑物地基或具体的地质问题，为进行施工图设计和施工提供可靠的依据或设计计算的参数。因此，必须查明建筑物场地范围内的地层结构、土的物理力学性质、地基稳定性和承载能力的评价、不良地质现象防治所需的指标和资料以及地下水的有关条件、水位变化规律等。

详细勘察应按单体建筑物或建筑群提出详细的岩土工程资料和设计、施工所需的岩土参数；对建筑地基做出岩土工程评价，并对地基类型、基础形式、地基处理、基坑支护、工程降水和不良地质作用的防治等提出建议。其主要应进行下列工作。

(1) 搜集附有坐标和地形的建筑总平面图，场区的地面整平标高，建筑物的性质、规模、荷载、结构特点、基础形式、埋置深度，地基允许变形等资料。

(2) 查明不良地质作用的类型、成因、分布范围、发展趋势和危害程度，提出整治方案的建议。

(3) 查明建筑范围内岩土层的类型、深度、分布、工程特性，分析和评价地基的稳定性、均匀性和承载力。

(4) 对需进行沉降计算的建筑物，提供地基变形计算参数，预测建筑物的变形特征。

(5) 查明埋藏的河道、沟浜、墓穴、防空洞、孤石等对工程不利的埋藏物。

(6) 查明地下水的埋藏条件，提供地下水位及其变化幅度。

(7) 在季节性冻土地区，提供场地土的标准冻结深度。

(8) 判定水和土对建筑材料的腐蚀性。

4. 施工勘察

施工勘察指的是由于施工阶段遇到异常情况而进行的补充勘察，主要是配合施工开挖进行地质编录、校对、补充勘察资料，进行施工安全预报等。当遇到下列情况时，应配合设计和施工单位进行施工勘察，解决施工中的工程地质问题，并提供相应的勘察资料。

(1) 对高层或多层建筑，均需进行施工验槽，发现异常问题需进行施工勘察。

(2) 对较重要的建筑物复杂地基，需进行施工勘察。

(3) 深基坑的设计和施工，需进行有关检测工作。

(4) 对软弱地基处理时，需进行设计和检验工作。

(5) 当地基中岩溶、土洞较为发育时，需进一步查明分布范围并进行处理。

(6) 当施工中出现基壁坍塌、滑动时，需勘测并进行处理。

1.3.3 工程地质勘察方法

岩土工程勘察的方法主要有工程地质调查和测绘、勘探及采取土试样、原位测试、室内试验、现场检验和检测，最终根据以上几种或全部手段，对场地工程地质条件进行定性或定量分析评价，编制满足不同阶段所需的成果报告文件。

工程地质勘察的方法很多，下面就常用的几种方法作简要介绍。

1. 工程地质勘探

工程地质勘探是在工程地质测绘的基础上，为了详细查明地表以下的工程地质问题，取得地下深部岩土层的工程地质资料而进行的勘察工作。常用的工程地质勘探手段有开挖勘探、钻孔勘探和地球物理勘探。

1）开挖勘探

开挖勘探就是对地表及其以下浅部局部岩土层直接开挖，以便直接观察岩土层的天然状态以及各地层之间的接触关系，并取出原状结构岩土样品进行测试、研究其工程地质特性的勘探方法。根据开挖体空间形状的不同，分为坑探、槽探、井探和洞探。

(1) 坑探是指用锹镐或机械来挖掘在空间上3个方向的尺寸相近的坑洞的一种明挖勘探方法。坑探的深度一般为1～2m，适于不含水或含水量较少的较稳固的地表浅层，主要用来查明地表覆盖层的性质和采取原状土样。

(2) 槽探是指在地表挖掘成长条形的沟槽，进行地质观察和描述的开挖勘探方法。探槽常呈上口宽下口窄、两壁倾斜形状，其宽度一般为0.6～1m，深度一般小于3m，长度则视情况确定。槽探主要用于追索地质构造线、断层、断裂破碎带宽度、地层分界线、岩脉宽度及其延伸方向，探查残积层、坡积层的厚度和岩石性质及采取试样等。

(3) 井探是指勘探挖掘空间的平面长度方向和宽度方向的尺寸相近，而其深度方向大于长度和宽度的一种挖探方法，用于了解覆盖层厚度及性质、构造线、岩石破碎情况、岩溶、滑坡等。探井的深度一般都在3～20m之间，其断面形状有方形的(边长1m或1.5m)、矩形的(长2m、宽1m)和圆形(直径一般为0.6～1.25m)。

(4) 硐探是指在指定标高的指定方向开挖地下硐室的一种勘探方法，多用于了解地下一定深处的地质情况和取样，如查明坝址两岸和坝底地质结构等。

2）钻孔勘探

钻孔勘探简称钻探，是利用钻探机械从地面向地下钻进直径小而深度大的圆形钻孔，通过采集孔内岩芯进行观察、研究和测量钻入岩层的物理性质来探明深部地层的工程地质特征，补充和验证地面测绘资料的勘探方法。

钻探设备一般包括钻机、泥浆(水)泵、动力机和钻塔以及钻头、各种钻具和附属设备，如图1.58所示。

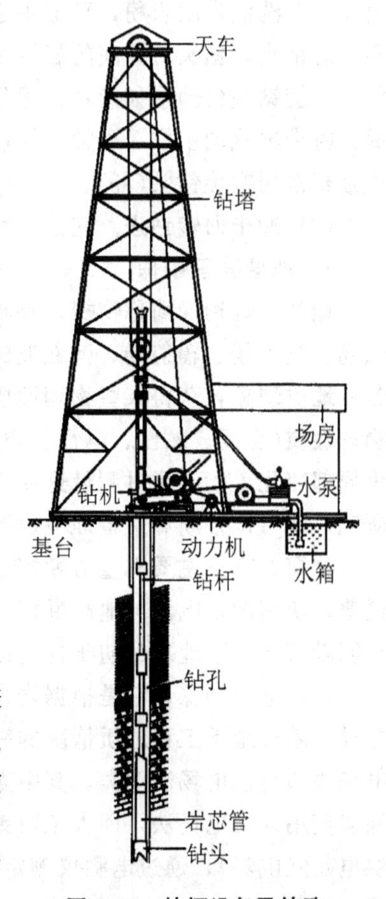

图1.58 钻探设备及钻孔

钻孔的施工过程称为钻进工程，其作业工序是通过钻孔底部的钻头破碎岩石而逐渐加深孔身。通常根据不同的岩石条件和不同的钻进目的，采用不同的方法和技术措施破碎孔底岩石，即采用不同的钻进方法。常用的钻进方法有冲击钻进、回转钻进及冲击回转钻进等。

(1) 冲击钻进。它是利用钻头冲击力破碎岩石的一种钻进方法，即用钻具底部的圆环状钻头向下冲击，破碎钻孔底部的岩土层。钻进时将钻具提升到一定高度，利用钻具自重，迅猛放落，利用钻具在下落时产生的冲击力，冲击钻孔底部的岩土层，使岩土破碎而进一步加深钻孔。冲击钻进只适用于垂直孔(井)，钻进深度一般不超过200m。冲击钻进可分人工冲击钻进和机械冲击钻进。人工冲击钻进适用于黄土、粘性土和砂土等疏松覆盖层的钻进；机械冲击钻进适用于砾石、卵石层和基岩等硬岩的钻进。冲击钻进一般难以取得完整岩芯。

(2) 回转钻进。它是利用钻头回转破碎孔底岩石的一种钻进方法。回转钻进的回转力是由地面的钻机带动钻杆旋转传给钻头的。钻进时，钻头受轴向压力同时接受回转力矩而压入、压碎、切削、研磨岩石，使岩石破碎。破碎下来的岩粉、岩屑由循环洗井介质(清水、泥浆等)携带到地表。回转钻进所使用的钻头有硬质合金钻头、钻粒钻头、金刚石钻头、刮刀钻头、牙轮钻头和螺旋钻头(杆)等。硬质合金钻头、钻粒钻头、金刚石钻头统称取芯钻头，呈环形，适用于岩芯钻探(环形钻探)，钻头对孔底的岩土层做环形切削研磨，由循环冲洗液带出岩粉，环形中心保留柱状岩芯，适时提取岩芯。刮刀钻头、牙轮钻头为不取芯钻头，钻头对孔底的岩层做全面切削研磨，用循环冲洗液排出岩粉，连续钻进不提钻。螺旋钻头(杆)形如麻花，适用于粘性土等软土层钻进，下钻时将螺旋钻头旋入土层，提钻时带出扰动土样。通常固体矿产钻探多采用岩芯钻头，油气钻井多用不取芯钻头，工程勘察常用螺旋钻头(杆)。

(3) 冲击回转钻进。它是一种在回转钻进的同时加入冲击作用的钻进方法。

3) 地球物理勘探

地球物理勘探简称物探，是利用专门仪器来探测地壳表层各种地质体的物理场(电场、磁场、重力场、辐射场、弹性波的应力场等)，通过测得的物理场特性和差异来判明地下各种地质现象，获得某些物理性质参数的一种勘探方法。由于地下物质(岩石或矿体等)的物理性质(密度、磁性、电性、弹性、放射性等)存在差异，从而引起相应的地球物理场发生局部变化，所以通过测量这些物理场的分布和变化特性，结合已知的地质资料进行分析研究，就可以推断和解释地下岩石性质、地质构造和矿产分布情况。

物探的方法主要有重力勘探、磁法勘探、电法勘探、地震勘探、放射性勘探等，其中最普遍使用的是电法与地震勘探。在初期的工程地质勘察中，常用电法与地震勘探方法来查明勘察区地下地质的初步情况以及查明地下管线、洞穴等的具体位置。

(1) 电法勘探。它是根据岩、土体电学性质(如导电性、极化性、导磁性和介电性)的差异，勘查地下工程地质情况的一种物探方法。按照使用电场的性质，电法勘探分为人工电场法和自然电场法两类，其中人工电场法又分为直流电场法和交流电场法。工程地质物探多使用人工电场法，即人工对地质体施加电场(用直流电源通过导线经供电电极向地下供电建立电场)，通过电测仪测定地下各种地质体的电阻率大小及其变化，再经过专门解释，探明地层、岩性、地质构造、覆盖层厚度、含水层分布和深度、古河道、主导充水裂隙方向等工程地质相关资料。

(2) 地震勘探。它是利用人工激发的地震波在弹性不同的地层内传播的规律来探测地下地质现象的一种物探方法。在地面某处利用爆炸或敲击激发的地震波向地下传播时，遇到不同弹性的地层分界面就会产生反射波或折射波返回地面，用专门仪器可以记录这些波；根据记录得到的波的传播时间、传播速度、距离、振动形状等进行专门计算或仪器处理，能够较准确地测定地层分界面的深度和形态，判断地层、岩性、地质构造以及其他工程地质问题(如岩土体的动弹性模量、动剪切模量和泊松比等动力参数)。地震勘探直接利用地下岩石的固有特性，如密度、弹性等，较其他物探方法准确，且能探测地表以下很深处，因此地震勘探方法可用于了解地下深部地质结构，如基岩面、覆盖层厚度、风化壳、断层带等地质情况。

2. 工程地质测试(室内试验和原位测试)

工程地质测试也称岩土测试，是在工程地质勘探的基础上，为了进一步研究勘探区内岩、土的工程地质性质而进行的试验和测定。工程地质测试有原位测试和室内试验之分。原位测试是在现场岩土体中对不脱离母体的“试件”进行的试验和测定；而室内试验则是将从野外或钻孔采取的试样送到实验室进行的试验和测定。原位测试是在现场条件下直接测定岩土的性质，避免了岩土样在取样、运输及室内试验准备过程中被扰动，因而所得的指标参数更接近于岩土体的天然状态，一般在重大工程采用；室内试验的方法比较成熟，所取试样体积小，与自然条件有一定的差异，因而成果不够准确，但能满足一般工程的要求。

原位测试主要有三大任务：一是测定岩土体(地基土)的力学性质和承载力强度，二是水文地质试验，三是地基及基础工程试验。岩土体(地基土)的力学性质和承载力强度试验主要有静荷载试验、触探试验、标准贯入试验、十字板剪切试验等；水文地质试验主要有渗水试验、压水试验和抽水试验等；地基及基础工程试验主要有不良地基灌浆补强试验和桩基础承载力试验等。室内测试主要测定岩土体(地基土)的物理性质指标(密度、界限含水量、含水率、饱和度、孔隙度、孔隙比等)和力学性质指标(压缩变形参数、抗剪强度、抗压强度)等，限于篇幅，此处只介绍静力荷载试验、静力触探试验、标准贯入试验、十字板剪切试验等常用原位测试方法。

1) 静力荷载试验

静力荷载试验是研究在静力荷载下岩土体变形性质的一种原位试验方法，主要用于确定地基土的允许承载力和变形模量，研究地基变形范围和应力分布规律等。试验方法是在现场试坑或钻孔内放一荷载板，在其上依次分级加压(p)，测得各级压力下土体的最终沉降值(s)，直到承压板周围的土体有明显的侧向挤出或发生裂纹，即土体已达到极限状态为止(图1.59)。

静力荷载试验的主要成果为在一定压力下的时间沉降曲线($s-t$ 曲线)和荷载沉降曲线($p-s$ 曲线)。根据试验过程中每一级压力(p)和相应沉降值(s)绘出的 $p-s$ 曲线，通常可分为3段，反映了土体的3种应力状态或地基变形性状(图1.60)。

第Ⅰ段，直线段，$p-s$ 呈线性关系，反映随着荷载(压力)加大，土体稳定压密的应力状态。一般把该直线段的终点所对应的压力 p_0 称为临塑压力(比例界限压力)。

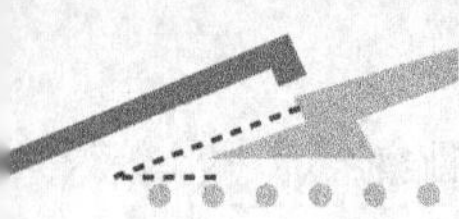

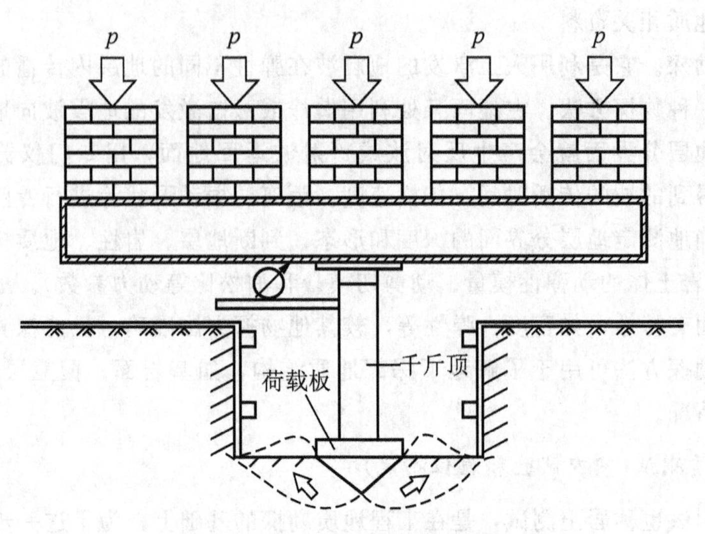

图 1.59　现场静力荷载试验示意图

第Ⅱ段，曲线段，$p-s$ 呈非线性关系，曲线斜率 ds/dp 随着压力增加而增大，反映土体在压密的过程中附加有剪切移动或塑性变形的应力状态。

第Ⅲ段，陡降段，荷载 p 增加很小，但沉降量 s 却急剧增大，反映土体应力已达到极限状态，土体已剪切破坏。一般把该陡降段的起点所对应的压力 p_u 称为极限压力。

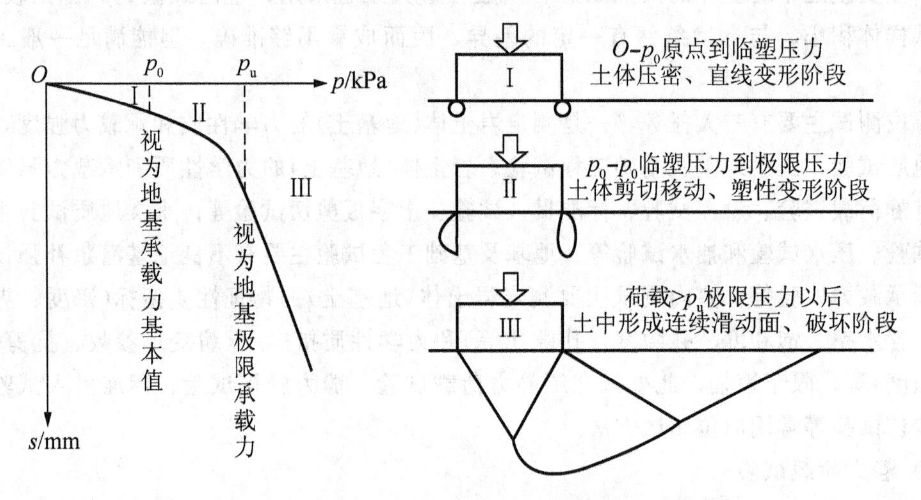

图 1.60　根据 $p-s$ 曲线确定地基承载力示意图

显然，当建筑物基底附加压力≤p_0时，地基土的强度是完全保证的，且沉降也较小；而当建筑物基底附加压力大于 p_0 小于 p_u时，地基土体不会发生整体破坏，但建筑物的沉降量很大；如果建筑物基底附加压力≥p_u时，地基土体就会发生剪切破坏。

因此，根据 $p-s$ 曲线所反映的地基变形性状，可以确定地基承载力基本值。对于粘性土、粉土地基，当 $p-s$ 曲线上有明显的直线段时，可直接取临塑压力 p_0 作为地基承载力基本值 f_0，$p_0=f_0$，取极限压力 p_u 作为地基极限承载力 f_u（图 1.60）。

2）静力触探试验

静力触探技术是工程地质勘察特别在软土勘察中较为常用的一种原位测试技术。静力触探的仪器设备包括探杆、带有电测传感器的探头、压入主机、数据采集记录仪等，常将全部仪器设备组装在汽车上，制造成静力触探车。静力触探试验是用压入装置，以每秒20mm的匀速静力，将探头压入被试验的土层，用电阻应变仪测量出不同深度土层的贯入阻力等，以确定地基土的物理力学性质及划分土类。静力触探试验适用于软土、粘性土、粉土、砂土和含少量碎石的土。

根据目前的研究与经验，静力触探试验成果(图1.61)可以用来划分土层、评定地基土的强度和变形参数、评定地基土的承载力等。

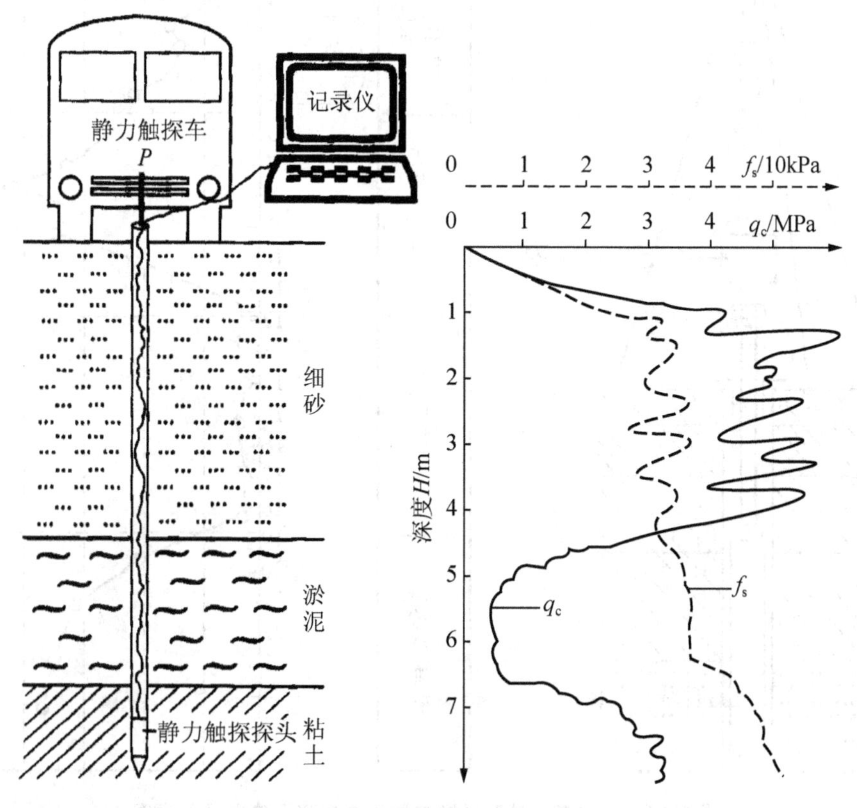

图1.61 静力触探试验及成果曲线示意图

3) 标准贯入试验

标准贯入试验是用63.5kg的穿心重锤，以76cm的落距反复提起和自动脱钩落下，锤击一定尺寸的圆筒形贯入器，将其贯(打)入土中，测定每贯入30cm厚土层所需的锤击数($N_{63.5}$值)，以此确定该深度土层性质和承载力的一种动力触探方法。

标准贯入试验常在钻孔中进行，既可在钻孔全深度范围内等间距进行，也可仅在砂土、粉土等土层范围内等间距进行。先用钻具钻至试验土层以上15cm处，清除残土，将贯入器竖直贯(打)入土中15cm后，开始记录每打入10cm的击数。累计贯入土中30cm的锤击数，即为标贯击数N或$N_{63.5}$值。如遇到硬土层，累计击数已达50击，而贯入深度未达30cm时，应终止试验，记录50击的实际贯入厘米Δs与累计锤击数n。按公式($N=30n/\Delta s$，即$N=30\times50/\Delta s$)换算成贯入30cm的锤击数N。然后，旋转钻杆提起贯入器，取出贯入器中的土样进行鉴定、描述、记录并测量其长度。

标准贯入试验的主要成果有标贯击数N与深度H的关系曲线和标贯孔工程地质柱状图(图1.62)。标准贯入试验成果可对砂土、粉土、粘性土的物理状态，土的强度、变形参数、地基承载力、单桩承载力，砂土和粉土的液化，成桩的可能性等做出评价。例如，根据标贯击数 N 可将砂土划分为密实($N>30$)、中密($15<N\leqslant30$)、稍密($10<N\leqslant15$)和松散($N\leqslant10$)4 类。

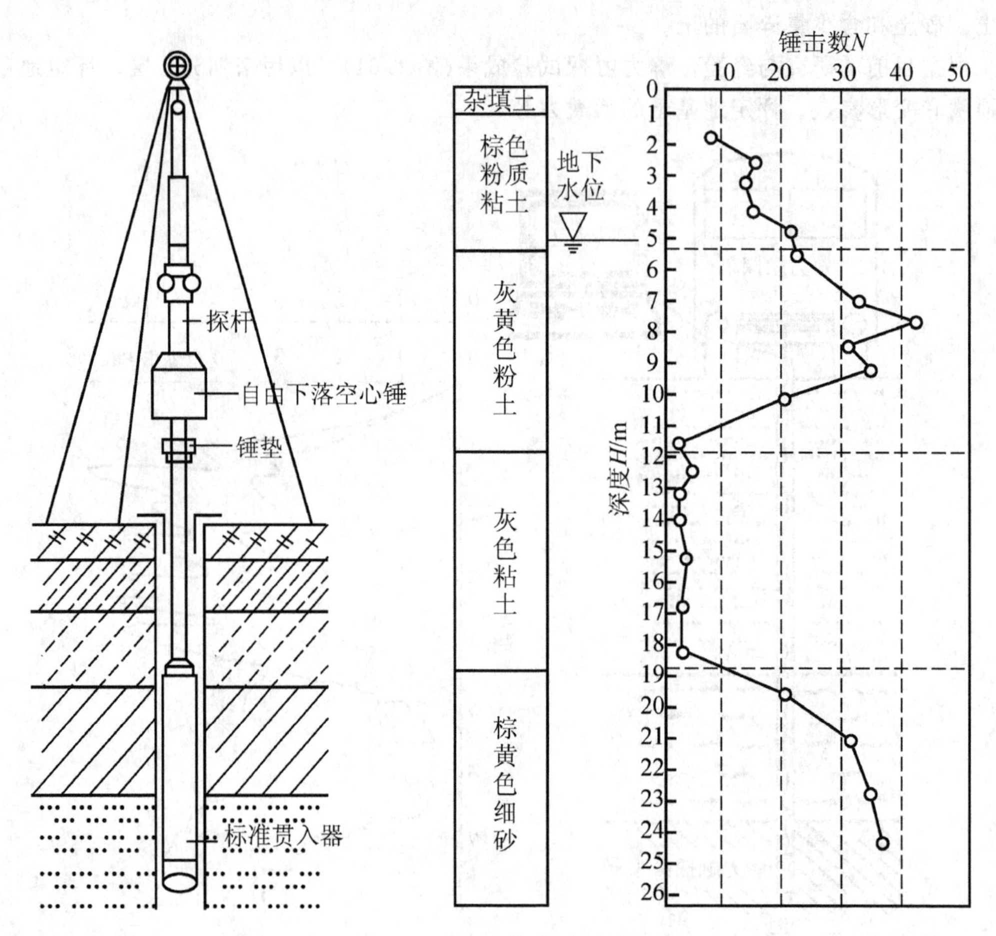

图 1.62　标准贯入试验及锤击数对岩性和深度曲线示意图

4) 十字板剪切试验

十字板剪切试验是采用十字板剪切仪，在现场测定饱和软粘土的抗剪强度的一种原位测试方法。其基本原理是施加一定的扭转力矩，将土体剪切破坏，测定土体对抵抗扭剪的最大力矩，并假定土体的内摩擦角等于零($\phi=0°$)，通过换算、计算得到土体的抗剪强度值。机械式十字板剪切仪主要由十字板头、加荷传力装置(轴杆、转盘、导轮等)和测力装置(钢环、百分表等)三部分组成。其中，十字板头是由厚度为 3mm 的长方形钢板以横截面呈十字形焊接在轴杆上构成的。

试验时将十字板头压入被测试的土层中，或将十字板头装在钻杆前端压入打好的钻孔底以下 0.75m 左右的被测试土层中(图 1.63)，然后缓慢匀速摇动手柄旋转(大约以每转或每度 10s 的速度转动)，每转 1 转(1°)记录钢环变形的百分表读数一次，直到读数不再增加或开始减小(即土体已经被剪切破坏)为止。试验一般要求在 3～10min 内把土体剪切破坏，以免在剪切过程中产生的孔隙压力消散。

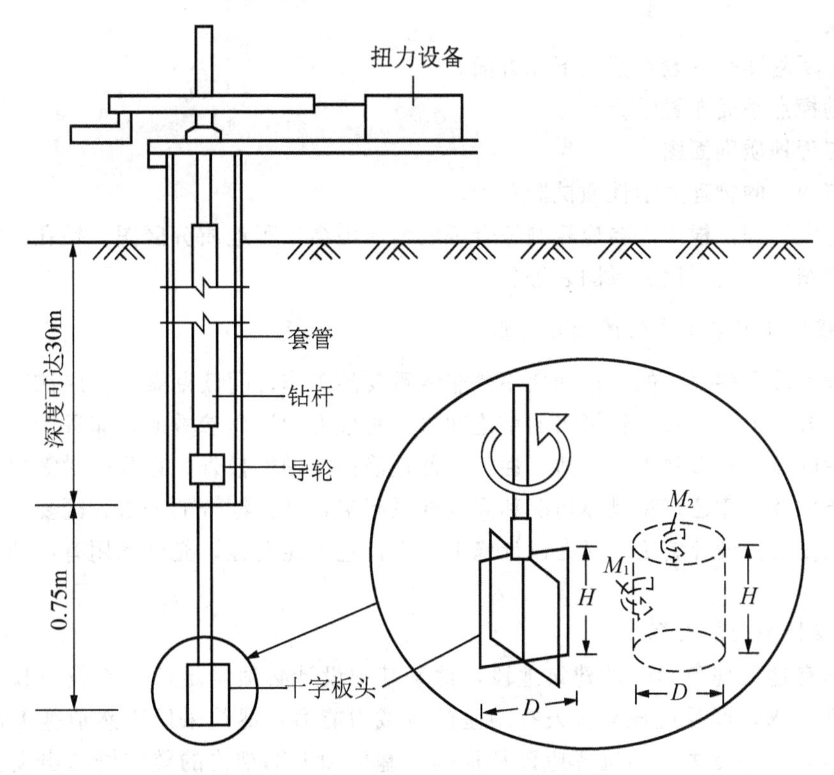

图 1.63 十字板剪切试验示意图

1.3.4 工程地质勘察报告

1. 工程地质勘察报告的编制内容

工程地质勘察的最终成果是以报告的形式提出的，在野外勘察工作和室内土样试验完成之后，将岩土工程勘察纲要、勘探孔平面布置图、钻孔记录表、原位测试记录表、土的物理力学性质试验成果，连同勘察任务委托书、建筑平面布置图及地形图等有关资料汇总，并进行整理、检查、分析、评定，经确认无误后，编制正式的岩土工程勘察报告，提供建设单位、设计单位和施工单位应用，并作为长期存档保存的技术文件。

岩土工程勘察报告书的编制必须配合相应的勘察阶段，针对场地的地质条件和建筑物的性质、规模以及设计和施工的要求，提出选择地基基础方案的依据和设计计算数据，指出存在的问题以及解决问题的途径和方法。一个单项工程的勘察报告书一般包括下列内容。

(1) 拟建工程名称、规模、用途；岩土工程勘察的目的、要求和任务；勘察方法、勘察工作布置与完成的工作量。

(2) 建筑场地位置、地形地貌、地质构造、不良地质现象及地震基本烈度。

(3) 场地的地层分布、结构、岩土的颜色、密度、湿度、稠度、均匀性、层厚；地下水的埋藏深度、水质侵蚀性及当地冻结深度。

(4) 建筑场地稳定性与适宜性的评价；各土层的物理力学性质及地基承载力等指标的确定。

(5) 结论和建议：根据拟建工程的特点，结合场地的岩土性质，提出地基与基础方案设计的建议。

随报告所附图表一般包括以下几方面。

(1) 勘探点平面布置图。

(2) 工程地质剖面图。

(3) 室内土的物理力学性质试验总表。

对于重大工程，根据需要应绘制综合工程地质图会工程地质分区图、钻孔柱状图或综合地质柱状图、原位测试成果图表等。

2. 工程地质勘察报告的阅读与使用

对工程地质勘察报告的阅读和使用是非常重要的工作，阅读勘察报告应该熟悉勘察报告的主要内容，了解勘察报告提出的结论和岩土物理力学性质参数的可靠程度，从而判断勘察报告中的建议对拟建工程的适用性，以便正确使用勘察报告。在分析时需要将场地的工程地质条件及拟建建筑物具体情况和要求联系起来，进行综合的分析，既要从场地工程地质条件出发进行设计施工，又在设计施工中发挥主观能动性，充分利用有利的工程地质条件。

1) 地基持力层的选择

在无不良地质现象影响的建筑地段，地基基础设计必须满足地基承载力和基础沉降这两个基本要求，而且应该充分发挥地基的承载力能力，尽量采用天然地基上浅基础的方案。此时，地基持力层的选择应该从地基、基础和上部结构的整体概念出发，综合考虑场地的土层分布情况和土层的物理力学性质以及建筑物的体型、结构类型和荷载等情况。

选择地基持力层，关键是根据工程地质勘察报告提供的数据和资料，合理地确定地基的承载能力。地基承载力的取值可以通过多种测试手段，并结合实践经验来确定，而单纯依靠某种方法确定承载力值不一定十分合理。通过对勘察报告的阅读，再熟悉场地各土层的分布和性质的基础上，初步选择适合上部结构特点和要求的土层作为持力层，经过试算或方案比较后最终做出决定。

2) 场地稳定性评价

在地质条件复杂的地区，首要任务是场地稳定性的评价，然后是地基承载力和地基沉降问题的确定。

场地的地质构造、不良地质现象、地层成层条件和地震等都会影响场地的稳定性，在勘察报告中必须说明其分布规律、具体条件、危害程度等。

在阅读和使用工程地质勘察报告时，应该注意报告所提供资料的可靠性。有时由于勘察的详细程度有限、地基土的特殊工程性质以及勘探手段本身的局限性，勘察报告不可能充分、准确地反映场地的主要特征，或者在测试工作中，由于仪器设备和人为的影响，都可能造成勘察报告成果的失真，从而影响报告数据的可靠性。所以，在阅读和使用报告的过程中，应该注意分析发现问题，并对有疑问的关键性问题进行进一步查清，尽量发掘地基潜力，确保工程质量。

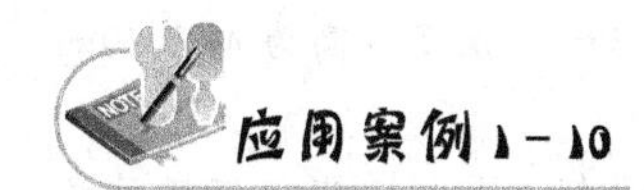

紫薇田园都市22#、25#住宅楼岩土工程勘察报告

1. 概述

受xxx公司的委托，xxx勘察设计研究院承担了紫薇田园都市22#、25#住宅楼的详细勘察阶段的岩土工程勘察工作。

拟建的紫薇田园都市22#、25#住宅楼地上6层，高度18m，基础埋深2.50m，其他设计参数待定。

根据(GBJ 50025—2004)《湿陷性黄土地区建筑规范》的有关规定，拟建的紫薇田园都市22#、25#住宅楼为丙类建筑。岩土勘察等级为乙级。

根据建筑物结构特征、设计院提供的建筑物平面图及上述技术标准，本次勘察主要目的如下：查明建筑场地内及其附近有无影响工程稳定性的不良地质作用和地质灾害，评价场地的稳定性及建筑适宜性；查明建筑场地地层结构及地基土的物理力学性质；查明建筑场地湿陷类型及地基湿陷等级；查明建筑场地地下水埋藏条件；查明建筑场地内地基土及地下水对建筑材料的腐蚀性；提供场地抗震设计有关参数，评价有关土层的地震液化效应；提供各层地基土承载力特征值及变形指标；对拟建建筑物可能采用的地基基础方案进行分析论证，提供技术可行、经济合理的地基基础方案，并提出方案所需的岩土设计参数。

本次岩土工程勘察工作量是根据勘察阶段及岩土工程勘察等级，按照上述规范、规程的有关规定进行布置的，具体如下：钻探孔10个，孔深12.00～15.20m，合计进尺130.30m；探井2个，井深10.00～10.50m，合计进尺20.50m；取不扰动土试样71件；现场进行标准贯入试验15次；室内完成常规土分析试验55件，黄土浸水湿陷性试验52件，黄土自重湿陷性试验16件，黄土湿陷性起始压力试验16件，土的腐蚀性测试2件；测放点12个。

2. 场地工程地质条件

1) 场地位置、地形及地貌

紫薇田园都市位于长安县郭杜镇北侧，紧临210国道和西万公路衔接处的西侧，北依付村，西靠长里村。拟建紫薇田园都市22#、25#住宅楼位于紫薇田园都市J组团西南部。

场地地形基本平坦，勘探点地面标高介于416.65～418.80m之间；场地地貌单元属皂河Ⅱ阶地。

2) 地裂缝

本次勘察通过地面调查及访问，没有发现地表地裂缝变形形迹。现场钻探揭示的古土壤层位没有异常和变位。说明场地不存在地裂缝，也未发现其他不良地质现象。

3) 地层结构

根据现场钻探描述、原位测试与室内土分析试验结果，将场地勘探深度范围内的地基土共分为5层，现自上而下分层描述如下。

素填土① Q_4^{ml}：黄褐色，以粉质粘土为主，含砖瓦碎片。局部填土层较厚，部分场地原为取土坑回填整平。该层厚度为1.20～6.20m，层底标高为410.87～417.23m。

黄土(粉质粘土)② Q_3^{eol}：黄褐色，硬塑-可塑，针状孔隙及大孔隙发育，局部具轻微湿陷性，该层上部土层具高压缩性，压缩系数平均值$\bar{a}_{1-2}=0.35\text{MPa}^{-1}$，属中压缩性土。该层实测标准贯入击数平均值$\bar{N}=10$击。层底深度为4.20～4.80m，层厚为0.50～3.30m，层底标高为412.04～414.00m。

黄土(粉质粘土)③ Q_3^{eol}：褐黄色，硬塑-可塑，针状孔隙发育，含白色钙质条纹及个别钙质结核，偶见蜗牛壳，不具湿陷性，压缩系数平均值$\bar{a}_{1-2}=0.13\text{MPa}^{-1}$，属中压缩性土。该层实测标准

贯入击数平均值 $\bar{N}$=13 击。层底深度为 7.00～9.60m，层厚为 2.50～4.80m，层底标高为 407.39～410.73m。

古土壤④Q_3^{el}：褐红色，硬塑，呈块状结构，含白色钙质条纹及少量钙质结核，底部钙质结核含量较多，并富集成层，不具湿陷性，压缩系数平均值 $\bar{a}_{1-2}=0.11\text{MPa}^{-1}$，属中压缩性土。该层实测标准贯入击数平均值 $\bar{N}$=23 击。层底深度为 10.50～12.70m，层厚为 2.20～3.90 m，层底标高为 405.19～406.50m。

粉质粘土⑤Q_3^{al}：褐黄色，可塑。含有氧化铁斑点及钙质结核、个别蜗牛壳碎片，压缩系数平均值 $\bar{a}_{1-2}=0.16\text{MPa}^{-1}$，属中压缩性土。该层实测标准贯入击数平均值 $\bar{N}$=13 击。本层未钻穿，最大揭露厚度为 4.50m，最大钻探深度为 15.20m，最深钻至标高为 401.79m。

4）地下水

在本次勘察期间，实测场地地下水稳定水位埋深为 12.00～12.60m，相应水位标高为 404.39～405.00m，属潜水类型。由于地下水埋藏较深，故可不考虑其对浅埋基础的影响。

3. 地基土工程性质测试

1）地基土物理力学性质室内试验成果

（1）地基土一般物理力学性质室内试验。为了查明地基土一般物理力学性质，本次勘察对场地勘探深度内 55 件原状土试样进行了室内常规物理力学性质指标测试，各层地基土的物理力学性质指标统计结果见表 1-42。

表 1-42　地基土常规物理力学性质指标统计表

主要指标	含水率 w/(%)	重度 γ/(kN/m³)	干重度 γ_d/(kN/m³)	饱和度 Sr/(%)	孔隙比 e	液限 w_L/(%)	塑限 w_P/(%)	塑性指数 I_p	液性指数 I_L	湿陷系数 δ_s	压缩系数 a_{1-2}/MPa⁻¹	压缩模量 Es_{1-2}/MPa	湿陷起始压力/kPa
黄土②	22.1	17.4	14.2	64.6	0.915	31.2	18.9	12.3	0.26	0.014	0.35	9.0	179
黄土③	21.9	17.7	14.5	68.0	0.870	31.3	18.9	12.4	0.25	0.005	0.13	15.1	200
古土壤④	20.8	19.0	15.8	77.1	0.721	32.6	19.6	13.0	0.07	0.001	0.11	17.4	200
粉质粘土⑤	22.9	19.5	15.8	93.0	0.726	31.9	19.2	12.7	0.45	0.002	0.16	11.7	

（2）地基土湿陷起始压力试验。为查明地基土层的湿陷起始压力，本次勘察在探井中取了 16 件土样，并在室内进行了土的湿陷起始压力试验，各层土的湿陷起始压力统计结果见表 1-42。

2）地基土原位测试成果

为评价地基土层的工程性质，本次勘察共进行了 15 次标准贯入试验。其试验结果统计见表 1-43。

表 1-43　标准贯入试验成果统计表

层　号	标贯实测击数/击	标贯修正系数	标贯修正击数/击
黄土②	10	0.97	9.2
黄土③	13	0.89	11.5
古土壤④	23	0.83	19.0
粉质粘土⑤	13	0.80	10.4

4. 场地地震效应

1) 建筑场地类别

根据该场地南侧完成的《紫薇田园都市J区18层住宅楼岩土工程勘察报告书》，拟建建筑场地类别可按Ⅱ类考虑。

2) 场地抗震设防烈度、设计基本地震加速度和设计地震分组

根据(GB 50011—2001)《建筑抗震设计规范》，拟建场地抗震设防烈度为8度，设计基本地震加速度值为0.20g，设计地震分组为第一组，设计特征周期为0.35s。

3) 地基土液化评价

拟建场地地表下20m深度范围内无可液化土层，故可不考虑地基土地震液化问题。

4) 建筑场地地震地段的划分

根据GB50011—2001，拟建场地属可进行建设的一般场地。

5. 场地岩土工程评价

1) 黄土的湿陷性评价

(1) 场地湿陷类型。本次勘察，在6#和12#探井中采取不扰动土试样进行了黄土自重湿陷性试验，根据试验结果可知，土样的自重湿陷系数均小于0.015。按(GB 50025—2004)《湿陷性黄土地区建筑规范》有关规定判定，拟建场地属非自重湿陷性黄土场地。

(2) 场地黄土湿陷起始压力。根据湿陷起始压力试验结果，黄土层的湿陷起始压力值皆大于100kPa。

(3) 地基湿陷等级。拟建紫薇田园都市22#、25#住宅楼的基础埋深2.5m，室内地坪标高按419.40m考虑(根据甲方提供，参考场地南侧2#楼的室内地坪标高)，按GB 50025—2004的规定，各井孔的湿陷量计算值自基础底面起算，累计至基础底面以下10m深度为止。各勘探点湿陷量计算值及湿陷等级判定结果见表1-44。

表1-44 湿陷量计算值及地基湿陷等级判定表

勘探点号	湿陷量计算起讫深度/m	湿陷量计算值Δs/mm	湿陷等级
8#	3.60～4.50	34	Ⅰ(轻微)
9#	3.40～4.50	56	Ⅰ(轻微)
11#	1.90～3.50	122	Ⅰ(轻微)
12#	1.50～4.60	74	Ⅰ(轻微)

由表1-44判定结果可知，拟建建筑地基湿陷等级为Ⅰ(轻微)，可按此设防。

2) 地基土及地下水腐蚀性评价

本次勘察对水位以上两件土样进行了土的腐蚀性测试，按(GB50021—2001)《岩土工程勘察规范》的有关规定判定，场地环境类型为Ⅲ类，地基土对混凝土结构及钢筋混凝土结构中的钢筋均不具腐蚀性。

3) 地基土承载力特征值及压缩模量

素填土性质差，分布不均，不能直接用作持力层。根据地基土原位测试及室内土分析试验结果，其余各层地基土的承载力特征值 f_{ak} 及压缩模量 E_s 值建议按表1-45采用。

表1-45 地基承载力特征值及压缩模量建议表

层名及层号	黄土②	黄土③	古土壤④	粉质粘土⑤
承载力特征值 f_{ak}/kPa	140	160	180	190
压缩模量 E_s/MPa	5.0	8.0	12.0	11.0

6. 地基基础方案

1）天然地基方案

拟建的紫薇田园都市22#、25#住宅楼，基底标高为416.90m，基底位于填土①层，填土①层土质不均，应全部挖除，并用素土回填夯实。为提高地基的均匀性，宜在基础底面设置不小于1.0m厚的灰土垫层，灰土垫层宜整片处理。

2）灰土挤密桩方案

拟建22#、25#住宅楼现地面基本为基础底面，填土较厚，最深为6.2m，可采用灰土挤密桩处理地基。

灰土挤密桩的设计、施工、试验与检测应按GB 50025—2004和JGJ 79—2002《建筑地基处理技术规范》的有关规定进行。

7. 基坑开挖及支护

拟建场地较为开阔，建筑的基础埋深较浅，但36#、37#住宅楼填土较厚，开挖最深为6.2m。基坑可采用放坡开挖，放坡率可采用填土①为1∶0.8、黄土②为1∶0.4。

当22#、25#住宅楼基坑开挖时，应做好坡面防护及基坑周围地面的排水工作，防止水流浸泡边坡土体。

8. 结论与建议

(1) 拟建场地原为取土坑回填整平，地形基本平坦。勘探深度范围内地基土主要由填土、黄土、古土壤及粉质粘土组成。地貌单元属皂河Ⅱ阶地。

(2) 勘察期间，本场地未发现有地裂缝及其他不良地质作用及地质灾害，场地稳定，适宜建筑。

(3) 本次勘察期间，实测场地地下潜水稳定水位埋深为12.00～12.60m，相应水位标高为404.39～405.00m，属潜水类型。由于地下水埋藏较深，故可不考虑其对浅埋基础的影响。

(4) 地下水位以上的地基土对混凝土结构及钢筋混凝土结构中的钢筋均不具腐蚀性。

(5) 拟建场地属非自重湿陷性黄土场地，拟建建筑物可按非自重Ⅰ级(轻微)设防。

(6) 场地地震效应分析、评价。

(7) 地基土承载力特征值 f_{ak} 及压缩模量 E_s 建议值。

(8) 拟建建筑地基基础方案。

(9) 基坑开挖及支护设计参数和应注意的问题。

(10) 施工前，应进行普探工作，对查明的墓、穴、井、洞等应按有关规定妥善处理；基坑开挖后应及时通知有关各方进行验槽，发现问题应及时研究处理。

项目小结

本项目分三大任务，分别为土的工程性质测试、土的力学性质和工程地质勘察，掌握土的各种性质是学习基础工程设计与施工技术所必需的基本知识，也是评价土的工程性质、分析与解决土的工程技术问题时讨论的最基本的内容。

土的工程性质主要内容包括以下几方面。

(1) 土是连续、坚固的岩石在风化作用下形成的大小悬殊的颗粒，并经过不同的搬运方式在各种自然环境中生成的沉积物。工程上遇到的大多数土是在距今较近的新生代第四纪地质年代沉积生成的，因此称之为第四纪沉积物。在自然界中，土的物理风化和化学风化时刻都在进行，而且相互加强。由于形成过程的自然条件不同，故自然界的土也就多种多样，具有碎散性、三相体系、自然变异性3个主要的特征。

(2) 土的物质成分包括有作为土骨架的固态矿物颗粒、孔隙中的水及其溶解物质以及气体。因此，土是由颗粒(固相)、水(液相)和气(气相)所组成的三相体系。土的三相物质在体积和质量上的比例关系被称为三相比例指标。三相比例指标反映了土的干燥与潮湿、疏松与紧密，是评价土的工程性质的最基本的物理性质指标，也是工程地质勘察报告中不可缺少的基本内容。三相比例指标可分为两种：一种是试验指标；另一种是换算指标。

(3) 在自然界中存在的土，都是由大小不同的土粒组成的。当土粒的粒径由粗到细逐渐变化时，土的性质也相应地发生变化，工程上常以土中各个粒组的相对含量表示土中颗粒的组成情况，称为土的颗粒级配。土的颗粒级配直接影响土的性质，如土的密实度、透水性、强度、压缩性等。

(4) 粘性土从一种状态变到另一种状态的含水量分界点称为界限含水量。流动状态与可塑状态间的分界含水量称为液限 w_L；可塑状态与半固体状态间的分界含水量称为塑限 w_P；半固体状态与固体状态间的分界含水量称为缩限 w_S 。

(5) 在一定的压实能量下使土最容易压实，并能达到最大密实度时的含水量，称为土的最优含水量(或称最佳含水量)，相对应的干重度叫作最大干重度。

(6) 土的工程分类是把不同的土分别安排到各个具有相近性质的组合中去，其目的是为了人们有可能根据同类土已知的性质去评价其工程特性，通常对建筑地基可分成岩石、碎石土、砂土、粉土、粘性土五大类。

土的力学性质主要内容包括以下几方面。

(1) 地基土中应力有自重应力和附加应力。土的自重应力是土自身重量作用产生的应力，在土中已经存在。附加应力是建筑物建造后由荷载作用产生的应力。土自重应力为折线性分布，应力随深度而增加。附加应力为曲线分布，应力随深度而减少。

(2) 土的自重应力为各土层的重力密度与厚度乘积的总和：$\sigma_{cz} = \sum_{i=1}^{n}\gamma_i z_i$，有地下水时 γ_i 应用有效重度 γ' 代替，$\gamma' = \gamma_{sat} - \gamma_w$ 。作用在不透水层层面及层面以下的土自重应力等于上覆土的总重力。

(3) 在地基与基础之间存在着基底压力，当基础的抗弯刚度为零时为柔性基础，当基础的抗弯刚度为无限大时为绝对刚性基础。绝对刚性基础和绝对柔性基础是一种理想化的基础。工程上采用的基础一般都具有较大的刚度，作用在基础上的荷载受到地基承载力限制，基础又有一定埋深，基底压力可近似按直线分布。基底压力按式(1-20)和式(1-21)计算。

(4) 基坑开挖后自重应力消失，从基底压力中减去自重应力便得基底附加压力。基底附加压力经过土粒的传递与扩散，在土中引起附加应力与地基变形。

(5) 土的压缩主要是在附加应力作用下孔隙中水和空气被挤出后孔隙的缩小。饱和土在附加应力作用下产生超静水压力，在水逐渐被排出的过程中，超静水压力逐渐转为土粒的有效应力，直至超静水压力全部消失。在固结过程中，超静水压力与有效应力之和等于总压力，即 $\sigma = \sigma' + u$ 。

(6) 土的压缩性指标有压缩系数、压缩指数、压缩模量与变形模量。

压缩系数 a 表示 $e-p$ 压缩曲线上的斜率，$a = \tan\beta = \frac{\Delta e}{\Delta p} = \frac{e_1 - e_2}{p_2 - p_1}$，根据压缩指数大

小也可以判别土的压缩性；压缩模量 E_s 是指在完全侧限条件下，土的竖向附加应力与相应的应变 λ_z 的比值。工程上通常用 E_{s1-2} 判别土的压缩性；土的变形模量 E_0 是指土体在无侧限条件下的应力与应变的比值，一般应由现场静载荷试验确定。

(7) 地基的最终沉降量计算分分层总和法和规范法。

(8) 土根据应力历史的不同可分为正常固结土、超固结土、欠固结土。用前期固结压力可区分土的天然固结状态。

(9) 将土的压缩随时间而增长的过程称为土的固结。将土在某一时间的固结程度称为固结度。这里主要解决两个问题。

① 求 t 时刻的沉降量。

② 求达到某一沉降 s_t 所用的时间。

(10) 地基变形特征可分为沉降量、沉降差、倾斜、局部倾斜 4 类。

(11) 土的抗剪强度是与正应力有关的摩擦因素 $\sigma\tan\varphi$ 和与正应力无关的内聚力因素 c 这两部分构成。砂土是一种散粒结构，因此内聚力因素不存在；粘性土的抗剪强度指标 c 和 φ 不是一个常数，它们与土的物理性质、应力历史等有关。

(12) 当土的极限平衡理论表示土体达到极限平衡条件时，土中某点的两个主应力大小与土的两个抗剪强度指标的关系。土的极限平衡理论的基本概念在土力学中占了很重要的地位，在土压力、地基承载力等内容中再度出现，应加以重视。

(13) 土的抗剪强度试验方法很多，室内试验方法有直接剪切、无侧限压缩和三轴剪切等，现场试验方法主要有十字板剪切和旁压试验等。不同试验方法得到的强度是不同的，具体选用哪一种试验方法，要根据土质条件、工程情况以及分析计算方法而定。抗剪强度指标选择的不同，对计算结果有极大的影响。

(14) 地基临塑荷载、临界荷载和极限荷载，都属于地基承载力问题，是土的抗剪强度的实际应用。确定地基承载力是地基基础设计工作中的一个基本问题，目的是在工程设计中选定基础方案，并确定基础的底面积。

(15) 地基承载力是指地基土单位面积上所能承受荷载的能力。因为土是一种三相体，荷载又是作用在半无限体的表面，所以地基的承载力不是一个简单的常数。将地基承载力与塑性区开展深度联系起来，允许基底下有一定深度塑性区开展，承载力就可以提高。所以当确定地基承载力时，还应该考虑到上部结构的特性。

工程地质勘察主要要求学生做到以下几点。

(1) 了解工程地质勘察的目的。

(2) 掌握工程地质勘察的内容和方法，其中工程地质勘察的内容包括可行性研究勘察、初步勘察、详细勘察及施工勘察；其勘察方法包括坑探、钻探及触探 3 种。

(3) 通过工程实例分析，掌握阅读和使用工程地质勘察报告。

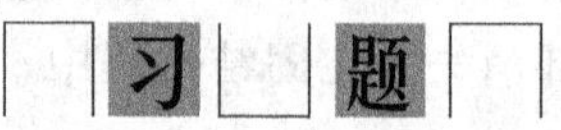

习题

一、选择题

1. 土的三相比例指标包括土粒比重、含水量、密度、孔隙比、孔隙率和饱和度，其中________为实测指标。

A. 含水量、孔隙比、饱和度　　B. 密度、含水量、孔隙比

C. 土粒比重、含水量、密度

2. 砂性土的分类主要的依据是________。

A. 颗粒粒径及其级配　　B. 孔隙比及其液性指数

C. 土的液限及塑限

3. 已知 a 和 b 两种土的有关数据见表 1-46。

表 1-46　a、b 两种土的有关数据

指标 土样	ω_L/(%)	ω_P/(%)	ω/(%)	γ_S/(%)	S_r/(%)
(a)	30	12	15	27	100
(b)	9	6	6	26.8	100

A. a 土含的粘粒比 b 土多　　B. a 土的重度比 b 土大

C. a 土的干重度比 b 土大　　D. a 土的孔隙比比 b 土大

上述哪种组合说法是对的？________

4. 有下列 3 个土样，判断哪一个是粘土？________

A. 含水量 $\omega=35\%$，塑限 $\omega_P=22\%$，液性指数 $I_L=0.9$

B. 含水量 $\omega=35\%$，塑限 $\omega_P=22\%$，液性指数 $I_L=0.85$

C. 含水量 $\omega=35\%$，塑限 $\omega_P=22\%$，液性指数 $I_L=0.75$

5. 有一个非饱和土样，在荷载作用下饱和度由 80%增加至 95%。试问土的重度 γ 和含水量 ω 变化如何？________

A. 重度 γ 增加，ω 减小　　B. 重度 γ 不变，ω 不变

C. 重度 γ 增加，ω 不变

6. 有 3 个土样，它们的重度相同，含水量相同，试判断下述 3 种情况哪种是正确的？________

A. 3 个土样的孔隙比也必相同　　B. 3 个土样的饱和度也必相同

C. 3 个土样的干重度也必相同

7. 有一个土样，孔隙率 $n=50\%$，土粒比重 $d_S=2.7$，含水量 $\omega=37\%$，则该土样处于________。

A. 可塑状态　　B. 饱和状态　　C. 不饱和状态

8. 当计算自重应力时，对地下水位以下的土层采用________。

A. 湿重度　　B. 有效重度　　C. 饱和重度　　D. 天然重度

9. 只有________才能引起地基的附加应力和变形。

A. 基底压力　　B. 基底附加压力

C. 有效应力　　D. 有效自重应力

10. 一矩形基础，短边 $b=3$m，长边 $l=4$m，在长边方向作用一偏心荷载 $F_k+G_k=1200$kN，试问当 $p_{kmin}=0$ 时，最大压力应为多少？________

A. 120kN/m^2　　B. 150kN/m^2　　C. 180kN/m^2　　D. 200kN/m^2

11. 有一基础，宽度为4m，长度为8m，基底附加压力为90kN/m²，中心线下6m处竖向附加应力为58.28kN/m²，试问另一基础宽度为2m，长度为4m，基底附加压力为100kN/m²，角点下6m处的附加应力为________。

A. 16.19kN/m²　　B. 64.76kN/m²　　C. 32.38kN/m²

12. 有一个宽度为3m的条形基础，在基底平面上作用着中心荷载 $F_k+G_k=2400$kN及力矩 M，当 M 为________时 $p_{kmin}=0$。

A. 1000kN·m　　B. 1200kN·m　　C. 1400kN·m

13. 有一独立基础，在允许荷载作用下，基底各点的沉降相等，则作用在基底的反力分布应该是________。

A. 各点应力相等　　B. 中间小，边缘大的马鞍分布

C. 中间大，边缘小的钟形分布

14. 条形均布荷载中心线下，附加应力随深度减小，其衰减速度与基础的宽度 b 有何关系？________

A. 与 b 无关　　B. b 越大，衰减越慢

C. b 越大，衰减越快

15. 当地下水从地表处下降至基底平面处，对应力有何影响？________

A. 有效应力增加　　B. 有效应力减小

C. 有效应力不变

16. 前期固结压力小于现有覆盖土层自重应力的土被称为________。

A. 欠固结　　B. 正常固结　　C. 超固结

17. 室内侧限压缩试验测得的 $e-p$ 曲线越陡，表明该土样的压缩性________。

A. 越高　　B. 越低　　C. 越均匀　　D. 越不均匀

18. 若测得某地基土的压缩系数 $a_{1-2}=0.8\text{MPa}^{-1}$，则此土为________。

A. 高压缩性土　　B. 中压缩性土　　C. 低压缩性土

19. 当进行地基土载荷试验时，同一土层参加统计的试验点不应少于________。

A. 2点　　B. 3点　　C. 4点　　D. 6点

20. 砂土地基的最终沉降量在建筑物施工期间已________。

A. 基本完成　　B. 完成50%～80%

C. 完成20%～50%　　D. 完成5%～20%

21. 地面下有一层4m厚的粘性土，天然孔隙比 $e_0=1.25$，若地面施加 $q=100$kPa的均布荷载，沉降稳定后，测得土的孔隙比 $e=1.12$，则粘土层的压缩量为________。

A. 20.6mm　　B. 23.1mm　　C. 24.7mm

22. 用分层总和法计算地基沉降时，附加应力曲线是表示________的。

A. 总应力　　B. 孔隙水压力　　C. 有效应力

23. 饱和土体的渗透过程应该是________。

A. 孔隙水压力不断增加的过程

B. 有效应力减小而孔隙水压力增大的过程

C. 有效应力增加而孔隙水压力减小的过程

D. 有效应力不断减少的过程

24. 有一厚度为 H 的饱和粘性土，双面排水，加荷两年后固结度达到90%；若该土层是单面排水，则达到同样的固结度90%，需多少时间？________

A. $1a$　　B. $4a$　　C. $6a$　　D. $8a$

25. 在某粘土地基上快速施工，采用理论公式确定地基承载力值时，抗剪强度指标 c_k 和 ϕ_k 应采用下列哪种试验方法的试验指标？________

A. 固结排水　　B. 不固结不排水　　C. 固结不排水　　D. 固结快剪

26. 以下4种应力关系中，表示该点土体处于极限状态的是________。

A. $\tau > \tau_f$　　B. $\tau = \tau_f$　　C. $\tau < \tau_f$　　D. 不确定

27. 粘性土的有效抗剪强度取决于________。

A. 有效法向应力、有效内摩擦角　　B. 有效外摩擦角

C. 内摩擦角　　D. 总法向应力

28. 土的剪切试验有快剪、固结快剪和慢剪3种试验方法，一般情况下得到的内摩擦角的大小顺序是________。

A. 慢剪＞固结快剪＞快剪　　B. 快剪＞固结快剪＞慢剪

C. 固结快剪＞快剪＞慢剪　　D. 以上都不正确

29. 对于 $p-s$ 曲线上存在明显初始直线段的载荷试验，所确定的地基承载力特征值________。

A. 一定是小于比例界限值　　B. 一定是等于比例界限值

C. 一定是大于比例界限值　　D. 上述3种说服都不对

二、简答题

1. 什么是土粒粒组？土粒六大粒组划分标准是什么？

2. 土的物理性质指标有哪些？哪些指标是直接测定的？说明天然重度 γ、饱和重度 γ_{sat}、有效重度 γ' 和干重度 γ_d 之间的相互关系，并比较其数值的大小。

3. 判断砂土松密程度有哪些方法？

4. 粘土颗粒表面哪一层水膜土的工程性质影响最大？为什么？

5. 土粒的相对密度和土的相对密实度有何区别？如何按相对密实度判定砂土的密实程度？

6. 什么是土的塑性指数？其中水与土粒粗细有何关系？塑性指数大的土具有哪些特点？

7. 什么是土的液性指数？如何应用液性指数的大小评价土的工程性质？

8. 什么是自重应力？什么是附加应力？两者计算时采用的是什么理论？做了哪些假设？

9. 地下水位的升降对自重应力有何影响？当地下水位变化时，计算中如何考虑？

10. 以条形均布荷载为例，说明附加应力在地基中传播、扩散规律。

11. 怎样计算矩形均布荷载作用下地基内任意点的附加应力？

12. 土的压缩性指标有哪些？简述这些指标的定义及其测定方法。

13. 什么是土层前期固结压力？如何确定？如何判断土层一点的固结状态？

14. 分层总和法计算地基的最终沉降量有哪些基本假设？

15. 分层总和法计算地基的最终沉降量和《规范》推荐法有何异同？试从基本假定、分层厚度、采用的计算指标、计算深度和结果修正等方面加以说明。

16. 简述固结度的定义，固结度的大小与哪些因素有关？

17. 粘性土与无粘性土的库仑定律有何不同？

18. 若受剪面处于极限平衡状态，如何改变其应力（τ或σ）能使该受剪面更安全？若受剪面上已有$\tau > \tau_f$，是否可以调整应力σ或τ使其更安全？

19. 最大剪应力τ_{max}如何计算？作用在哪个面上？

20. 三轴剪切试验有哪些优缺点？

21. 土体剪切破坏经历哪几个阶段？破坏形式有哪几种？

22. 如何根据现场载荷试验得到的$p-s$曲线，确定承载力特征值f_{ak}？

23. 什么是地基承载力特征值？如何对地基承载力特征值进行修正？

24. 为什么要进行工程地质勘察？中小工程荷载不大是否可省略勘察？

25. 勘察为什么要分段进行？详细勘察阶段应完成哪些工作？

26. 技术钻孔与探察孔有何区别？技术钻孔应占总钻孔的多大比例？

27. 工程地质勘察的常用方法有哪些？试比较各种方法的优缺点和适用条件。

28. 如何阅读和使用工程地质勘察报告？阅读和使用工程地质勘察报告重点要注意哪些问题？

三、案例分析

1. 某基础工程地质勘察中，取原状土做试验，$50cm^3$湿土质量为95.15g，烘干后质量为75.05g。土粒比重为2.67。试计算此土样的天然密度、干密度、饱和密度、有效密度、含水率、孔隙比、孔隙率和饱和度。

2. 在某大型挡土墙的地基土试验中，测得土样的干密度为$1.54g/cm^3$，含水率为19.3%，土的相对密度为$2.71g/cm^3$，此土样的液限和塑限分别为28.3%和16.7。试计算土的孔隙比、孔隙率、饱和度、液性指数、塑性指数，并确定该土的物理状态和土的名称。

3. 某施工现场需要填土，其坑的体积为$2000m^3$，土方来源是从附近土丘开挖，经勘察，土粒比重为2.70，含水量为15%，孔隙比为0.60。要求填土的含水量为17%，干重度为$17.6kN/m^3$。

(1) 取土场土的重度、干重度和饱和度各是多少？

(2) 应从取土场开采多少方土？

(3) 碾压时应洒多少水？填土的孔隙比是多少？

4. 某饱和土的天然重度为$18.44kN/m^3$，天然含水量为36.5%，液限为34%，塑限为16%。

(1) 确定该土的土名。

(2) 求该土的相对密度。

5. 从A、B两地土层中各取粘性土样进行试验，恰好其液、塑限相同，即液限$\omega_L=45\%$，塑限$\omega_P=30\%$，但A地的天然含水量$\omega=45\%$，而B地的天然含水量$\omega=25\%$。

试求：A、B两地的地基土的液性指数，并通过判断土的状态，确定哪个地基土比较好。

6. 某土层物理力学性质指标如图1.64(a)所示，试计算下述两种情况下土的自重应力。

(1) 没有地下水。

(2) 地下水在天然地面下1m位置。

7. 试计算图1.64(b)所示地基土中的自重应力分布。

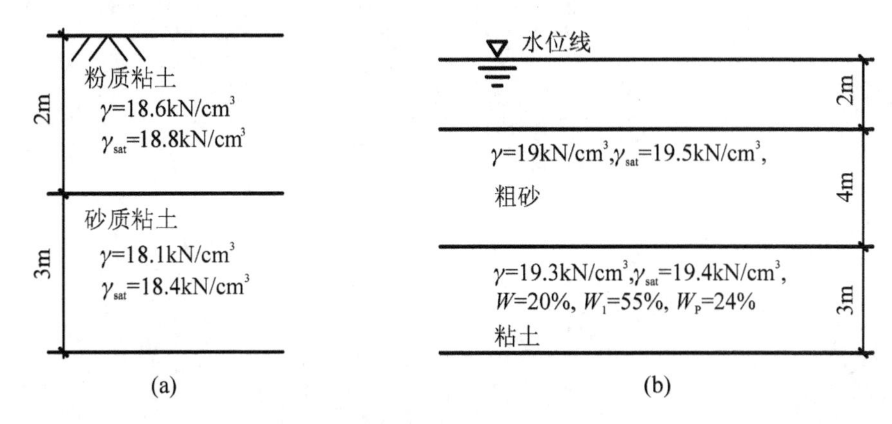

图1.64 地基中的自重应力

8. 某矩形基础面积 $l \times b = 3\text{m} \times 2.3\text{m}$，埋深 $d = 1.5\text{m}$，$F_k = 980\text{kN}$，土的天然重度 $\gamma = 15.68\text{kN/m}^3$，饱和重度 $\gamma_{sat} = 17.64\text{kN/m}^3$，基础与土的平均重度 $\gamma_0 = 20\text{kN/m}^3$，求基础中心点下深度为0m、0.9m、1.8m、2.7m、3.6m、4.5m、5.4m、6.3m、7.2m、8.1m处的附加应力。

9. 某独立基础(图1.65)，承受竖向力 $F = 700\text{kN}$，基底尺寸 $A = 2\text{m} \times 3\text{m}$，埋深 $d = 1.5\text{m}$，试用规范法计算地基的最终沉降量。

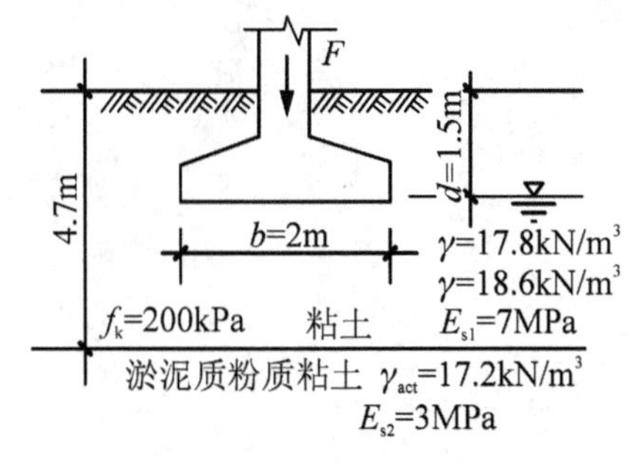

图1.65 某独立基础

10. 某饱和粘性土层的厚度为10m，在大面积荷载 $p_0 = 120\text{kPa}$ 作用下，设该土层的初始孔隙比 $e_0 = 1$，压缩系数 $a = 0.3\text{MPa}^{-1}$，压缩模量 $E_s = 6.0\text{MPa}$，渗透系数 $k = 1.8\text{cm/年}$。对粘性土层在单面排水或双面排水条件下分别求：

(1) 加荷一年时的沉降量。

(2) 沉降量达156mm所需时间。

11. 某土样承受 $\sigma_1 = 200\text{kPa}$，$\sigma_3 = 100\text{kPa}$ 的应力，土的内摩擦角 $\phi = 30°$，$c = 10\text{kPa}$，试计算最大剪应力及最大剪应力面上的抗剪强度。

12. 对某土样进行直剪试验，在法向应力为50kPa、100kPa、200kPa和300kPa时，测得抗剪强度τ_f分别为31.2kPa、62.5kPa、125.0kPa和187.5kPa，试用作图法确定该土样的抗剪强度指标。

13. 已知某无粘性土的$c=0$，$\phi=30°$，若对该土取样做试验：

(1) 如对土样施加大小主应力分别为200kPa和100kPa，试样会破坏吗？

(2) 若使小主应力保持不变，大主应力是否可以增加到400kPa？为什么？

项目 2

浅基础设计

项目实施方案

浅基础具备经济和适用范围广特点，在各类建筑基础方案中应用广泛，掌握浅基础设计内容是工程人员必备的专业知识。浅基础设计在掌握拟建场地的工程地质条件和地质勘察资料基础上，学会根据上部荷载的性质、类型、分布选择基础的类型和平面布置，选择地基持力层和基础的埋置深度，然后掌握地基承载力计算并会按地基承载力确定基础底面尺寸，掌握必要的地基变形和稳定性验算，最后学习根据规范构造要求进行基础结构设计、配筋和绘制基础施工图，并提出必要的设计说明。本项目要求熟练掌握刚性基础、墙下钢筋混凝土条形基础、柱下钢筋混凝土独立基础和柱下钢筋混凝土条形基础的设计。

项目任务导入

从西周建筑的"茅茨土阶"到春秋时期的"夯土筑城"，灰土和三合土这两种浅基础材料就已出现并应用于古建筑中。包括被誉为世界五大宫之一，我国现存最大最完整的古建筑群的故宫，其基础就为三合土基础。这些天然地基上的浅基础由于施工简单、不需要复杂施工设备，工期短、造价低，仍然活跃在现在的建筑、道路和港口等工程中。

现某办公楼，根据上部结构计算结果，柱下轴向力设计值 $F=750\text{kN}$，弯矩设计值 $M=110\text{kN}\cdot\text{m}$，试设计该办公楼基础，确定墙下浅基础基础类型、埋深、底面尺寸、验算以及配筋。基础设计如何根据建筑物的用途和安全等级、建筑布置和上部结构类型，在充分考虑建筑场地和地基的工程地质条件，结合施工条件和环境保护等要求，合理选择浅基础方案？确定浅基础类型后又如何进行基础结构设计？

任务2.1　浅基础设计理论

【设计任务】

(1) 了解基础规范相关设计要求。

(2) 熟悉浅基础类型。

(3) 掌握地基承载力确定。

(4) 掌握基础埋置深度确定。

(5) 掌握基础底面尺寸的确定。

(6) 掌握地基软弱下卧层、变形和稳定性验算。

2.1.1　概述

地基基础设计必须根据建筑物的用途和安全等级、建筑布置和上部结构的类型，充分考虑建筑场地条件和地基岩土性状，并结合施工方法以及工期、造价等各方面的因素，合理地确定地基基础方案，因地制宜，精心设计，以保证建筑物的安全和正常使用。

1. 地基基础设计等级

《建筑地基基础设计规范》(GB 50007—2011)根据地基复杂程度、建筑物规模和功能特征，以及由于地基问题可能造成建筑物破坏或影响正常使用的程度，将地基基础分为3个设计等级，设计时应根据具体情况，按表2-1确定。

表2-1　建筑地基基础设计等级

设计等级	建筑和地基类型
甲　级	重要的工业与民用建筑物 30层以上的高层建筑 体型复杂，层数相差超过10层的高低层连成一体建筑物 大面积的多层地下建筑物(如地下车库、商场、运动场等) 对地基变形有特殊要求的建筑物 复杂地质条件下的坡上建筑物(包括高边坡) 对原有工程影响较大的新建建筑物 场地和地基条件复杂的一般建筑物 位于复杂地质条件及软土地区的二层及二层以上地下室的基坑工程 开挖深度大于15m的基坑工程 周边环境条件复杂、环境保护要求高的基坑工程
乙　级	除甲级、丙级以外的工业与民用建筑物 除甲级、丙级以外的基坑工程
丙　级	场地和地基条件简单、荷载分布均匀的7层及7层以下民用建筑及一般工业建筑；次要的轻型建筑物 非软土地区且场地地质条件简单、基坑周边环境条件简单、环境保护要求不高且开挖深度小于5.0m的基坑工程

2. 地基基础设计的一般规定

根据建筑物地基基础设计等级及长期荷载作用下地基变形对上部结构的影响程度，地基基础设计应符合下列规定。

(1) 所有建筑物的地基计算均应满足承载力计算的有关规定。

① 对轴心受压基础，应符合下列要求，公式为

$$p_k \leqslant f_a \tag{2-1}$$

式中：p_k ——相应于荷载效应标准组合时，基础底面处的平均压力值，kPa；

f_a ——修正后的地基承载力特征值，kPa。

② 偏心受压基础，应符合下列要求，即

$$p_{k,max} \leqslant 1.2 f_a \tag{2-2}$$

$$p_{k,min} \geqslant 0 \tag{2-3}$$

$$\overline{p_k} = (p_{k,max} + p_{k,min})/2 \leqslant f_a \tag{2-4}$$

式中：$p_{k,max}$、$p_{k,min}$ ——相应于荷载效应标准组合时，基础底面边缘处的最大、最小压力值，kPa。

(2) 设计等级为甲级、乙级的建筑物，均应按地基变形设计。

$$s \leqslant [s] \tag{2-5}$$

式中：s——地基变形计算值，mm；

[s] ——地基变形允许值，mm。

(3) 表 2－2 所列范围内设计等级为丙级的建筑物可不做变形验算。

表 2－2 可不做地基变形验算的设计等级为丙级的建筑物范围

<table>
<tr><td rowspan="2">地基主要受力层情况</td><td colspan="3">地基承载力特征值 f_{ak}/kPa</td><td>$80 \leqslant f_{ak} < 100$</td><td>$100 \leqslant f_{ak} < 130$</td><td>$130 \leqslant f_{ak} < 160$</td><td>$160 \leqslant f_{ak} < 200$</td><td>$200 \leqslant f_{ak} < 300$</td></tr>
<tr><td colspan="3">各土层坡度/(%)</td><td>≤5</td><td>≤10</td><td>≤10</td><td>≤10</td><td>≤10</td></tr>
<tr><td rowspan="8">建筑类型</td><td colspan="3">砌体承重结构、框架结构（层数）</td><td>≤5</td><td>≤5</td><td>≤6</td><td>≤6</td><td>≤7</td></tr>
<tr><td rowspan="4">单层排架结构（6m柱距）</td><td rowspan="2">单跨</td><td>吊车额定起重量/t</td><td>10～15</td><td>15～20</td><td>20～30</td><td>30～50</td><td>50～100</td></tr>
<tr><td>厂房跨度/m</td><td>≤18</td><td>≤24</td><td>≤30</td><td>≤30</td><td>≤30</td></tr>
<tr><td rowspan="2">多跨</td><td>吊车额定起重量/t</td><td>5～10</td><td>10～15</td><td>15～20</td><td>20～30</td><td>30～75</td></tr>
<tr><td>厂房跨度/m</td><td>≤18</td><td>≤24</td><td>≤30</td><td>≤30</td><td>≤30</td></tr>
<tr><td colspan="2">烟囱</td><td>高度/m</td><td>≤40</td><td>≤50</td><td colspan="2">≤75</td><td>≤100</td></tr>
<tr><td colspan="2" rowspan="2">水塔</td><td>高度/m</td><td>≤20</td><td>≤30</td><td colspan="2">≤30</td><td>≤30</td></tr>
<tr><td>容积/m^3</td><td>50～100</td><td>100～200</td><td>200～300</td><td>300～500</td><td>500～1000</td></tr>
</table>

特别提示

- 当有下列情况之一时，仍应做变形验算。
- 地基承载力特征值小于 130 kPa，且体形复杂的建筑物。
- 在基础上及其附近有地面堆载或相邻基础荷载差异较大，可能引起地基产生过大的不均匀沉降时。
- 软弱地基上的建筑物存在偏心荷载时。

- 相邻建筑距离过近，可能发生倾斜时。
- 地基内有厚度较大或厚薄不均的填土，其自重固结未完成时。
- 对经常受水平荷载作用的高层建筑、高耸建筑或挡土墙等以及建造在斜坡上或边坡附近的建筑物和构筑物，尚应验算其稳定性。
- 基坑工程应进行稳定性验算。
- 地下水埋藏较浅，建筑场地地下室或地下建筑物存在上浮问题时，尚应进行抗浮验算。

特别提示

在表2-2中，应注意以下几点。

- 地基主要受力层是指条形基础底面下深度为$3b$(b为基础底面宽度)，独立基础下为$1.5b$，且厚度均不小于5m的范围(二层以下一般的民用建筑除外)；
- 地基主要受力层中如有承载力特征值小于130kPa的土层，则表中砌体承重结构的设计应符合GB 50007—2011第7章的有关要求。
- 表中砌体承重结构和框架结构均指民用建筑，对于工业建筑可按厂房高度、荷载情况折合成与其相当的民用建筑层数。
- 表中吊车额定起重量、烟囱高度和水塔容积的数值系指最大值。

3. 地基基础设计的基本原则

为保证建筑物的安全与正常使用，根据建筑物的安全等级和长期荷载作用下地基变形对上部结构的影响程度，地基基础设计和计算应该满足以下3项基本原则。

(1) 在防止地基土体剪切破坏和丧失稳定性方面，应具有足够的安全度。各级建筑物均应进行地基承载力计算；对经常受水平荷载作用的高层建筑和高耸结构以及建造在斜坡上的建筑物和构筑物，尚应验算其稳定性。

(2) 应进行必要的地基变形计算。对一级建筑物及表2-2中所列范围以外的二级建筑物，应控制地基的变形特征值，使之不超过建筑物的地基变形特征允许值，以免引起基础和上部结构的损坏或影响建筑物的使用功能和外观。

(3) 基础的材料形式、构造和尺寸，除应能适应上部结构、符合使用要求、满足上述地基承载力(稳定性)和变形要求外，还应满足对基础结构的强度、刚度和耐久性的要求。

4. 地基基础设计的内容和步骤

(1) 在研究地基勘察资料的基础上，结合上部结构的类型，荷载的性质、大小和分布，建筑物的平面布置及使用要求以及拟建工程的基础对原有建筑或设施的影响，初步选择基础的材料、结构形式及平面布置方案。

(2) 确定基础的埋置深度d。

(3) 确定地基的承载力特征值f_{ak}及修正值f_a。

(4) 确定基础底面尺寸，必要时进行软弱下卧层强度验算。

(5) 对设计等级为甲级、乙级的建筑物以及不符合表2-2的丙级建筑物，还应进行地基变形验算。

(6) 对经常承受水平荷载的高层建筑和高耸结构以及建于斜坡上的建筑物和构筑物，应进行地基稳定性验算。

(7) 确定基础的剖面尺寸，进行基础结构的内力计算，以保证基础具有足够的强度、刚度和耐久性。

(8) 绘制基础施工图。

2.1.2 浅基础的类型及材料

对于天然地基上的浅基础，根据受力条件及构造可分为刚性基础和柔性基础两大类。

1. 刚性基础

当基础在外力(包括基础自重)作用下，基底承受着强度为 p 的地基反力，基础的悬出部分(图 2.1 所示的断面左端)，相当于承受着强度为 p 的均布荷载的悬臂梁，在荷载作用下，断面将产生弯曲拉应力和剪应力。当基础具有足够的截面使材料的容许应力大于由地基反力产生的弯曲拉应力和剪应力时，断面不会出现裂痕。这时，基础内不需配置受力钢筋，这种基础被称为**刚性基础**。这种基础只适合于受压而不适合于受弯、受拉和受剪，基础剖面尺寸必须满足刚性条件的要求。一般砖混结构房屋的基础常采用刚性基础。刚性基础所用的材料有砖、灰土、三合土、石、混凝土等，它们的抗压强度较高，但抗拉及抗剪强度偏低。

刚性基础需具有非常大的抗弯刚度，受荷后不允许挠曲变形和开裂。所以，设计时必须规定基础材料强度及质量、限制台阶宽高比、控制建筑物层高和一定的地基承载力，而无须进行复杂的内力分析和截面强度计算。

将刚性基础中压力分布角 α 称为**刚性角**(图 2.2)。在设计中，应尽力使基础大放脚与基础材料的刚性角相一致，目的是确保基础底面不产生拉应力，最大限度地节约基础材料。构造上通过限制刚性基础宽高比来满足刚性角的要求。

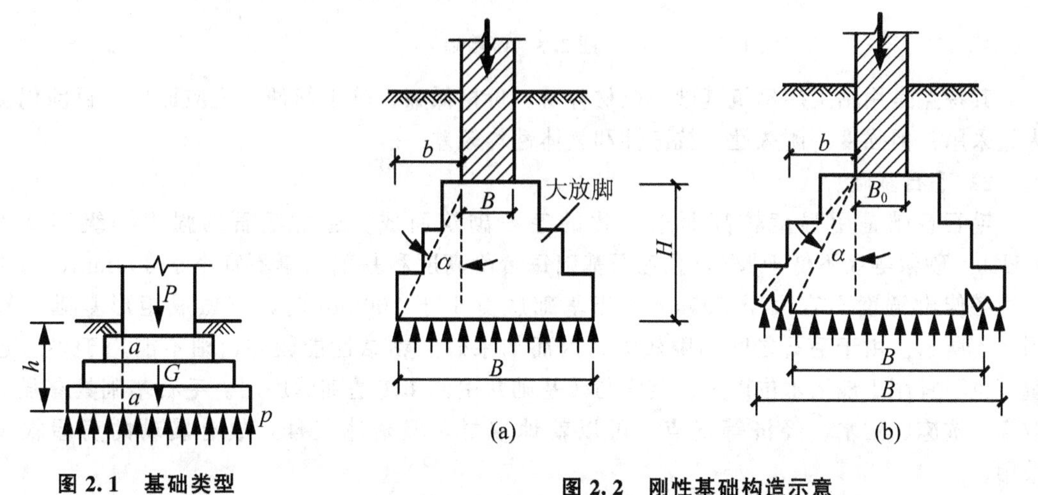

图 2.1 基础类型

图 2.2 刚性基础构造示意

(a) 基础在刚性角范围内传力；(b) 基础底面宽超过刚性角范围而破坏

刚性基础的特点是稳定性好、施工简便、能承受较大的荷载。它的主要缺点是自重大，并且当持力层为软弱土时，由于扩大基础面积有一定限制，故需要对地基进行处理或加固后才能采用，否则会因所受的荷载压力超过地基强度而影响结构物的正常使用。所以，对于荷载大或上部结构对沉降差较敏感的结构物，当持力层的土质较差又较厚时，刚性基础作为浅基础是不适宜的。

刚性基础按材料可分为以下几类。

1）砖基础

砖基础多用于低层建筑的墙下基础，图 2.3 所示是砖基础的剖面图。基础的下部一般做成阶梯形，以使上部的荷载能均匀地传到地基上。阶梯放大的部分一般称作“大放脚”。在砖基础下面，先做 100mm 厚的 C10 混凝土垫层。大放脚从垫层上开始砌筑，每一阶梯挑出的长度为砖长的 1/4(即 60mm)。为保证基础外挑部分在基底反力作用下不至于发生破坏，大放脚的砌法有两皮一收(即等高式，如图 2.3(a)所示)和二一间隔收(即间隔式，如图 2.3(b)所示)两种。在相同底宽的情况下，二一间隔收可减少基础高度。其中，一皮即一层砖，标志尺寸为 60mm。

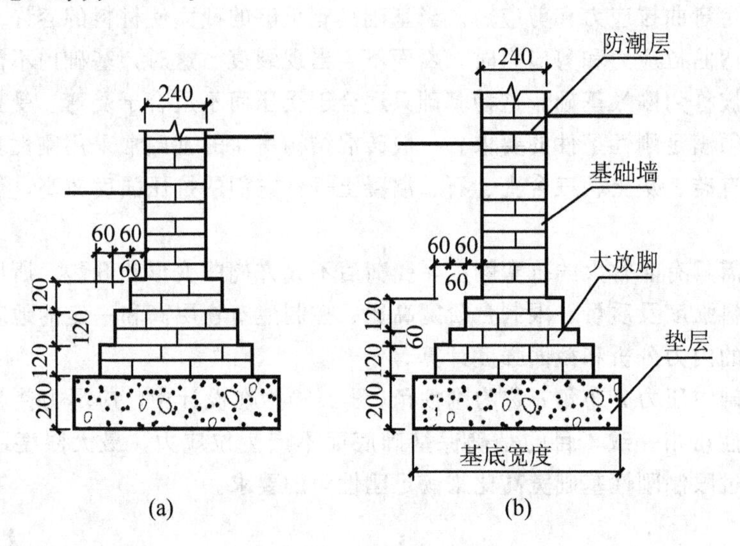

图 2.3　砖基础

其特点是用粘土砖砌筑基础、取材容易、价格低廉、施工简便、适应面广，目前仍被大量采用；但强度、耐久性、抗冻性和整体性均较差。

2）毛石基础

毛石基础是用强度较高而未风化的毛石砌筑而成。通常毛石的强度等级不低于 MU30，砂浆等级不低于 M5，且毛石基础每台阶高度和基础墙厚不宜小于 400mm，每阶两边各伸出宽度不宜大于 200mm，当基础底宽小于 700mm 时，应做成矩形基础，如图 2.4 所示。由于毛石之间间隙较大，因而如果砂浆粘结性能较差，则不能用于多层建筑，也不宜用于地下水位以下。其常与砖基础共用，作砖基础的底层。毛石基础具有强度较高、抗冻、耐水、经济等优点，可以就地取材，但整体欠佳，故有震动的房屋很少采用。

3）灰土基础

灰土基础由熟化后的石灰和土料按比例混合而成。其体积配合比做基础时为 3∶7 或 2∶8，一般多用 3∶7，即 3 分石灰 7 分粘性土，通常称为“三七灰土”。在灰土里加入适量水拌匀，铺入基槽内，每层虚铺 220～250mm，夯实至 150mm 为 1 步，一般可铺 2～3

步。3层以下建筑灰土可做2步，三层以上建筑可做3步。

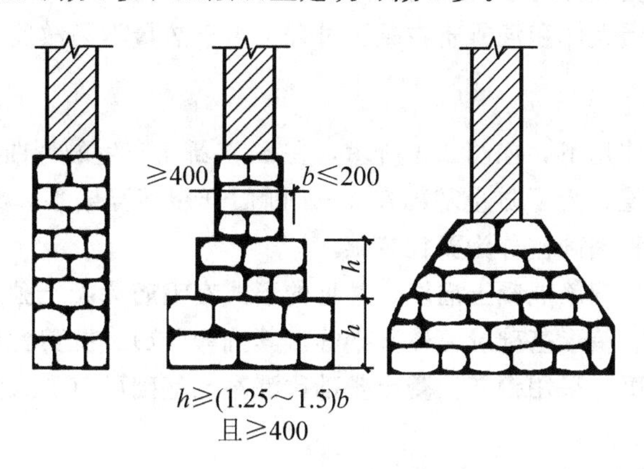

图 2.4 毛石基础

灰土基础的优点是施工简便、造价较低、就地取材、可以节省水泥和砖石等材料。用粉状生石灰和松散粘土加少量水拌合而成，因其抗冻、耐水性能差，所以灰土基础适用于地下水位较低的地区，并与其他材料基础共用，充当基础垫层，如图2.5所示。

4）三合土基础

三合土基础是用石灰、砂和骨料(矿渣、碎石和石子)，按体积比1∶2∶4或1∶3∶6配制而成，经加适量水拌和后，铺入基槽内分层夯实，每层夯实前虚铺220mm，夯实至150mm，三合土铺筑至设计标高后，在最后一遍夯打时，宜浇注石灰浆，待表面灰浆略为风干后，再铺上一层砂子，最后整平夯实。这种基础在我国南方地区应用很广。它的造价低廉，施工简单，但强度较低，所以只能用于四层以下房屋的基础，如图2.5所示。

5）混凝土基础

混凝土基础是用水泥、砂子和石子加水拌和浇筑而成，具有坚固、耐久、耐水、刚性角大，可根据需要任意改变形状的特点。其常用于地下水位高，受冰冻影响的建筑物。混凝土基础的优点是强度高，整体性好，不怕水。它适用于潮湿的地基或有水的基槽中，有阶梯形和锥形两种，如图2.6所示。

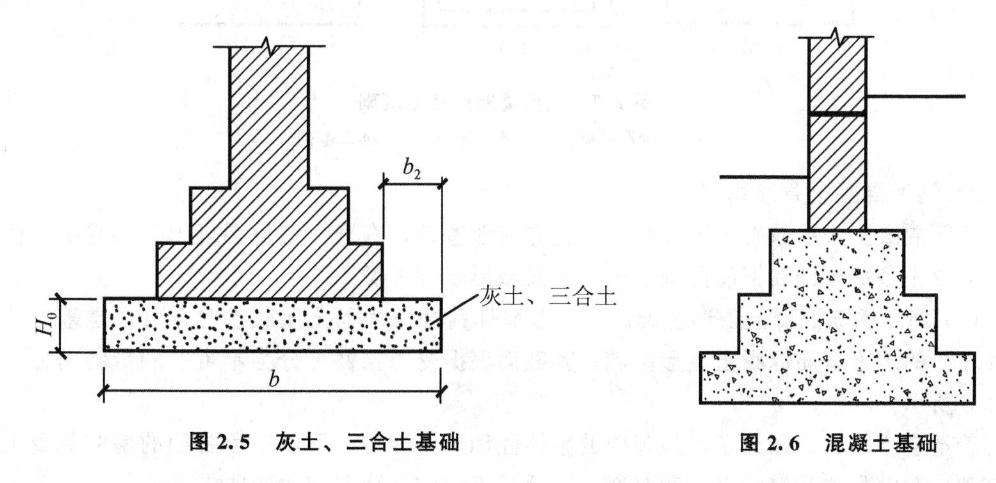

图 2.5 灰土、三合土基础

图 2.6 混凝土基础

6）毛石混凝土基础

为了节约水泥用量，对于体积较大的混凝土基础，可以在浇注混凝土时加入20%～

30%的毛石，将这种基础称为毛石混凝土基础。由于在混凝土中加入适量毛石，故可节省混凝土用量，也可减缓大体积混凝土在凝固过程中由于热量不易散发而引起开裂。

2. 柔性基础

基础在基底反力作用下，如图 2.1 所示，在 $a-a$ 断面产生的弯曲拉应力和剪应力若超过了基础的强度极限值，为了防止基础在 $a-a$ 断面开裂甚至断裂，必须在基础底部配置足够数量的钢筋，这种基础被称为**柔性基础**。

柔性基础主要是用钢筋混凝土灌注，常见的形式有钢筋混凝土独立基础、钢筋混凝土条形基础、筏板基础、箱形基础及壳体基础等。其抗弯(拉)、抗剪性能好，且不受刚性角的限制。在同样条件下，采用钢筋混凝土基础比混凝土基础可节省大量的混凝土材料和挖土工程量。

1）钢筋混凝土独立基础

钢筋混凝土独立基础多用于多层框架结构或厂房排架柱下基础。当地基承载力较小，基础埋深较大时，也可用于承重墙下，但需设基础梁。当房屋为墙承重结构，地基上层为软土时，如采用条形基础则必须把基础埋在下层好土上，这时要开挖较深的基槽，土方量大。在这样情况下可以采用墙下独立基础。墙下独立基础的构造方法是在墙下设基础梁承托墙身，基梁受支撑在独立基础上。独立基础穿过软土层，把荷载传给下层好土。墙下独立基础应布置在墙的转角处以及纵横墙相交处，当墙较长时中间也应设置。其断面形式如图 2.7 所示。

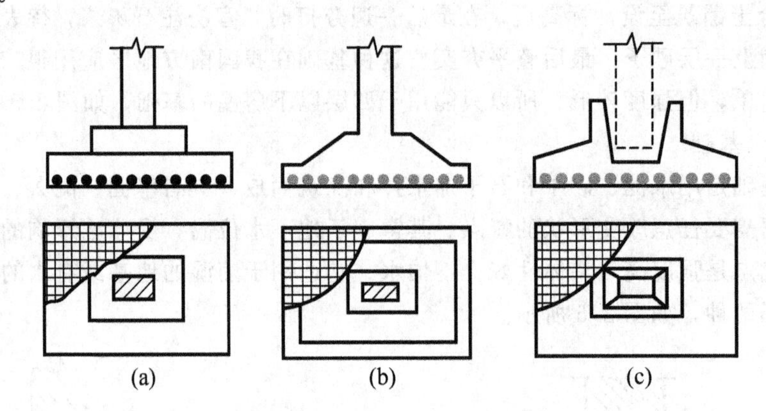

图 2.7　钢筋混凝土独立基础

(a) 台阶形基础；(b) 锥形基础；(c) 杯口基础

2）钢筋混凝土条形基础

钢筋混凝土条形基础是连续带形，也称带形基础，有墙下钢筋混凝土条形基础、柱下钢筋混凝土条形基础和钢筋混凝土十字交叉条形基础 3 类。

(1) 墙下钢筋混凝土条形基础。当上部墙体荷载较大而土质较差时，可考虑采用“宽基浅埋”的墙下钢筋混凝土条形基础；其截面根据受力条件可分为不带肋和带肋两种，如图 2.8 所示。

若地基不均匀，则为了增强基础的整体性和抗弯能力，可以采用带肋的钢筋混凝土条形基础，肋部配置足够的钢筋和箍筋，以承受不均匀沉降引起的弯曲应力。

(2) 柱下钢筋混凝土条形基础。在框架结构中，当地基软弱而荷载较大时，若采用柱

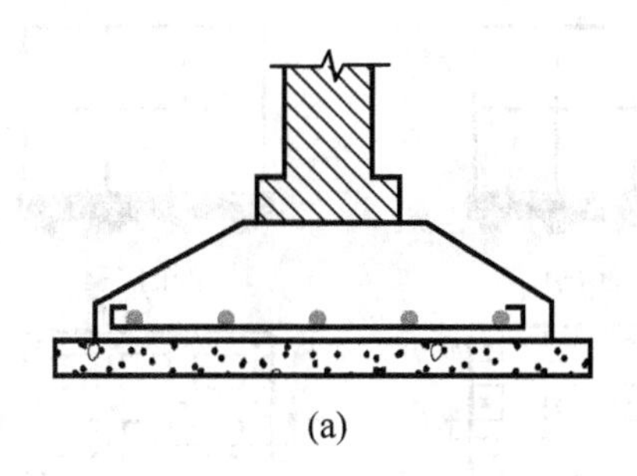

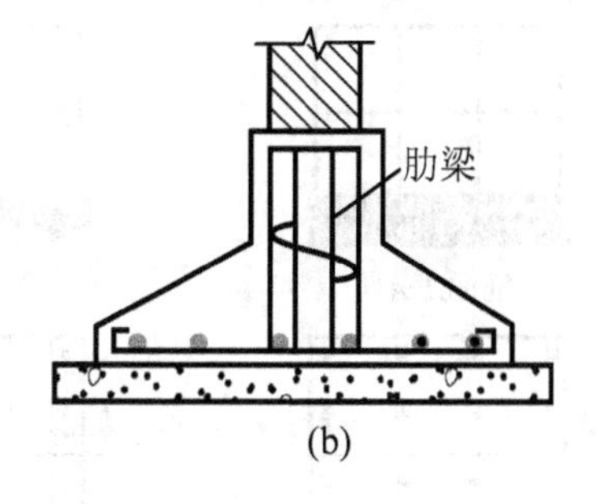

图 2.8　墙下钢筋混凝土条形基础

(a) 不带肋；(b) 带肋

下独立基础则可能因基础底面积很大而使基础边缘互相接近甚至重叠，为增加基础的整体性并方便施工，可将同一排的柱基础连通成为柱下钢筋混凝土条形基础，使整个房屋的基础具有良好的整体性。柱下条形基础可以有效地防止不均匀沉降，如图 2.9 所示。

(3) 钢筋混凝土十字交叉条形基础。当荷载很大，单向条形基础的底面积不能满足地基基础设计要求时，可把纵横柱的基础均连在一起，形成十字交叉条形基础，如图 2.10 所示。这种基础在纵横两个方向均具有一定的刚度，当地基软弱且在两个方向的荷载和土质不均匀时，十字交叉基础具有良好的调整不均匀沉降的能力。

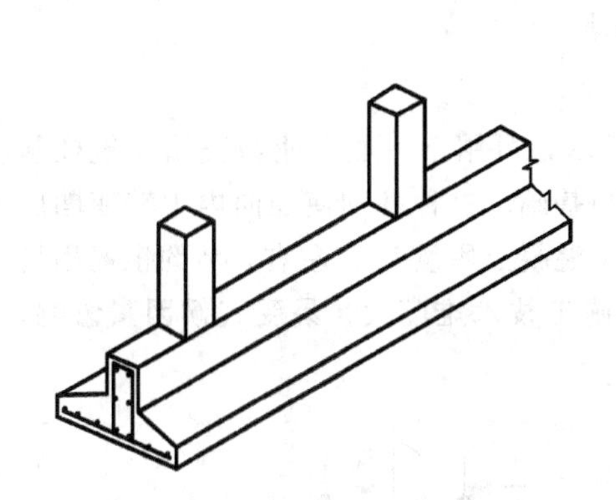

图 2.9　柱下钢筋混凝土条形基础

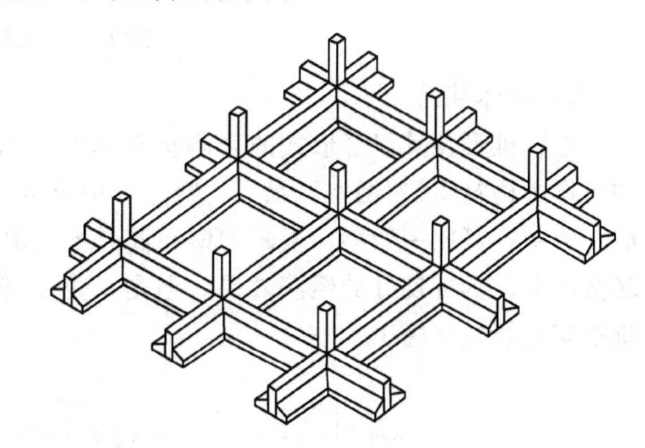

图 2.10　十字交叉条形基础

3）筏板基础

当荷载很大且地基软弱或在两个方向存在分布不均匀的问题，采用十字交叉基础仍不能满足要求时，可采用筏板基础，即用钢筋混凝土做成连续整片基础，俗称“满堂红”。筏板基础由于其面积大，故可减小基底压力，能有效增强基础的整体性，调整基础各部分之间的不均匀沉降。筏板基础在构造上好像倒置的钢筋混凝土楼盖，可分为平板式和梁板式两种，如图 2.11 所示。

4）箱形基础

箱形基础是由钢筋混凝土底板、顶板和足够数量的纵横的内外墙组成的空间结构，如图 2.12 所示。箱形基础比筏板基础具有更大的刚度，可用于抵抗地基或荷载分布不均匀引起的差异沉降，使上部结构不易开裂。此外，箱形基础的抗震性能好，并且基础的中空部分可作为地下室使用。因此，当地基特别软弱，荷载很大，特别是带有地下室的建筑物时，常采用此基础形式。但由于箱形基础的钢筋、水泥用量大，造价高，施工技术也较为复杂，故在选用时应综合考虑各方面因素作技术、经济比较后确定。

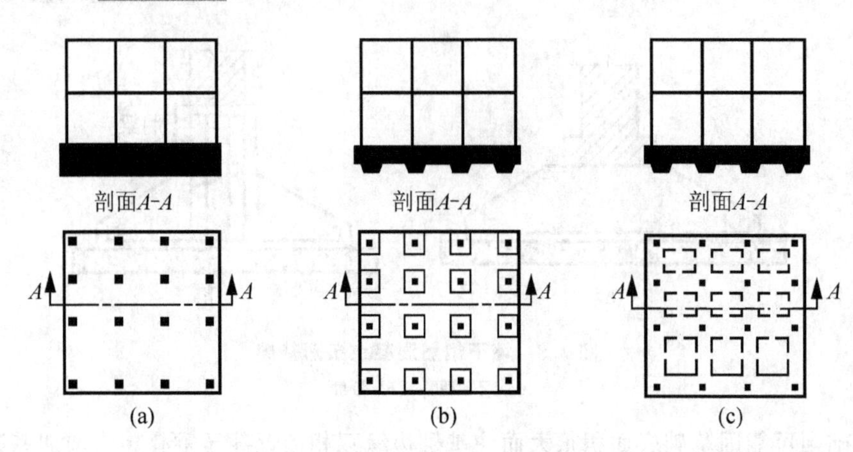

图 2.11　筏板基础

(a) 平板式；(b) 梁板式 1；(c) 梁板式 2

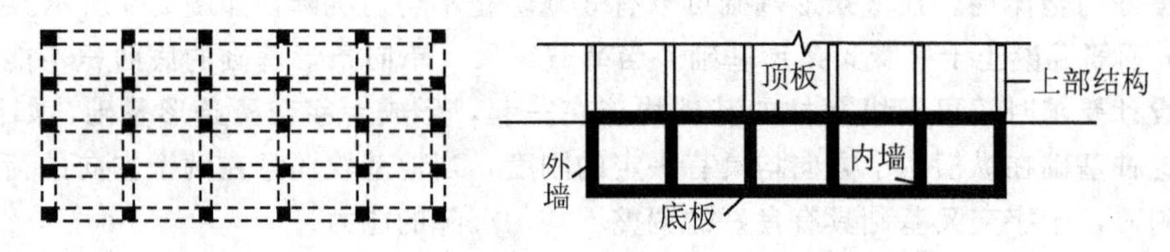

图 2.12　箱形基础

5）壳体基础

正圆锥形及其组合形式的壳体基础如图 2.13 所示，可用于一般工业与民用建筑柱基和筒形的构筑物(如烟囱、水塔、料仓、中小型高炉)基础。这种基础使径向内力转变围压应力为主，可比一般梁、板式的钢筋混凝土基础减少混凝土用量 50%左右，节约钢筋用量 30%以上，具有良好的经济效果。但是，壳体基础施工技术难度大，易受气候因素影响，难以实行机械化施工。

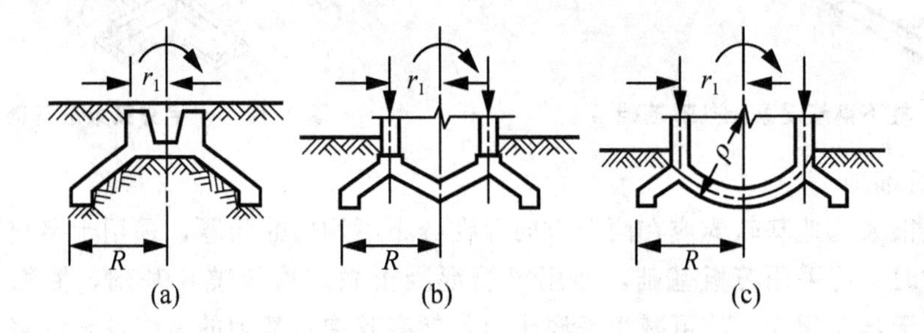

图 2.13　壳体基础

(a) 正圆锥壳；(b) M 形组合壳；(c) 内球外锥组合壳

R—基础水平投影面最大半径；ρ—内倒球壳的曲率半径

2.1.3　基础埋置深度

基础的**埋置深度**是指基础底面至地面(一般指室外设计地面)的距离。选择基础埋置深度即选择合适的地基持力层。通常在满足地基稳定和变形要求的前提下，基础宜浅埋，当上层地基的承载力大于下层土时，宜利用上层土作持力层。

基础埋置深度 d 的大小对于建筑物的安全和正常使用、基础施工技术措施、施工工期和工程造价等影响很大，因此合理确定基础埋置深度是基础设计工作中的重要环节。如何确定基础的埋置深度，应综合考虑下列因素。

1. 建筑物的用途及基础的构造

当确定基础埋深时，应了解建筑物的用途及使用要求。当有地下室、设备基础和地下设施时，根据建筑物地下部分的设计标高、管沟及设备基础的具体标高往往要求加大基础的埋深。为了保护基础顶面一般不露出地面，要求基础顶面低于设计地面至少0.10m，除岩石地基外，基础埋深不宜小于0.5m。另外，基础的形式和构造有时也对基础埋深起决定性作用。例如，采用无筋扩展基础，当基础底面积确定后，由于基础本身的构造要求(即满足台阶宽高比允许值要求)，就决定了基础最小高度，也就决定了基础的埋深。

2. 作用在地基上的荷载大小及性质

荷载的性质和大小不同也会影响基础埋深的选择。浅层某一深度的上层，对荷载较小的基础可能是很好的持力层，而对荷载大的基础就可能不宜作为持力层。对于承受水平荷载的基础，必须具有足够的埋置深度来获得土的侧向抗力，防止倾覆和滑移。对于承受上拔力的基础，如输电塔基础，往往需要有较大的基础埋深，以提供足够的抗拔阻力，保证基础的稳定性。对于承受动荷载的基础，则不宜选择饱和疏松的粉细砂作为持力层，以免在振动荷载作用下，产生"液化"现象，造成基础大量沉陷，甚至倾倒。

3. 工程地质和水文地质条件

1）工程地质条件

直接支撑基础的土层被称为**持力层**，在持力层下方的土层被称为**下卧层**。为保证建筑物的安全，必须根据荷载的大小和性质给基础选择可靠的持力层。当上层地基的承载力大于下层土时，利用上层土作为持力层。

当上层土的承载力低而下层土的承载力高时，应将基础埋置在下层承载力高的土层上；但如果上层松软土很厚，则必须考虑施工是否方便、经济，并应与其他如加固土层或用短桩基础等方案综合比较后再确定。

若上部为良好土层而下部为较弱土层，则此时基础应尽量浅埋，以加大基底至软卧层的距离。这时，最好采用钢筋混凝土基础，并尽量按基础最小深度考虑，即采用"宽基浅埋"方案。同时，在确定基础底面尺寸时，应对地基受力层范围内的软弱下卧层进行验算。

2）水文地质条件

选择基础埋深时应注意地下水的埋藏条件和动态。对于天然地基上浅基础设计，首先应尽量考虑将基础置于地下水以上，以免对基坑开挖、基础施工的影响。当基础底面必须埋置于地下水位以下时，应考虑施工时基坑排水、坑壁围护问题，采取地基土在施工时不受扰动的措施。当基础埋置在易风化的岩层上时，施工时应在基坑开挖后立即铺筑垫层。另外，还应考虑可能出现的其他施工与设计问题：出现涌土、流砂的可能性，地下室防渗，地下水对基础材料的腐蚀作用等。对位于江河岸边的基础，其埋深应考虑流水的冲刷作用，施工时宜采取相应的保护措施。对于埋藏有承压水层的地基，选择基础埋深时必须考虑承压水的作用，控制基坑开挖深度，防止基坑因挖土减压而隆起开裂。

4. 相邻建筑物基础埋深的影响

当存在相邻建筑物时，要求新建建筑物的基础埋深不宜大于原有建筑基础。当埋深大于原有建筑基础时，两基础之间应保持一定净距，其数值应根据原有建筑荷载大小、基础形式和土质情况确定。一般取两相邻基础底面高差的1～2倍，如图2.14所示。当上述要求不能满足时，应采取分段施工、设临时加固支撑、打板桩、地下连续墙等施工措施或加固原有建筑物地基。

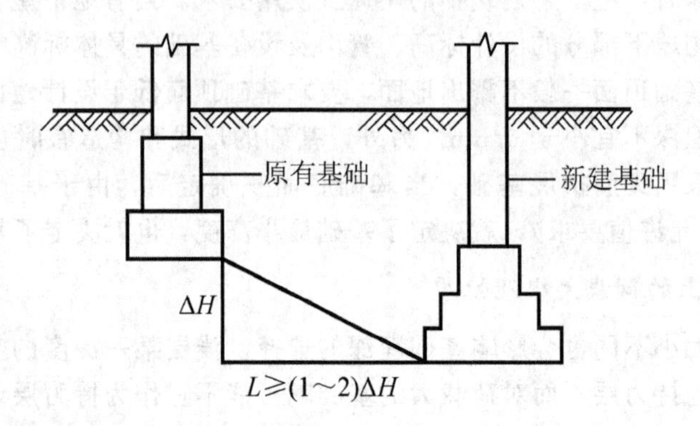

图2.14 相邻建筑物间的基础埋深

5. 地基土冻胀和融陷的影响

1）地基土冻胀和融陷的危害

土表以下一定深度的地层温度是随大气温度而变化的。当地层温度低于0℃时，土中的水冻结，形成冻土。冻土可分为季节性冻土和多年冻土两类。季节性冻土是指地表土层冬季冻结、夏季全部融化的土；我国季节性冻土主要分布在东北、西北和华北地区，季节性冻土层厚度都存0.5m以上。有些地方还有持续多年不化的冻土，那就是多年冻土，例如在北极或者青藏高原，因为那里常年温度都在0℃以下，所以冻土就会保持常年不化，即使在比较温暖的年份，融化的也仅仅是表面一小层。季节性冻土在冻融过程中，反复地产生**冻胀**(冻土引起土体膨胀)和**融陷**(冻土融化后产生融陷)，使土的强度降低，压缩性增大。如果基础埋置深度超过冻结深度，则冻胀力只作用在基础的侧面，称为切向冻胀力T；当基础埋置深度浅于冻结深度时，则除了基础侧面上的切向冻胀力外，在基底上还作用有法向冻胀力P，如图2.15所示。如果上部结构荷载F_k加上基础自重G_k小于冻胀力时，则基础将被抬起，融化时冻胀力消失而使基础下陷。由于这种上抬和下陷的不均匀性，造成建筑物墙体产生方向相反、互相交叉的斜裂缝，严重时使建筑物受到破坏。季节性冻土的冻胀性和融陷性是相互关联的，为避免地基土发生冻胀和融陷事故，基础埋深必须考虑冻深要求。

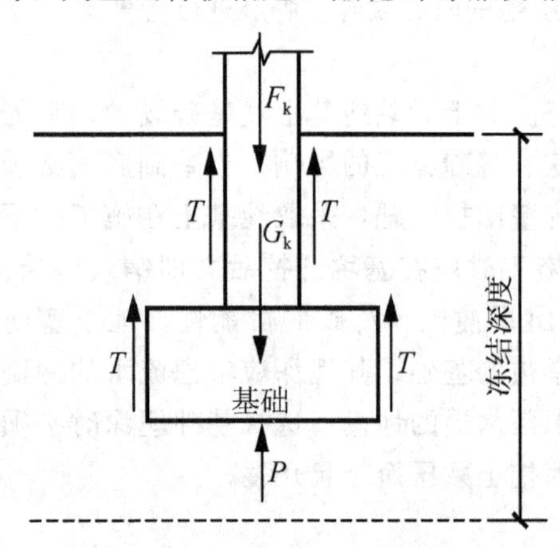

图2.15 作用在基础上的冻胀力

2）地基土的冻胀性分类

地基土的冻胀的程度与地基土的类别、冻前含水量、冻结期间地下水位变化等因素有关。GB 50007—2011将地基的冻胀类别根据冻土层的平均冻胀率η的大小分为5类，即不冻胀、弱冻胀、冻胀、强冻胀、特强冻胀，可按表2-3查取。

表 2-3 地基土的冻胀性分类

土的名称	冻前天然含水量 ω/%	冻结期间地下水位距冻结的最小距离 H_w/m	平均冻胀率 η/%	冻胀等级	冻胀类别
碎（卵）石，砾、粗砂、中砂（粒径小于0.075mm的颗粒含量大于15%），细砂（粒径小于0.075mm的颗粒含量大于10%）	$\omega \leqslant 12$	>1.0	$\eta \leqslant 1$	Ⅰ	不冻胀
		≤1.0	$1 < \eta \leqslant 3.5$	Ⅱ	弱冻胀
	$\omega \leqslant 18$	>1.0			
		≤1.0	$3.5 < \eta \leqslant 6$	Ⅲ	冻胀
	ω	>0.5			
		≤0.5	$6 < \eta \leqslant 12$	Ⅳ	强冻胀
粉砂	$\omega \leqslant 14$	>1.0	$\eta \leqslant 1$	Ⅰ	不冻胀
		≤1.0	$1 < \eta \leqslant 3.5$	Ⅱ	弱冻胀
	$\omega \leqslant 19$	>1.0			冻胀
		≤1.0	$3.5 < \eta \leqslant 6$	Ⅲ	
	$\omega \leqslant 23$	>1.0			强冻胀
		≤1.0	$6 < \eta \leqslant 12$	Ⅳ	
	$\omega > 23$	不考虑	$\eta > 12$	Ⅴ	特强冻胀
粉土	$\omega \leqslant 19$	>1.5	$\eta \leqslant 1$	Ⅰ	不冻胀
		≤1.5	$1 < \eta \leqslant 3.5$	Ⅱ	弱冻胀
	$\omega \leqslant 22$	>1.5	$1 < \eta \leqslant 3.5$	Ⅱ	弱冻胀
		≤1.5	$3.5 < \eta \leqslant 6$	Ⅲ	冻胀
	$\omega \leqslant 26$	>1.5			强冻胀
		≤1.5	$6 < \eta \leqslant 12$	Ⅳ	
	$\omega \leqslant 30$	>1.5			特强冻胀
		≤1.5	$\eta > 12$	Ⅴ	
	$\omega > 30$	不考虑			不冻胀
粘性土	$\omega \leqslant \omega_p + 2$	>2.0	$\eta \leqslant 1$	Ⅰ	
		≤2.0	$1 < \eta \leqslant 3.5$	Ⅱ	弱冻胀
	$\omega_p + 2\ \omega \leqslant \omega_p + 5$	>2.0			冻胀
		≤2.0	$3.5 < \eta \leqslant 6$	Ⅲ	
	$\omega_p + 5\ \omega \leqslant \omega_p + 9$	>2.0			强冻胀
		≤2.0	$6 < \eta \leqslant 12$	Ⅳ	
	$\omega_p + 9\ \omega \leqslant \omega_p + 15$	>2.0			特强冻胀
		≤2.0	$\eta > 12$	Ⅴ	
	$\omega > \omega_p + 15$	不考虑			

特别提示

- 在表 2-3 中，ω_{p} 为塑限含水量，ω 为在冻土层内冻前天然含水量的平均值。
- 盐渍化冻土不在表列。
- 当塑性指数大于 22 时，冻胀性降低一级。
- 粒径小于 0.005mm 的颗粒含量大于 60%，为不冻胀土。
- 碎石类土当充填物大于全部质量的 40%时，其冻胀性按充填物土的类别判断。
- 碎石土、砾砂、粗砂、中砂(粒径小于 0.075mm 的颗粒含量不大于 15%)、细砂(粒径小于 0.075mm 的颗粒含量不大于 10%)均按不冻胀考虑。

3）冻胀土基础最小埋深的确定方法

为使建筑物免遭冻害，对于埋置在冻胀土中的基础，应保证基础有相应的最小埋置深度 d_{min} 以消除基底冻胀力。基础最小埋深可按式(2-6)计算。

$$d_{min} = z_{d} - h_{max} \tag{2-6}$$

式中：z_{d} ——设计冻深，m，当有实测资料时按 $z_{d} = h' - \Delta z$ 计算；

h'——最大冻深出现时场地最大冻土层厚度，m；

Δz——最大冻深出现时场地地表冻胀量，m。

当无实测资料时，z_{d} 应按式(2-7)计算。

$$z_{d} = z_{0}\psi_{zs}\psi_{zw}\psi_{ze} \tag{2-7}$$

式中：z_{0} ——标准冻深，m；是采用在地表平坦、裸露、城市之外的空旷场地中不少于 10 年实测最大冻深的平均值，m；当无实测资料时，按(GB 50007—2011)附录 F 采用；

ψ_{zs} ——土的类别对冻深的影响系数，按表 2-4 查取；

ψ_{zw} ——土的冻胀性对冻深的影响系数，按表 2-5 查取；

ψ_{ze} ——环境对冻深的影响系数；按表 2-6 查取；

h_{max} ——基础底面下允许残留冻土层的最大厚度，m，如图 2.16 所示。

表 2-4　土的类别对冻深的影响系数

土的类别	影响系数 ψ_{zs}	土的类别	影响系数 ψ_{zs}
粘性土	1.00	中、粗、砾砂	1.30
细砂、粉砂、粉土	1.20	碎石土	1.40

表 2-5　土的冻胀性对冻深的影响系数

冻胀性	影响系数 ψ_{zw}	冻胀性	影响系数
不冻胀	1.00	强冻胀	0.85
弱冻胀	0.95	特强冻胀	0.80
冻胀	0.90		

表 2-6 环境对冻深的影响系数

环境	影响系数	环境	影响系数
村、镇、旷野	1.00	城市市区	0.90
城市近郊	0.95		

特别提示

- 对于环境影响系数，当城市市区人口为20～50万时，按城市近郊取值；当城市市区人口大于50万小于或等于100万时，按城市市区取值；当城市市区人口超过100万时，按城市市区取值，5km以内的郊区应按城市近郊取值。

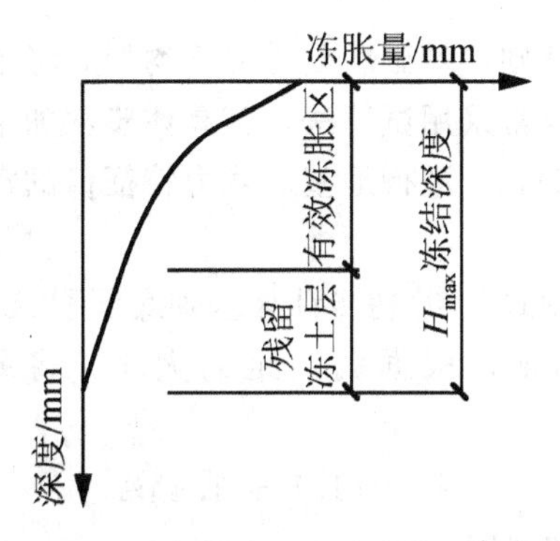

图 2.16 建筑基底允许残留冻土层厚度

2.1.4 基础底面尺寸的确定

1. 作用在基础上的荷载

计算作用在基础顶面的总荷载时，应从建筑物的檐口(屋顶)开始计算。首先应计算屋面恒载和活载，其次计算由上之下房屋各层结构(梁、板)自重及楼面活载，然后再计算墙和柱的自重。对于这些荷载在墙或柱的承载面以内的总和，在相应于荷载效应标准组合时，就是上部结构传至基础顶面的竖向力值 F_k 。需注意，外墙和外柱(边柱)由于存在室内外高差，故荷载应算至室内设计地面与室外设计地面平均标高处，内墙和内柱算至室内设计地面标高处，最后再加上基础自重和基础上的土重 G_k 。

2. 轴心荷载作用下的基础底面尺寸的确定

在轴心荷载作用下，基底压力应小于或等于经修正后的地基承载力特征值，即

$$p_k = \frac{F_k + G_k}{A} \leqslant f_a$$

由此可得基础底面积为

$$A \geqslant \frac{F_k}{f_a - \gamma_G \bar{d}} \tag{2-8}$$

对于矩形基础，取基础长边 l 与短边 b 的比例为 $n = l/b$（一般取 $n = 1 \sim 2$），可得基

础宽度为

$$b \geqslant \sqrt{\frac{F_k}{n(f_a - \gamma_G \bar{d})}} \tag{2-9}$$

则基础长边为

$$l = nb$$

对于方形基础为

$$b = l \geqslant \sqrt{\frac{F_k}{f_a - \gamma_G \bar{d}}} \tag{2-10}$$

对于条形基础，沿基础纵向取单位长度（$l = 1\text{m}$）为计算单元，则条形基础的宽度为

$$b \geqslant \frac{F_k}{f_a - \gamma_G \bar{d}} \tag{2-11}$$

3. 偏心荷载作用下的基础底面尺寸的确定

对于偏心荷载作用下的基础，基础底面受力不均匀，考虑偏心荷载的影响，需加大基础底面积。基础底面积的确定常采用试算法，其具体步骤如下。

(1) 先假定基础底宽 $b<3\text{m}$，进行地基承载力特征值的深度修正，初步确定地基承载力特征值 f_a。

(2) 按轴心荷载作用，用式(2-8)初步计算基础底面积 A_0。

(3) 考虑偏心荷载的影响，根据偏心距的大小，将基础底面积 A_0 扩大 10%～40%，即

$$A = (1.1 \sim 1.4)A_0$$

(4) 确定基础的长度 l 和宽度 b。

(5) 进行承载力验算，要求：$p_{k,\max} \leqslant 1.2f_a$，$\overline{p_k} \leqslant f_a$。

若地基承载力不能满足上述要求，则需要重新调整基底尺寸，直到符合要求为止。

应用案例 2-1

某工程为砖混结构，墙下采用钢筋混凝土条形基础，上部结构传至基础顶面相应于荷载效应标准组合时的竖向力 $F_k = 210\text{kN/m}$，基础埋深 1.8m，地基土为粘性土，天然重度 $\gamma = 19\text{kN/m}^3$，孔隙比 $e = 0.8$，液性指数 $I_L = 0.75$，地基承载力特征值 $f_{ak} = 160\text{kPa}$，试计算基础的宽度。

解：(1) 确定修正后的地基承载力特征值。

假定基础宽度 $b<3\text{m}$，由 $e = 0.8$，$I_L = 0.75$，查表得 $\eta_d = 1.6$，则

$$f_a = f_{ak} + \eta_d \gamma_m (d - 0.5) = [160 + 1.6 \times 19 \times (1.8 - 0.5)] = 199.5(\text{kPa})$$

(2) 计算基础宽度。

由式(2-11)得

$$b \geqslant \frac{F_k}{f_a - \gamma_G \bar{d}} = \frac{210}{199.5 - 20 \times 1.8}\text{m} = 1.28\text{m}$$

可取 $b = 1.3\text{m} < 3\text{m}$，与假定相符，所以基础宽度可设计为 1.3m。

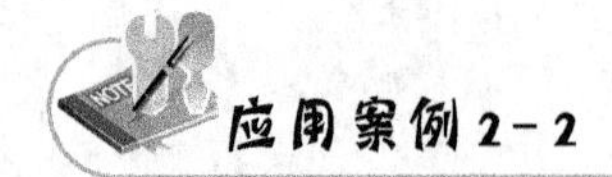

应用案例 2-2

某工程为框架结构，采用柱下钢筋混凝土独立基础(图 2.17)，已知地基土为均质粘性土，天然

重度 $\gamma=17.5\text{kN/m}^3$，孔隙比 $e=0.7$，液性指数 $I_L=0.78$，地基承载力特征值 $f_{ak}=226\text{kPa}$。柱截面尺寸为 300mm×400mm，$F_k=700\text{kN}, M_k=80\text{kN}\cdot\text{m}, V_k=13\text{kN}$，试确定柱下钢筋混凝土独立基础的底面尺寸。

解：(1) 确定修正后的地基承载力特征值。

假定基础宽度 $b<3\text{m}$，由 $e=0.7$，$I_L=0.78$，查表得 $\eta_d=1.6$，则

$$f_a=f_{ak}+\eta_d\gamma_m(d-0.5)=226+1.6\times17.5\times(1.0-0.5)=240(\text{kPa})$$

(2) 初步选择基础底面尺寸。

① 基础平均埋深 $\bar{d}=\dfrac{1.0+1.3}{2}\text{m}=1.15\text{m}$。

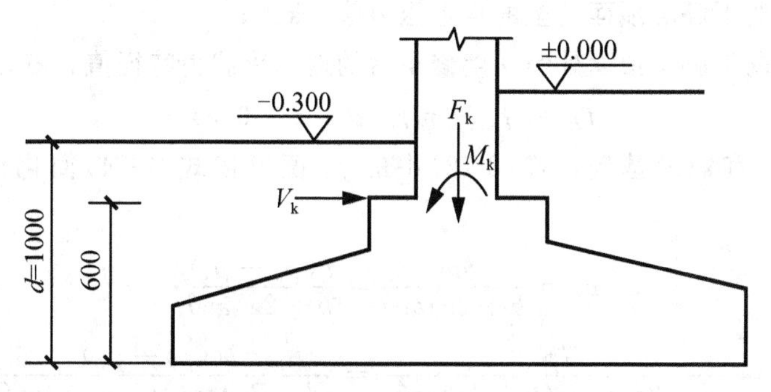

图 2.17 应用案例 2-2 附图

② 用式(2-8)初步计算基础底面积 A_0。

$$A_0\geqslant\frac{F_k}{f_a-\gamma_G\bar{d}}=\frac{700}{240-20\times1.15}=3.23(\text{m}^2)$$

将基础底面积 A_0 扩大 20%，得 $A=1.2A_0=1.2\times3.23=3.88(\text{m}^2)$

所以初选基础底面尺寸为 $A=lb=2.4\times1.6=3.84\approx3.88(\text{m}^2)$

(3) 验算地基承载力。

① $G_k=\gamma_G A\bar{d}=20\times3.84\times1.15=88.3(\text{kN})$

② 偏心距 $e=\dfrac{M_k}{F_k+G_k}=\dfrac{80+13\times0.6}{700+88.3}=0.11\text{m}<\dfrac{l}{6}$

③ 基底压力最大值、最小值为

$$p_{k,\max}=\frac{F_k+G_k}{lb}\left(1+\frac{6e}{l}\right)=\frac{700+88.3}{2.4\times1.6}\left(1+\frac{6\times0.11}{2.4}\right)=262(\text{kPa})$$

$$p_{k,\min}=\frac{F_k+G_k}{lb}\left(1-\frac{6e}{l}\right)=\frac{700+88.3}{2.4\times1.6}\left(1-\frac{6\times0.11}{2.4}\right)=149(\text{kPa})$$

④ 验算。

$$p_{k,\max}=262\text{kPa}\leqslant1.2f_a=1.2\times240=288(\text{kPa})$$

$$\overline{p_k}=\frac{262+149}{2}=206\text{kPa}\leqslant f_a=240(\text{kPa})$$

说明地基承载力满足要求。

2.1.5 地基的验算

在对地基基础进行设计时，除了地基应满足承载力要求外，必要时还需进行软弱下卧层的强度验算；对设计等级为甲级、乙级的建筑物以及不符合表 2-2 的丙级建筑物，需进行地基变形验算；对经常承受水平荷载的高层建筑和高耸结构以及建于斜坡上的建筑物

和构筑物，应进行地基稳定性验算。

1. 软弱下卧层强度验算

当基础底面尺寸确定后，如果地基变形计算深度范围内存在软弱下卧层，则还应验算软弱下卧层的地基承载力。要求作用在软弱下卧层顶面处的附加压力与自重压力值不超过软弱下卧层的承载力，即

$$p_z + p_{cz} \leqslant f_{az} \tag{2-12}$$

式中：p_z——相应于荷载效应标准组合时，软弱下卧层顶面处土的附加压力值，kPa；

p_{cz}——软弱下卧层顶面处土的自重压力值，kPa；

f_{az}——软弱下卧层顶面处经深度修正后的地基承载力特征值，kPa。

$$f_{az} = f_{ak} + \eta_d \gamma_m (d + z - 0.5) \tag{2-13}$$

对于条形基础和矩形基础，式(2-12)中的 p_z 值可按式(2-14)简化计算，如图 2.18 所示。

条形基础 $$p_z = \frac{bp_0}{b + 2z\tan\theta} = \frac{b(p_k - p_c)}{b + 2z\tan\theta} \tag{2-14}$$

矩形基础 $$p_z = \frac{blp_0}{(l + 2z\tan\theta)(b + 2z\tan\theta)} = \frac{bl(p_k - p_c)}{(l + 2z\tan\theta)(b + 2z\tan\theta)} \tag{2-15}$$

式中：b——矩形基础或条形基础底边的宽度，m；

l——矩形基础底边的长度，m；

p_0——基底附加压力值，kPa；

p_k——基础底面处的平均压力值，kPa；

p_c——基础底面处土的自重压力值，kPa；

z——基础底面至软弱下卧层顶面的距离，m；

θ——基底压力扩散角，即压力扩散线与垂直线的夹角(°)，可按表 2－7 选用。

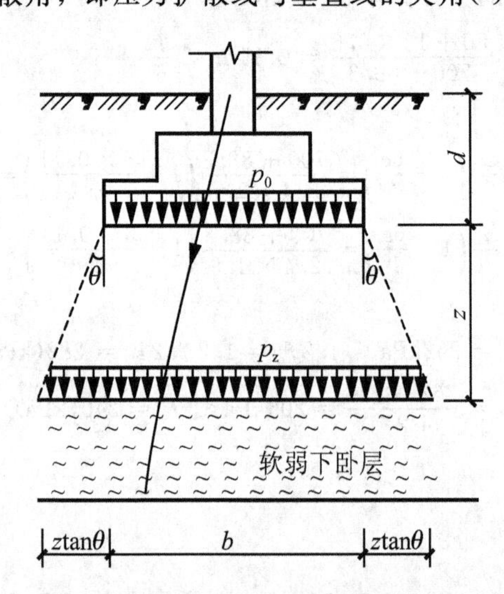

图 2.18 软弱下卧层顶面处的附加压力

表 2－7 地基压力扩散角 θ

E_{s1}/E_{s2}	z/b	
	0.25	0.50
3	6°	23°
5	10°	25°
10	20°	30°

特别提示

- 在表 2－7 中，E_{s1} 为上层土的压缩模量，E_{s2} 为下层土的压缩模量。
- 当 $z/b<0.25$ 时，一般取 $\theta=0°$，必要时，由试验确定；当 $z/b>0.5$ 时，θ 值不变。

2. 地基的变形验算

对设计等级为甲级、乙级的建筑物以及不符合表 2－2 的丙级建筑物，在基础底面积确定后，还应进行地基变形验算，设计时要求地基变形计算值不超过建筑物地基变形允许值，即 $s\leqslant[s]$，以保证地基土不致因变形过大而影响建筑物的正常使用或危害安全，如果地基变形不能满足要求，则需重新调整基础底面尺寸，直至满足要求为止，具体计算方法详见项目 1。

3. 地基的稳定性验算

对经常承受水平荷载的高层建筑和高耸结构以及建于斜坡上的建筑物和构筑物，应进行地基稳定性验算。此外，对某些建筑物的独立基础，当承受水平荷载较大时(如挡土墙)，或建筑物较轻而水平力的作用点又比较高的情况下(如水塔)，也应验算其稳定性。

应用案例 2－3

有一轴心受压基础，上部结构传至基础顶面相应于荷载效应标准组合时的竖向荷载值 $F_k=850kN$，土层分布如图 2.19 所示，已知基础底面尺寸 $l=3m$，$b=2m$，持力层厚度为 3.5m，基础埋深 1.5m，试验算软弱下卧层的承载力是否满足要求。

解：(1) 计算软弱下卧层顶面处经深度修正后的地基承载力特征值。

$$f_{az}=f_{ak}+\eta_d\gamma_m(d+z-0.5)=85+1.0\times\frac{16\times1.5+18\times3.5}{1.5+3.5}\times(1.5+3.5-0.5)=163.3(kPa)$$

(2) 计算软弱下卧层顶面处土的自重压力值。

$$p_{cz}=16\times1.5+18\times3.5=87(kPa)$$

(3) 计算软弱下卧层顶面处土的附加压力值。

① 确定地基压力扩散角 θ。

根据持力层与下卧层压缩模量的比值 $\frac{E_{s1}}{E_{s2}}=10/2=5$ 及 $\frac{z}{b}=3.5/2=1.75>0.5$，查表 2－7 得 $\theta=25°$。

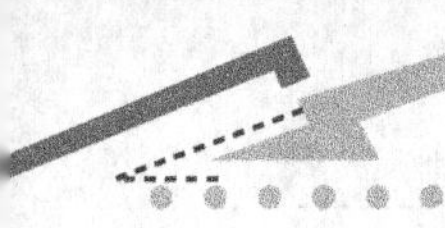

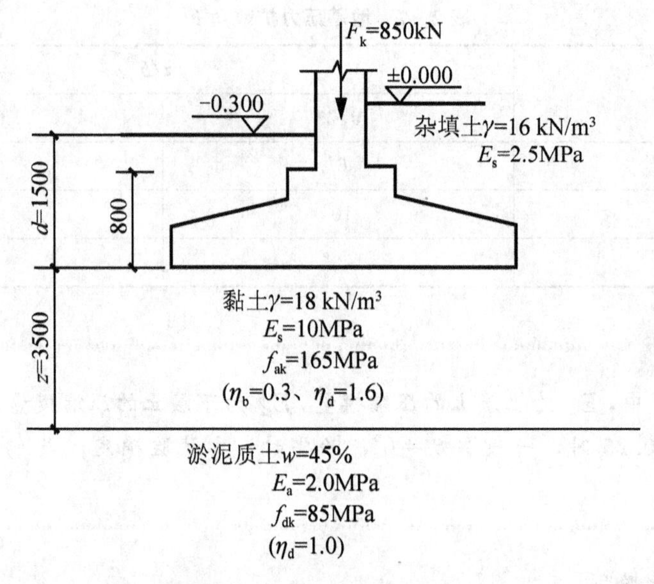

图 2.19　应用案例 2-3 附图

② 计算基础底面处的附加压力 p_0。

$$p_0 = p_k - p_c = \frac{F_k + G_k}{A} - p_c = \frac{850 + 20 \times 3 \times 2 \times 1.65}{3 \times 2} - 16 \times 1.5 = 150.67(\text{kPa})$$

③ 计算软弱下卧层顶面处土的附加压力值。

$$p_z = \frac{blp_0}{(l + 2z\tan\theta)(b + 2z\tan\theta)} = \frac{bl(p_k - p_c)}{(l + 2z\tan\theta)(b + 2z\tan\theta)}$$

$$= \frac{3 \times 2 \times 150.67}{(2 + 2 \times 3.5 \times \tan25°)(3 + 2 \times 3.5 \times \tan25°)} = 27.44(\text{kPa})$$

(4) 验算软弱下卧层的承载力。

$$p_z + p_{cz} = 27.44 + 87 = 114.44(\text{kPa}) \leqslant f_{az} = 163.3(\text{kPa})$$

说明软弱下卧层的承载力满足要求。

任务 2.2　刚性基础设计

【设计任务】

(1) 了解刚性基础构造要求。

(2) 掌握刚性基础设计思路和方法。

刚性基础是指用抗压强度较好，而抗拉、抗弯性能较差的材料建造的墙下条形基础或柱下独立基础，如砖基础、毛石基础、混凝土基础、毛石混凝土基础或灰土基础等均属此类基础。刚性基础主要适用于多层民用建筑和轻型工业厂房。

1. 刚性基础的设计原则

在进行刚性基础设计时，必须使基础主要承受压应力，并保证基础内产生的拉应力和剪应力不超过材料强度的设计值。具体设计中主要通过对基础的外伸宽度与基础高度的比值进行验算来实现，同时其基础宽度还应满足地基承载力的要求。

2. 刚性基础的构造要求

(1) 刚性基础台阶的高度 H_0 应符合式(2-16)要求，如图 2.20 所示。

$$H_0 \geqslant \frac{b-b_0}{2\tan\alpha}=\frac{b_2}{\tan\alpha} \tag{2-16}$$

式中：b ——基础底面宽度；

b_0 ——基础顶面的墙体宽度或柱脚宽度；

H_0 ——基础高度；

b_2 ——基础台阶宽度；

$\tan\alpha$ ——基础台阶宽高比 b_2 ∶ H_0，其允许值可按表 2-8 选用。

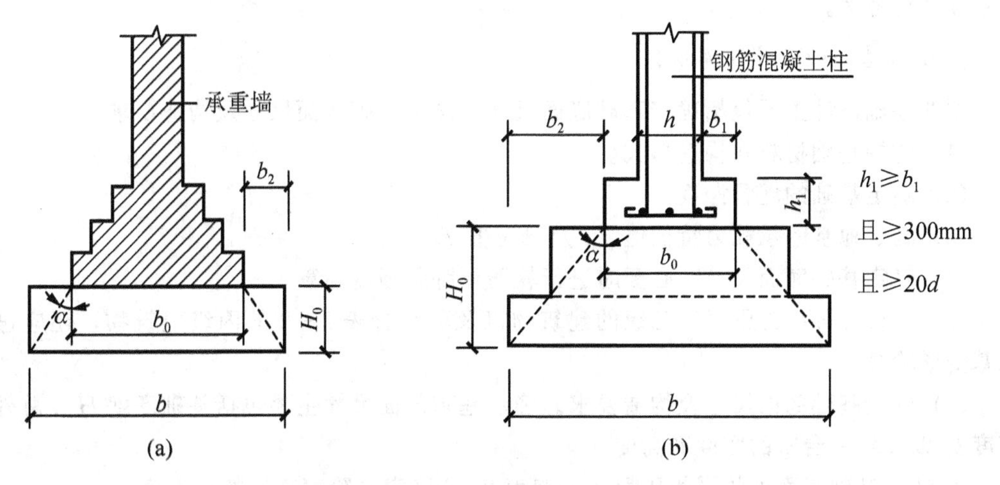

图 2.20 刚性基础构造示意图(d—柱中纵向钢筋的直径)

表 2-8 刚性基础台阶宽高比的允许值

基础材料	质量要求	台阶宽高比的允许值		
		$p_k \leqslant 100$	$100 < p_k \leqslant 200$	$200 < p_k \leqslant 300$
混凝土基础	C15 混凝土	1∶1.00	1∶1.00	1∶1.25
毛石混凝土基础	C15 混凝土	1∶1.00	1∶1.25	1∶1.50
砖基础	砖不低于 MU10、砂浆不低于 M5	1∶1.50	1∶1.50	1∶1.50
毛石基础	砂浆不低于 M5	1∶1.25	1∶1.50	—
灰土基础	体积比为 3∶7 或 2∶8 的灰土，其最小干密度：粉土 1.55t/m³，粉质粘土 1.50t/m³，粘土 1.45t/m³	1∶1.25	1∶1.50	—
三合土基础	体积比 1∶2∶4～1∶3∶6(石灰∶砂∶骨料)，每层约虚铺 220mm，夯至 150mm	1∶1.50	1∶2.00	—

特别提示

- p_k 为荷载效应标准组合时基础底面处的平均压力值(kPa)。
- 阶梯形毛石基础的每阶伸出宽度，不宜大于 200mm。

- 当基础由不同材料叠合组成时，应对接触部分作抗压验算。
- 基础底面处的平均压力值超过300kPa的混凝土基础，尚应进行抗剪验算。

(2) 采用刚性基础的钢筋混凝土柱，其柱脚高度$h_1 \geqslant b_1$，并不应小于300mm，且不小于$20d$(d为柱中纵向受力钢筋的最大直径)，当柱纵向钢筋在柱脚内的竖向锚固长度不满足锚固要求时，可沿水平方向弯折，弯折后的水平锚固长度不应小于$10d$，也不应大于$20d$。

(3) 刚性基础的底部常浇筑一个垫层，一般用灰土、素混凝土为材料，厚度大于或等于100mm，薄的垫层不作为基础考虑，对于厚度为150～200mm的垫层，可作为基础的一部分进行考虑。

3. 刚性基础的设计计算步骤

刚性基础设计主要包括确定基础底面尺寸、确定基础剖面尺寸及构造要求。

(1) 选择基础材料和构造形式。

(2) 确定基础的埋置深度d。

(3) 确定地基的承载力特征值f_{ak}及修正值f_a。

(4) 确定基础底面尺寸，必要时进行软弱下卧层强度验算。

(5) 对设计等级为甲级、乙级的建筑物以及不符合表2-2的丙级建筑物，还应进行地基变形验算。

(6) 确定基础剖面尺寸及构造要求。确定基础剖面尺寸主要包括基础高度H_0、总外伸宽度b_2以及每一台阶的宽度和高度。

① 计算基础底面处的平均压力p_k，查表2-8确定台阶宽高比的允许值。

② 根据构造要求先选定基础台阶的高度H_0，由$H_0 \geqslant \frac{b_2}{\tan\alpha}$得出$b_2 \leqslant H_0 \tan\alpha$，同时要求$b_2$应满足相应材料基础的构造要求；或先选定基础台阶的宽度b_2，由$H_0 \geqslant \frac{b_2}{\tan\alpha}$得出$H_0$，同时要求$H_0$应满足相应材料基础的构造要求。

(7) 绘制基础施工图。

应用案例2-4

某住宅承重墙厚240mm，上部结构传至基础顶面相应于荷载效应标准组合时的竖向力$F_k=176\text{kN/m}$，地基土的土层分布如下：第一层为杂填土，厚度为0.65m，重度$\gamma=17.3\text{kN/m}^3$；第二层为粘土层，厚度为10m，重度$\gamma=18.3\text{kN/m}^3$，承载力特征值$f_{ak}=160\text{kPa}$，孔隙比$e=0.86$，地下水位在地表下0.8m处，试设计该承重墙下条形基础。

解：(1) 选择基础材料和构造形式。

初选基础下部采用300mm厚的C15素混凝土垫层，其上采用“二一间隔收”砖砌基础。

(2) 确定基础埋置深度d。

为方便施工，基础宜建造在地下水位以上，故初选基础埋深$d=0.8\text{m}$。

(3) 确定地基承载力特征值f_a。

由于选择粘土层作为持力层，故由$e=0.86$查表1-32得其承载力修正系数$\eta_d=1.0$，则持力层

的地基承载力特征值 f_a 初定为

$$f_a = f_{ak} + \eta_d \gamma_m (d - 0.5) = 160 + 1.0 \times \frac{17.3 \times 0.65 + 18.3 \times 0.15}{0.8} \times (0.8 - 0.5) = 165(\text{kPa})$$

(4) 确定基础宽度 b。

$$b \geqslant \frac{F_k}{f_a - \gamma_G d} = \frac{176}{165 - 20 \times 0.8} = 1.18(\text{m})$$

故取基础宽度 $b = 1.2\text{m}$。

(5) 确定基础剖面尺寸

① 混凝土垫层设计。

基底压力 $p_k = \dfrac{F_k + G_k}{A} = \dfrac{176 + 20 \times 1.2 \times 1.0 \times 0.8}{1.2 \times 1.0} = 163(\text{kPa})$

查表2-8得C15素混凝土垫层的宽高比允许值为1∶1.00，所以混凝土垫层收进300mm。

② 砖基础设计。

砖基础所需台阶数为

$$n \geqslant \frac{1}{2} \times \frac{1200 - 240 - 2 \times 300}{60} = 3$$

基础高度 $H_0 = 120 \times 2 + 60 \times 1 + 300 = 600(\text{mm})$

基础顶面至设计室外地面之间的距离为200mm，满足基础埋深的要求。

(6) 绘制基础剖面图(图2.21)。

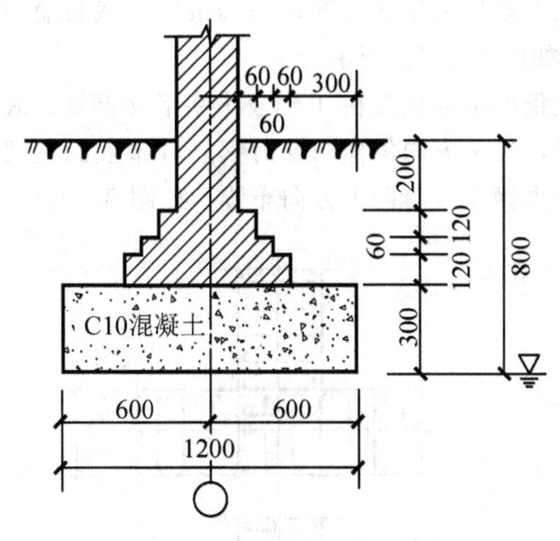

图2.21 刚性基础剖面图

任务2.3 墙下钢筋混凝土条形基础设计

【设计任务】

(1) 了解墙下钢筋混凝土条形基础构造要求。

(2) 掌握墙下钢筋混凝土条形基础设计思路和方法。

墙下钢筋混凝土条形基础(即扩展基础)是在上部结构的荷载比较大，地基土质较弱，用一般刚性基础施工不够经济时采用的。

1. 墙下钢筋混凝土条形基础的设计原则

(1) 墙下钢筋混凝土条形基础的内力计算一般是选1m的长度进行计算。

(2) 基础截面设计(验算)的内容包括确定基础底面宽度 b、基础底板厚度 h 及基础底板配筋。

(3) 在确定基础底面宽度 b 或计算基础沉降 s 时，应考虑基础自重及基础上土重 G_k 的作用，根据地基承载力要求确定。

(4) 在确定基础底板厚度 h、基础底板配筋时，应不考虑基础自重及基础上土重 G_k 的作用，采用地基净反力进行计算，其中基础底板厚度由混凝土的抗剪条件确定，基础底板受力钢筋由基础截面的抗弯能力确定。

2. 墙下钢筋混凝土条形基础的构造要求

(1) 墙下钢筋混凝土条形基础一般采用梯形截面，其边缘高度不宜小于 200mm，当基础底板厚度 $h \leqslant 250$mm 时，可采用平板式。

(2) 基础混凝土的强度等级不应低于 C20，基础垫层混凝土的强度等级为 C10，垫层的厚度不宜小于 70mm。

(3) 墙下钢筋混凝土条形基础底板受力钢筋直径不宜小于 10mm，间距不宜大于 200mm，也不宜小于 100mm，底板纵向分布钢筋的直径不小于 8mm，间距不大于 300mm，每延米分布钢筋的面积不小于受力钢筋面积的 1/10。基础底板钢筋的保护层厚度，当有垫层时不宜小于 40mm，无垫层时不宜小于 70mm。

(4) 当墙下钢筋混凝土条形基础的宽度 $b \geqslant 2.5$m 时，底板受力钢筋的长度可取宽度的 0.9 倍，并宜交错布置，如图 2.22(a)所示。

(5) 墙下钢筋混凝土条形基础底板在 T 形及十字形交接处，底板横向受力钢筋仅沿一个主要受力方向通长布置，另一方向的横向受力钢筋可布置到主要受力方向底板宽度 1/4 处。在拐角处底板横向受力钢筋应沿两个方向布置，如图 2.22(b)、图 2.22(c)所示。

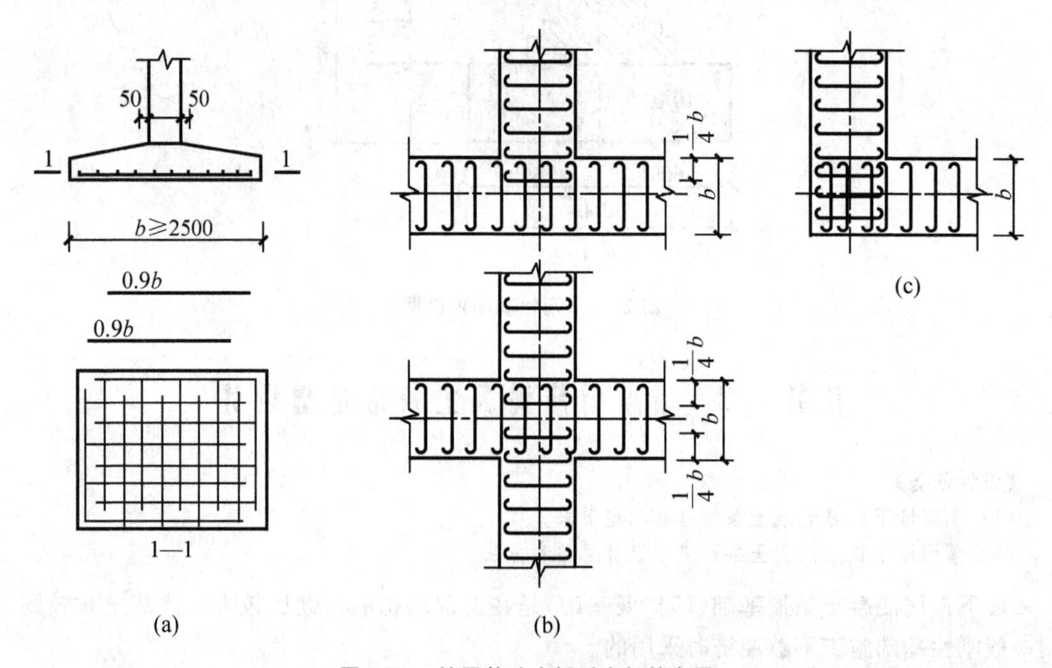

图 2.22 扩展基础底板受力钢筋布置

3. 墙下钢筋混凝土条形基础的设计计算步骤

1）轴心荷载作用

（1）计算基础宽度 b。

（2）计算地基净反力 p_j。仅由基础顶面上的荷载 F 在基底所产生的地基反力(不包括基础自重和基础上方回填土重所产生的反力)，称为地基净反力。计算时，通常沿条形基础长度方向取 $l=1\text{m}$ 进行计算。基底处地基净反力为

$$p_j = \frac{F}{b} \tag{2-17}$$

式中：F——相应于荷载效应基本组合时作用在基础顶面上的荷载，kN/m；

b——基础宽度，m。

（3）确定基础底板厚度 h。基础底板如同倒置的悬臂板，在地基净反力作用下，在基础底板内将产生弯矩 M 和剪力 V，如图 2.23 所示，在基础任意截面Ⅰ-Ⅰ处的弯矩 M 和剪力 V 为

$$M = \frac{1}{2}p_j a_1^2 \tag{2-18}$$

$$V = p_j a_1 \tag{2-19}$$

基础内最大弯矩 M 和剪力 V 实际发生在悬臂板的根部。

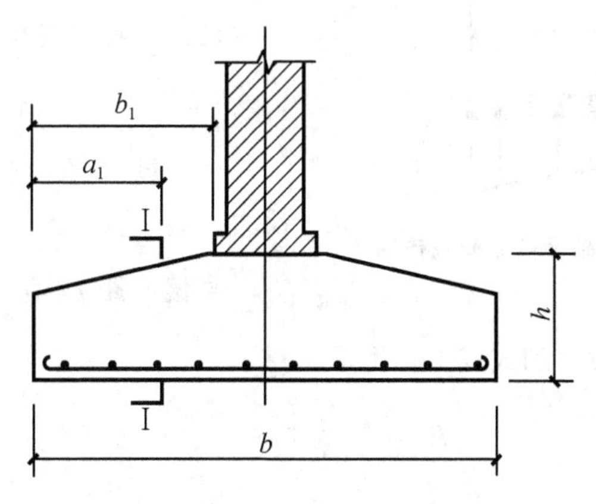

图 2.23 墙下条形基础计算示意

特别提示

- 当墙体材料为混凝土时，取 $a_1=b_1$；当墙体材料为砖墙且大放脚伸出 1/4 砖长时，取 $a_1=b_1+\frac{1}{4}$ 砖长。

对于基础底板厚度 h 的确定，一般根据经验采用试算法，即一般取 $h \geqslant b/8$(b 为基础宽度)，然后进行抗剪强度验算，要求：

$$V \leqslant 0.7\beta_{hs} f_t b h_0 \tag{2-20}$$

式中：b——通常沿基础长边方向取 1m；

f_t——混凝土轴心抗拉强度设计值，N/mm^2；

β_{hs} ——受剪承载力截面高度影响系数，$\beta_{hs}=\left(\frac{800}{h_0}\right)^{\frac{1}{4}}$，当 $h_0<800\text{mm}$ 时取 800mm，当 $h_0>2000\text{mm}$ 时取 2000mm；

h_0 ——基础底板有效高度，当设垫层时，$h_0=h-40-\frac{\phi}{2}$（ϕ为受力钢筋直径，单位为 mm）；当无垫层时，$h_0=h-70-\frac{\phi}{2}$。

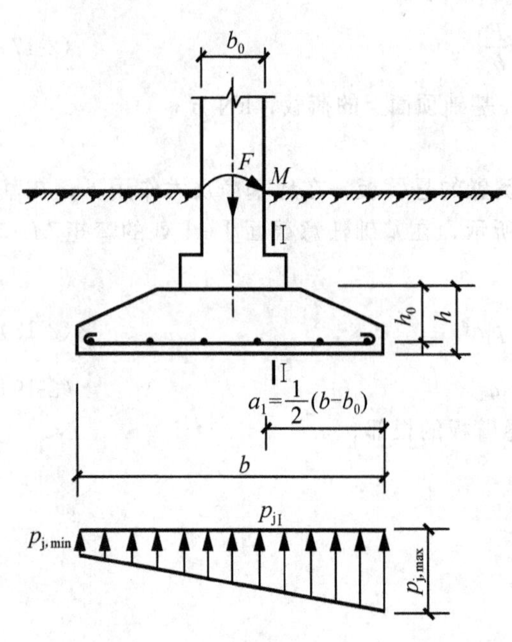

图 2.24 墙下条形基础受偏心荷载作用

(4) 计算基础底板配筋。基础底板配筋一般可近似按式(2-21)计算，即

$$A_s=\frac{M}{0.9f_yh_0} \tag{2-21}$$

式中：A_s——条形基础底板每米长度受力钢筋截面面积，mm^2/m；

f_y——钢筋抗拉强度设计值，N/mm^2。

2）偏心荷载作用

基础在偏心荷载作用下，基底净反力一般呈梯形分布，如图 2.24 所示。

(1) 计算基底净反力的偏心距。

$$e_0=\frac{M}{F} \tag{2-22}$$

(2) 计算基底边缘处的最大和最小净反力。

当偏心距 $e_0\leqslant\frac{b}{6}$ 时，基底边缘处的最大和最小净反力按式(2-23)和式(2-24)计算。

$$p_{j,max}=\frac{F}{b}\left(1+\frac{6e_0}{b}\right) \tag{2-23}$$

$$p_{j,min}=\frac{F}{b}\left(1-\frac{6e_0}{b}\right) \tag{2-24}$$

(3) 计算悬臂支座处，即截面Ⅰ-Ⅰ处的地基净反力、弯矩 M 和剪力 V。

$$p_{j,1}=p_{j,min}+\frac{b-a_1}{b}(p_{j,max}-p_{j,min}) \tag{2-25}$$

$$M=\frac{1}{4}(p_{j,max}+p_{j,1})a_1^2 \tag{2-26}$$

$$V=\frac{1}{2}(p_{j,max}+p_{j,1})a_1 \tag{2-27}$$

应用案例 2-5

某办公楼砖墙承重，底层墙厚为 370mm，相应于荷载效应基本组合时，作用于基础顶面上的荷载 $F=486\text{kN/m}$，已知条形基础宽度 $b=2800\text{mm}$，基础埋深 $d=1300\text{mm}$，室内外高差为 0.9m，基

础材料采用C20混凝土，$f_t=1.1\text{N/mm}^2$，其下采用C10素混凝土垫层，试确定墙下钢筋混凝土条形基础的底板厚度及配筋。

解：(1)计算地基净反力，即

$$p_j=\frac{F}{b}=(486/2.8)\text{kPa}=174(\text{kPa})$$

(2) 初步确定基础底板厚度。一般取 $h\geqslant\frac{b}{8}=\frac{2800}{8}\text{mm}=350\text{mm}$，初选基础底板厚度 $h=350\text{mm}$，则 $h_0=h-40=(350-40)\text{mm}=310\text{mm}$，然后进行抗剪强度验算。

(3) 计算基础悬臂部分Ⅰ-Ⅰ截面的最大弯矩M和最大剪力V，即

$$a_1=\frac{1}{2}(2.8-0.37)\text{m}=1.215(\text{m})$$

$$M=\frac{1}{2}p_j a_1^2=\frac{1}{2}\times174\times1.215^2\text{kN}\cdot\text{m}=128.4(\text{kN}\cdot\text{m})$$

$$V=p_j a_1=174\times1.215\text{kN}=211.4(\text{kN})$$

(4) 受剪承载力验算，即

$0.7\beta_{hs}f_t bh_0=0.7\times1.0\times1.1\times1000\times310\text{N}=238\,700\text{N}=238.7\text{kN}>V=211.4(\text{kN})$

满足抗剪要求。

(5) 计算基础底板配筋。如果受力钢筋选用HPB335钢筋，$f_y=300\text{N/mm}^2$，则

$$A_s=\frac{M}{0.9f_y h_0}=\frac{128.4\times10^6}{0.9\times300\times310}\text{mm}^2=1534(\text{mm}^2)$$

实际选用ϕ16@120(实配$A_s=1675\text{mm}^2>1534\text{mm}^2$)，分布钢筋选用$\phi$8@250，基础剖面图如图2.25所示。

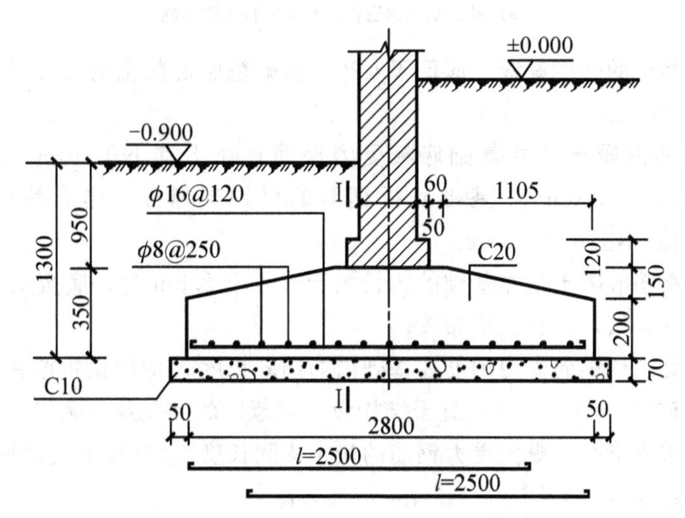

图2.25 墙下钢筋混凝土条形基础剖面图

任务2.4 柱下钢筋混凝土独立基础设计

【设计任务】

(1) 了解柱下钢筋混凝土独立基础构造要求。

(2) 掌握柱下钢筋混凝土独立基础设计思路和方法。

柱下钢筋混凝土独立基础按截面形状可分为锥形和阶梯形两种；按施工方法可分为现

浇和预制两种。与墙下钢筋混凝土条形基础一样，在进行柱下钢筋混凝土独立基础设计时，一般先由地基承载力确定基础的底面尺寸，然后再进行基础截面的设计和验算。

1. 柱下钢筋混凝土独立基础的构造要求

1）现浇柱基础的构造要求

（1）柱下钢筋混凝土独立基础可采用锥形基础和阶梯形基础。如采用锥形基础，如图2.26(a)所示，锥形基础的边缘高度不宜小于200mm，坡度 $i \leqslant 1:3$，顶部做成平台，每边从柱边缘放出不小于50mm，以便于柱支模。如采用阶梯形基础，如图2.26(b)所示，每阶高度宜为300～500mm，当底板厚度 $h \leqslant 500$mm时，宜用一阶；当底板厚度 $500\text{mm} < h \leqslant 900$mm时，宜用两阶；当底板厚度 $h > 900$mm时，宜用三阶，阶梯形基础尺寸一般采用50mm的倍数，由于阶梯形基础的施工质量容易保证，故宜优先考虑采用。

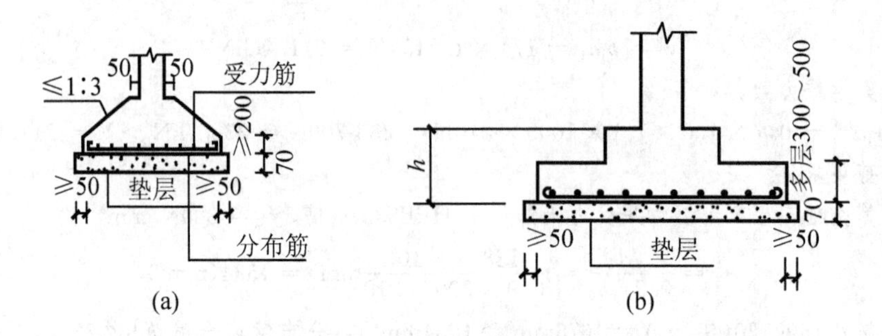

图2.26 现浇柱基础构造

(a) 锥形基础构造；(b) 阶梯形基础构造

（2）基础混凝土的强度等级不应低于C20，基础垫层混凝土的强度等级为C10，垫层的厚度不宜小于70mm。

（3）柱下钢筋混凝土独立基础底板受力钢筋直径不宜小于10mm，间距不宜大于200mm，也不宜小于100mm，基础底板钢筋的保护层厚度，当有垫层时，不宜小于40mm；无垫层时，不宜小于70mm。

（4）当柱下钢筋混凝土独立基础的边长大于或等于2.5m时，底板受力钢筋的长度可取边长或宽度的0.9倍，并宜交错布置。

（5）钢筋混凝土柱纵向受力钢筋在基础内的锚固长度 l_a 应根据钢筋在基础内的最小保护层厚度按(GB 50010—2010)《混凝土结构设计规范》的有关规定确定。

当有抗震设防要求时，纵向受力钢筋的最小锚固长度 l_{aE} 应按下式计算。

一、二级抗震等级： $l_{aE} = 1.15 l_a$

三级抗震等级： $l_{aE} = 1.05 l_a$

四级抗震等级： $l_{aE} = l_a$

式中：l_a ——纵向受拉钢筋的锚固长度。

（6）对于现浇柱基础，其插筋的数量、直径以及钢筋种类应与柱内纵向受力钢筋相同，插筋的锚固长度应满足上述要求，插筋与柱内纵向受力钢筋的连接方法，应符合《混凝土结构设计规范》的规定，插筋的下端宜做成直钩放在基础底板钢筋网上。当符合下列条件之一时，可仅将四角的插筋伸至底板钢筋网上，其余插筋锚固在基础顶面下的长度按其是否有抗震要求分别为 l_a 或 l_{aE}，如图2.27所示。

① 柱为轴心受压或小偏心受压，基础底板厚度 $h \geqslant 1200$mm。

② 柱为大偏心受压，基础底板厚度 $h \geqslant 1400$mm。

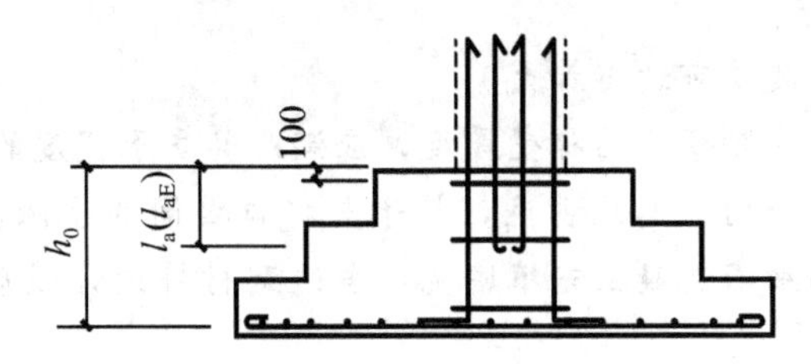

图 2.27　现浇柱的基础中插筋构造示意

2）预制柱基础构造要求

预制钢筋混凝土柱与杯口基础的连接应符合下列要求，如图 2.28 所示。

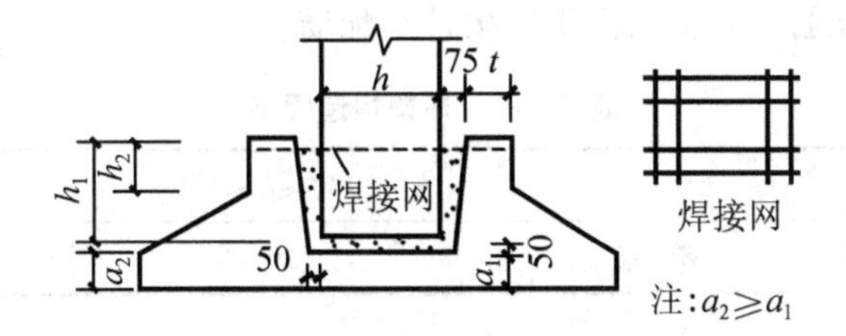

图 2.28　预制钢筋混凝土柱独立基础示意

(1) 柱的插入深度，可按表 2－9 选用，并应满足钢筋锚固长度的要求及吊装时柱的稳定性。

表 2－9　柱的插入深度 h_1　　单位：mm

矩形或工字形柱				双肢柱
$h<500$	$500 \leqslant h<800$	$800 \leqslant h \leqslant 1000$	$h>1000$	$(1/3 \sim 2/3)h_a$
$h \sim 1.2h$	h	$0.9h$ 且 $\geqslant 800$	$0.8h$ 且 $\geqslant 1000$	$(1.5 \sim 1.8)h_b$

特别提示

表 2－9 的说明如下。

- h 为柱截面长边尺寸，h_a 为双肢柱全截面长边尺寸，h_b 为双肢柱全截面短边尺寸。
- 当柱轴心受压或小偏心受压时，h_1 可适当减小；当偏心距大于 $2h$ 时，h_1 应适当加大。

(2) 基础的杯底厚度和杯壁厚度，可按表 2－10 选用。

表 2－10　基础的杯底厚度和杯壁厚度　　单位：mm

柱截面长边尺寸 h	杯底厚度 a	杯壁厚度 t	柱截面长边尺寸 h	杯底厚度 a	杯壁厚度 t
$h<500$	$\geqslant 150$	150～200	$1000 \leqslant h<1500$	$\geqslant 250$	$\geqslant 350$
$500 \leqslant h<800$	$\geqslant 200$	$\geqslant 200$	$1500 \leqslant h<2000$	$\geqslant 300$	$\geqslant 400$
$800 \leqslant h<1000$	$\geqslant 200$	$\geqslant 300$			

特别提示

表 2－10 的说明如下。

- 双肢柱的杯底厚度值可适当加大。
- 当有基础梁时，基础梁下的杯壁厚度，应满足其支承宽度的要求。
- 柱子插入杯口部分的表面应凿毛，柱子与杯口之间的空隙，应用比基础混凝土强度等级高一级的细石混凝土充填密实，当达到材料设计强度的 70％以上时，方能进行上部吊装。

(3) 杯壁的配筋，当柱为轴心受压或小偏心受压且 $t/h_2 \geqslant 0.65$ 时，或大偏心受压且 $t/h_2 \geqslant 0.75$ 时，杯壁可不配筋；当柱为轴心受压或小偏心受压且 $0.5 \leqslant t/h_2 < 0.65$ 时，杯壁可按表 2－11 构造配筋；其他情况下应按计算配筋。

表 2－11　杯壁构造配筋　　单位：mm

柱截面长边尺寸	$h<1000$	$1000 \leqslant h<1500$	$1500 \leqslant h \leqslant 2000$
钢筋直径	8～10	10～12	12～16

特别提示

- 表中钢筋置于杯口顶部，每边两根，如图 2.28 所示。

(4) 双杯口基础用于厂房伸缩缝处的双柱下，或者考虑厂房扩建而设置的预留杯口情况。当两杯口之间的杯壁厚度小于 400mm 时，宜在杯壁内配筋。

2. 柱下钢筋混凝土独立基础的设计计算

1) 计算基础底面尺寸

2) 确定基础底板厚度

柱下钢筋混凝土独立基础的底板厚度(即基础高度)主要由抗冲切强度确定。在轴心荷载作用下，如果基础底板厚度不足，则将会沿柱周边产生冲切破坏，形成 45°斜裂面冲切角锥体。为了保证基础不发生冲切破坏，应保证基础具有足够的高度，使基础冲切角锥体以外由地基净反力产生的冲切力 F_l 小于或等于基础冲切面处混凝土的抗冲切强度。

对于矩形截面柱的矩形基础，应验算柱与基础交接处及基础变阶处的受冲切承载力，受冲切承载力应按下列公式验算，即

$$F_l \leqslant 0.7\beta_{hp} f_t a_m h_0 \tag{2-28}$$

$$a_m = (a_t + a_b)/2 \tag{2-29}$$

$$F_l = p_j A_l \tag{2-30}$$

式中：β_{hp} ——受冲切承载力截面高度影响系数，当 h 不大于 800mm 时，β_{hp} 取 1.0；当 h 大于等于 2000mm 时，β_{hp} 取 0.9，其间按线性内插法取用；

f_t ——混凝土轴心抗拉强度设计值；

h_0 ——基础冲切破坏锥体的有效高度；

a_m ——冲切破坏锥体最不利一侧计算长度；

a_t ——冲切破坏锥体最不利一侧斜截面的上边长，当计算柱与基础交接处的受冲切承载力时，取柱宽；当计算基础变阶处的受冲切承载力时，取上阶宽；

a_b ——冲切破坏锥体最不利一侧斜截面在基础底面积范围内的下边长，当冲切破坏锥体的底面落在基础底面以内(图 2.29(a)、(b))，计算柱与基础交接处的受冲切承载力时，取柱宽加两倍基础有效高度；当计算基础变阶处的受冲切承载力时，取上阶宽加两倍该处的基础有效高度，当冲切破坏锥体的底面在 l 方向落在基础底面以外，即 $a+2h_0 \geqslant l$ 时(图 2.29(c))，$a_b = l$；

p_j ——扣除基础自重及其上土重后相应于荷载效应基本组合时的地基土单位面积净反力，对偏心受压基础可取基础边缘处最大地基土单位面积净反力；

F_l ——相应于荷载效应基本组合时作用在 A_l 上的地基土净反力设计值；

A_l ——冲切验算时取用的部分基底面积(图 2.29 中(a)、(b)的阴影面积 $ABCDEF$ 或图 2.29(c)中的阴影面积 $ABDC$)。

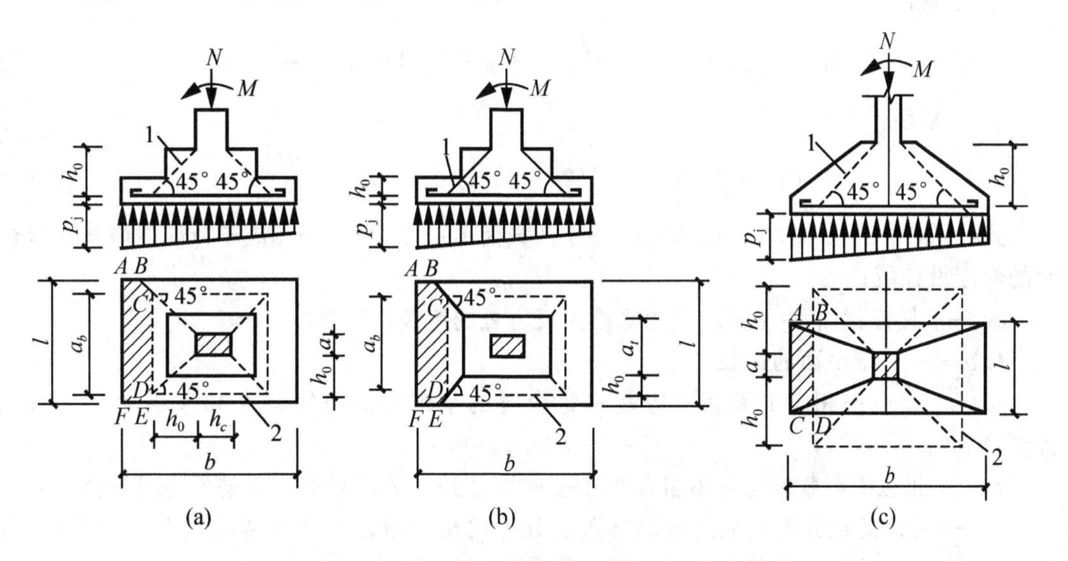

图 2.29 计算阶梯形基础的受冲切承载力截面位置

(a) 柱与基础交接处；(b) 基础变阶处；(c) 柱与基础交接处

1—冲切破坏锥体最不利一侧的斜截面；2—冲切破坏锥体的底面线

(1) 当 $l \geqslant a_t + 2h_0$ 时(图 2.29(a)、(b))，冲切破坏角锥体的底面积落在基底面积以内。

$$A_l = (\frac{b}{2} - \frac{h_c}{2} - h_0)l - (\frac{l}{2} - \frac{a_t}{2} - h_0)^2 \tag{2-31}$$

(2) 当 $l < a_t + 2h_0$ 时(图 2.29(c))，冲切破坏角锥体的底面积落在基底面积以外。

$$A_l = \left(\frac{b}{2} - \frac{h_c}{2} - h_0\right)l \tag{2-32}$$

(3) 当基础底面边缘在 45°冲切破坏线以内时，可不进行抗冲切验算。

3) 计算基础底板配筋

柱下钢筋混凝土独立基础在地基净反力作用下，将沿柱周边向上弯曲，当弯曲应力超过基础抗弯强度时，基础底板将发生弯曲破坏。一般独立基础长短边尺寸较为接近，基础底板为双向弯曲板，应分别在底板纵横两个方向配置受力钢筋。计算时，可将基础底板视为固定在柱子周边的梯形悬臂板，近似地将基底面积按对角线划分为 4 个梯形面积，计算截面取柱边或变阶处(阶梯形基础)，则矩形基础沿长短两个方向的弯矩等于梯形基底面积上地基净反力的合力对柱边或基础变阶处截面的力矩。

对于矩形基础，当台阶的宽高比小于或等于 2.5 和偏心距小于或等于 1/6 基础宽度时，基础底板任意截面的弯矩可按下列公式计算。

(1) 轴心荷载作用(图 2.30(a))。

Ⅰ-Ⅰ截面：

$$M_{\mathrm{I}} = \frac{1}{24}(b-b')^2(2l+a')p_{\mathrm{j}} \tag{2-33}$$

Ⅱ-Ⅱ截面：

$$M_{\mathrm{II}} = \frac{1}{24}(l-a')^2(2b+b')p_{\mathrm{j}} \tag{2-34}$$

(2) 偏心荷载作用(图 2.30(b))。

Ⅰ-Ⅰ截面：

$$M_{\mathrm{I}} = \frac{1}{12}a_1^2\left[(2l+a')\left(p_{\max}+p-\frac{2G}{A}\right)+(p_{\max}-p)l\right] \tag{2-35}$$

Ⅱ-Ⅱ截面：

$$M_{\mathrm{II}} = \frac{1}{48}(l-a')^2(2b+b')\left(p_{\max}+p_{\min}-\frac{2G}{A}\right) \tag{2-36}$$

式(2-33)～式(2-36)中 M_{I}、M_{II} ——任意截面Ⅰ-Ⅰ、Ⅱ-Ⅱ处相应于荷载效应基本组合时的弯矩设计值；

a_1 ——任意截面Ⅰ-Ⅰ至基底边缘最大反力处的距离；

l、b ——基础底面的边长；

$p_{\max}$、$p_{\min}$ ——相应于荷载效应基本组合时的基础底面边缘最大和最小地基反力设计值；

p ——相应于荷载效应基本组合时在任意截面Ⅰ-Ⅰ处基础底面地基反力设计值；

G——考虑荷载分项系数的基础自重及其上的土自重；当组合值由永久荷载控制时，$G=1.35G_{\mathrm{k}}$，G_{k}为基础及其上土的标准自重。

(3) 配筋计算。当求得截面弯矩后，可用以下公式分别计算基础底板纵横两个方向的钢筋面积。

Ⅰ-Ⅰ截面：

$$A_{\mathrm{s,I}} = \frac{M_{\mathrm{I}}}{0.9f_{\mathrm{y}}h_0} \tag{2-37}$$

Ⅱ-Ⅱ截面：

$$A_{\mathrm{s,II}} = \frac{M_{\mathrm{II}}}{0.9f_{\mathrm{y}}h_0} \tag{2-38}$$

式中：f_{y} ——钢筋的抗拉强度设计值，N/mm^2。

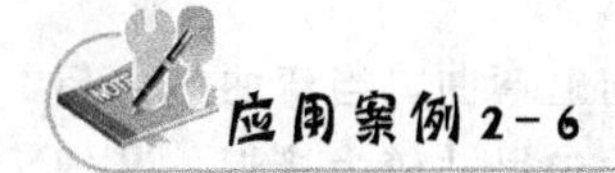

应用案例 2-6

某柱下钢筋混凝土独立基础的底面尺寸 $l\times b=3000\text{mm}\times2200\text{mm}$，柱截面尺寸 $a\times h_c=400\text{mm}\times400\text{mm}$，基础埋深 $d=1500\text{mm}$，如图 2.31 所示，基础底板厚度 $h=500\text{mm}$，$h_0=460\text{mm}$，柱传来相

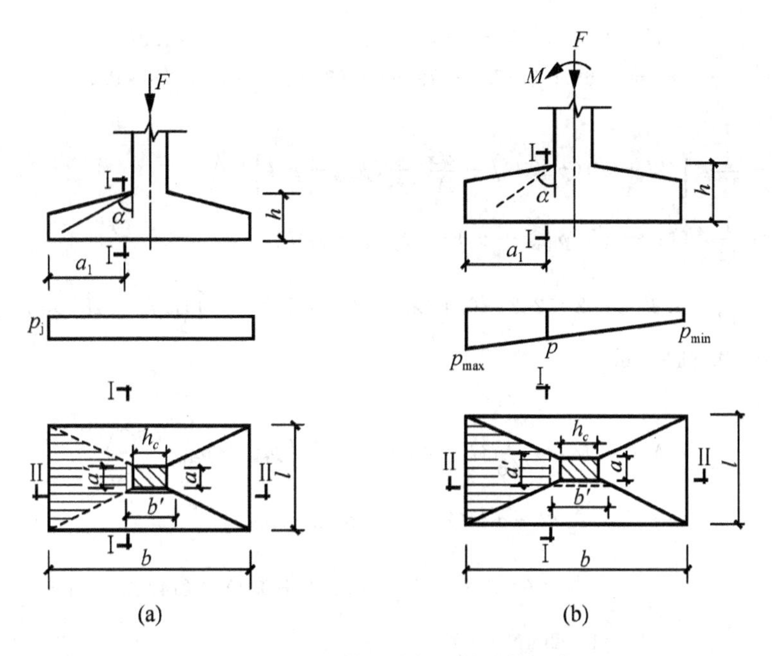

图 2.30 矩形基础底板配筋计算示意

(a) 轴心荷载作用；(b) 偏心荷载作用

应于荷载效应基本组合时的轴向力设计值 $F=750\text{kN}$，弯矩设计值 $M=110\text{kN}\cdot\text{m}$，混凝土强度等级 C20，$f_t=1.1\text{N/mm}^2$，HPB235 级钢筋，$f_y=210\text{N/mm}^2$，基础下设置 100mm 厚 C10 混凝土垫层，试确定基础底板厚度，并计算基础底板配筋。

解：(1) 计算基底净反力的偏心距。

$$e_0=\frac{M}{F}=\frac{110}{750}=0.15\text{m}<\frac{l}{6}=0.5\text{m}$$

基底净反力呈梯形分布。

(2) 计算基底边缘处的最大和最小净反力。

$$p_{\text{j,max}}=\frac{F}{A}(1+\frac{6e}{l})=\frac{750}{3\times2.2}\times(1+\frac{6\times0.15}{3})=147.7(\text{kPa})$$

$$p_{\text{j,min}}=\frac{F}{A}(1-\frac{6e}{l})=\frac{750}{3\times2.2}\times(1-\frac{6\times0.15}{3})=79.5(\text{kPa})$$

(3) 验算基础底板厚度。

基础短边长度 $l=2.2\text{m}$，柱截面尺寸为 400mm×400mm，$l<a_t+2h_0=0.4+2\times0.46=1.32\text{m}$，于是

$$A_l=\left(\frac{b}{2}-\frac{h_c}{2}-h_0\right)l-\left(\frac{l}{2}-\frac{a_t}{2}-h_0\right)^2=\left(\frac{3}{2}-\frac{0.4}{2}-0.46\right)\times2.2-\left(\frac{2.2}{2}-\frac{0.4}{2}-0.46\right)^2$$
$$=1.65(\text{m}^2)$$

$$a_m=\frac{a_t+a_b}{2}=\frac{0.4+0.4+2\times0.46}{2}=0.86(\text{m})$$

$$F_l=p_{\text{j,max}}A_l=147.7\times1.65=243.71(\text{kN})$$

$$0.7\beta_{hp}f_ta_mh_0=0.7\times1.0\times1.1\times10^3\times0.86\times0.46=304.61(\text{kN})$$

满足 $F_l\leqslant0.7\beta_{hp}f_ta_mh_0$ 条件，证明基础底板厚度 $h=500\text{mm}$ 符合要求。

(4) 计算基础底板配筋。

设计控制截面在柱边处，此时相应的 a'、b' 和 p_{jI} 值为

$$a' = 0.4\text{m},\quad b' = 0.4\text{m},\quad a_1 = (3-0.4)/2 = 1.3(\text{m})$$

$$p_{j\text{I}} = 7.95 + (147.7 - 79.5)\times(3-1.3)/3 = 118(\text{kPa})$$

长边方向：

$$M_\text{I} = \frac{1}{12}a_1^2\left[(2l+a')\left(p_{\max}+p-\frac{2G}{A}\right)+(p_{\max}-p)l\right]$$

$$= \frac{1}{12}a_1^2\left[(2l+a')(p_{j,\max}+p_{j\text{I}})+(p_{j,\max}-p_{j\text{I}})l\right]$$

$$= \frac{1}{12}\times 1.3^2\times[(2\times 2.2+0.4)\times(147.7+118)+(147.7-118)\times 2.2]\text{kN}\cdot\text{m}$$

$$=188.8\text{kN}\cdot\text{m}$$

短边方向：

$$M_\text{II} = M_\text{II} = \frac{1}{48}(l-a')^2(2b+b')\left(p_{\max}+p_{\min}-\frac{2G}{A}\right)$$

$$= \frac{1}{48}(l-a')^2(2b+b')(p_{j,\max}+p_{j,\min})$$

$$= \frac{1}{48}\times(2.2-0.4)^2\times(2\times 3+0.4)\times(147.7+79.5)$$

$$=98.2(\text{kN}\cdot\text{m})$$

则长边方向配筋 $A_{s\text{I}} = \dfrac{M_\text{I}}{0.9f_yh_0} = \dfrac{188.8\times 10^6}{0.9\times 210\times 460} = 2172(\text{mm}^2)$

选用①11ϕ16@210($A_{s\text{I}}=2211\text{mm}^2$)

短边方向配筋 $A_{s\text{II}} = \dfrac{M_\text{II}}{0.9f_yh_0} = \dfrac{98.2\times 10^6}{0.9\times 210\times 460} = 1130(\text{mm}^2)$

选用②15ϕ10@200($A_{s\text{II}}=1178\text{mm}^2$)

柱下钢筋混凝土独立基础计算与配筋布置图如图 2.31 所示。

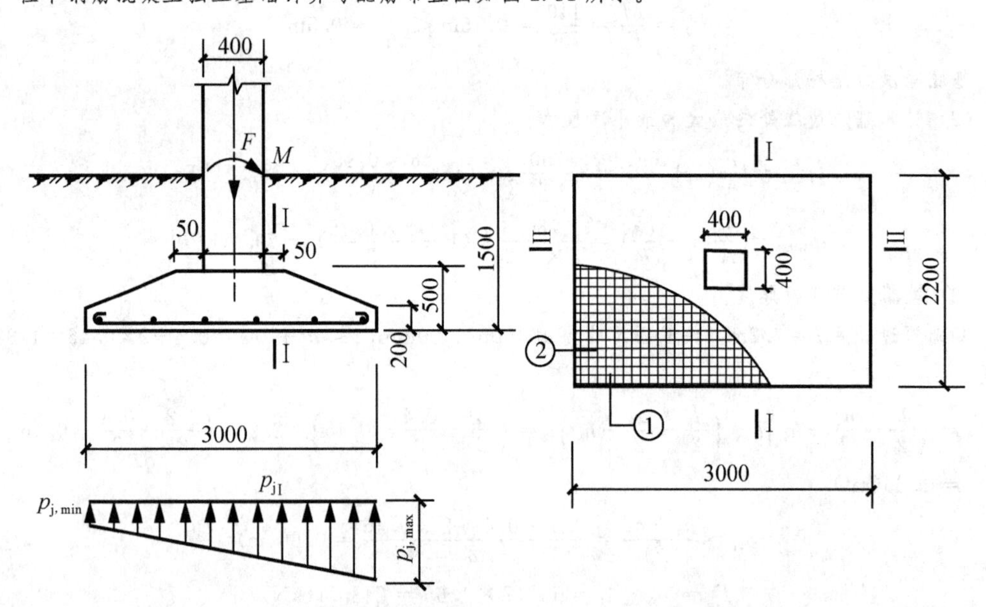

图 2.31 柱下钢筋混凝土独立基础计算与配筋布置图

任务2.5 柱下钢筋混凝土条形基础设计

【设计任务】

(1) 了解柱下钢筋混凝土条形基础构造要求。

(2) 掌握柱下钢筋混凝土条形基础设计思路和方法。

当地基土软弱而荷载较大，采用柱下独立基础时，地基的承载力满足不了要求或为了防止基础产生过大的不均匀沉降等方面的原因，可将同一排的柱下基础连通做成柱下钢筋混凝土条形基础。

1. 柱下钢筋混凝土条形基础的构造要求

1) 柱下钢筋混凝土条形基础的概念及使用范围

柱下钢筋混凝土条形基础是指布置成单向或双向的钢筋混凝土条状基础，也称为基础梁。它是由肋梁及其横向伸出的翼板组成，其断面呈倒T形。

这种基础形式通常在下列情况下采用。

(1) 上部结构荷载较大，地基土的承载力较低，采用独立基础不能满足要求时。

(2) 当采用独立基础所需的基底面积由于邻近建筑物或设备基础的限制而无法扩展时。

(3) 当需要增加基础的刚度，以减少地基变形，防止过大的不均匀沉降时。

(4) 当基础需跨越局部软弱地基以及场地中的暗塘、沟槽、洞穴等时。

2) 柱下钢筋混凝土条形基础的构造要求

柱下钢筋混凝土条形基础的构造除满足一般扩展基础的要求外，尚应符合下列规定。

(1) 柱下条形基础梁的高度由计算确定，一般宜为柱距的1/8～1/4(通常取柱距的1/6)；翼板宽b应按地基承载力计算确定；翼板厚度不应小于200mm，当翼板厚度大于250mm时，宜采用变厚度翼板，其坡度宜小于或等于1∶3，当柱荷载较大时，可在柱位处加腋。

(2) 条形基础的端部宜向外伸出，其长度宜为第一跨距的1/4。

(3) 现浇柱与条形基础梁的交接处，其平面尺寸不应小于图2.32的规定。

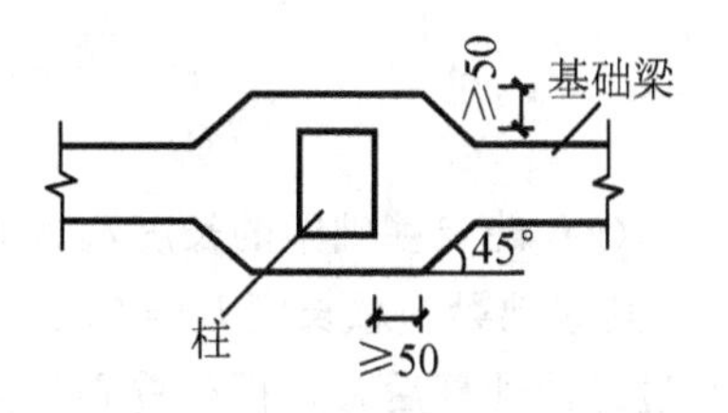

图2.32 现浇柱与基础梁交接处平面尺寸

(4) 条形基础梁顶部和底部的纵向受力钢筋除满足计算要求外，顶部钢筋按计算配筋全部贯通，底部通长钢筋不应小于底部受力钢筋截面总面积的1/3。

(5) 柱下条形基础的混凝土强度等级不应低于C20。

2. 柱下钢筋混凝土条形基础的简化计算方法

国家标准(GB 50007—2011)《建筑地基基础设计规范》规定，若建筑物地基比较均匀，上部结构刚度较好，荷载分布比较均匀，且条形基础梁的高度不小于1/6柱距，则地基反力可按直线分布，条形基础梁的内力可按连续梁计

算。此时，边跨跨中弯矩及第一内支座的弯矩值宜乘以 1.2 的系数。当不满足上述条件时，宜按弹性地基梁计算。本节仅简单介绍利用静定分析法和倒梁法进行柱下条形基础的设计思路。

1）静定分析法

静定分析法是假定柱下条形基础的基底反力呈直线分布，按整体平衡条件求出基底净反力后，将其与柱荷载一起作用于基础梁上，然后按一般静定梁的内力分析方法计算基础各截面的弯矩和剪力。静定分析法适用于上部为柔性结构且基础本身刚度较大的条形基础。该方法未考虑基础与上部结构的相互作用，计算所得的最不利截面上的弯矩绝对值一般较大。

2）倒梁法

倒梁法是假定柱下条形基础的基底反力为直线分布，以柱脚为条形基础的固定铰支座，将基础视为倒置的连续梁，以地基净反力及柱脚处的弯矩作为基础梁上的荷载，用弯矩分配法来计算其内力，如图 2.33 所示。由于按这种方法计算的支座反力一般不等于柱荷载，因此应通过逐次调整的方法来消除这种不平衡力。

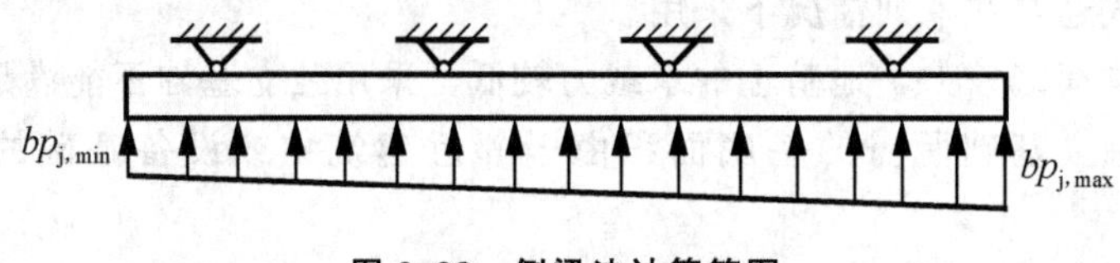

图 2.33　倒梁法计算简图

倒梁法适用于基础或上部结构刚度较大，柱距不大且接近等间距，相邻柱荷载相差不大的情况。这种计算模式只考虑出现于柱间的局部弯曲，忽略了基础的整体弯曲，计算出的柱位处弯矩与柱间最大弯矩较均衡，因此所得的不利截面上的弯矩绝对值一般较小。

3）柱下条形基础的设计计算步骤

柱下条形基础的设计计算步骤如下。

(1) 计算荷载合力作用点位置。柱下条形基础的柱荷载分布如图 2.34(a)所示，其合力作用点距 F_1 的距离为

$$x=\frac{\sum F_i x_i+\sum M_i}{\sum F_i}$$

(2) 确定基础梁的长度和悬臂尺寸。选定基础梁从左边第一柱轴线开始的外伸长度为 a_1，则基础梁的总长度 $L=2(x+a_1)$，从右边第一柱轴线开始的外伸长度 $a_2=L-a-a_1$，经过这种处理后，则荷载重心与基础形心重合，基础计算简图如图 2.34(b)所示。

(3) 根据地基承载力特征值计算基础底面宽度 b。

(4) 根据墙下钢筋混凝土条形基础的设计计算方法确定基底翼板厚度及横向受力钢筋。

(5) 计算基础梁的纵向内力与配筋。

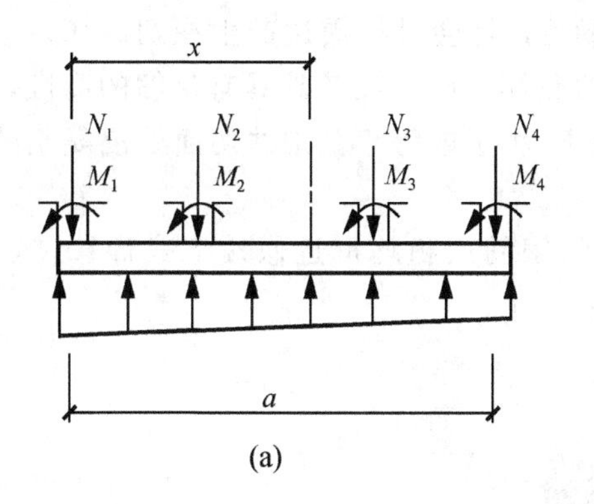

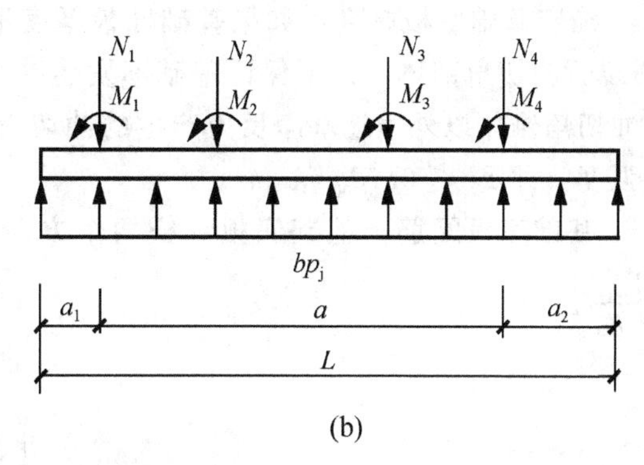

图 2.34 柱下条形基础内力计算简图

(a) 基础荷载分布；(b) 基础计算简图

项目小结

通过本项目学习，要求学生应熟悉、掌握以下内容。

(1) 熟悉任务浅基础中常见刚性基础、墙下条形基础设计、柱下独立基础设计和柱下条形基础基础的构造要求及简化计算方法。

(2) 掌握浅基础类型。对于天然地基上的浅基础，根据受力条件及构造可分为刚性基础和柔性基础两大类。

(3) 掌握确定基础埋置深度的影响因素。

(4) 熟练掌握基础底面尺寸的确定及软弱下卧层的计算。

① 对轴心受压基础：$A \geqslant \dfrac{F_k}{f_a - \gamma_G \bar{d}}$。

② 对偏心受压基础：先按轴心荷载作用，初步计算基础底面积 A_0；然后将基础底面积 A_0 扩大 10%～40%，即 $A=(1.1\sim1.4)A_0$；确定基础的长度 l 和宽度 b；最后进行承载力验算，要求：$p_{k,max} \leqslant 1.2f_a$，$\overline{p_k} \leqslant f_a$。

③ 如果地基变形计算深度范围内存在软弱下卧层时，还应验算软弱下卧层的地基承载力。要求作用在软弱下卧层顶面处的附加压力与自重压力值不超过软弱下卧层的承载力，$p_z + p_{cz} \leqslant f_{az}$。

(5) 熟练掌握刚性基础、墙下钢筋混凝土条形基础、柱下钢筋混凝土独立基础的设计。

① 对刚性基础设计要求基础台阶的高度 $H_0 \geqslant \dfrac{b-b_0}{2\tan\alpha} = \dfrac{b_2}{\tan\alpha}$。

② 对墙下钢筋混凝土条形基础设计，其重点如下。

a. 基础底板厚度 h 的确定，一般根据经验采用试算法，即一般取 $h \geqslant b/8$，然后进行抗剪强度验算，要求 $V \leqslant 0.7\beta_{hs} f_t b h_0$。

b. 基础底板的配筋，基础底板配筋一般可近似按下式计算：$A_s = \dfrac{M}{0.9 f_y h_0}$。

③ 对柱下钢筋混凝土独立基础的设计，其重点如下。

a. 确定基础底板厚度，如果基础底板厚度不足，将会沿柱周边产生冲切破坏，形成45°斜裂面冲切角锥体。为了保证基础不发生冲切破坏，应保证基础具有足够的高度，使基础冲切角锥体以外由地基净反力产生的冲切力 F_l 小于或等于基础冲切面处混凝土的抗冲切强度，即 $F_l \leqslant 0.7\beta_{hp} f_t a_m h_0$。

b. 基础底板配筋，基础底板纵横两个方向的钢筋面积均可近似按下式计算：$A_s = \frac{M}{0.9 f_y h_0}$。

习 题

一、填空题

1. 对经常受水平荷载作用的________、________等以及建造在________或边坡附近的建筑物和构筑物，尚应验算其稳定性。

2. 毛石基础每台阶高度和基础墙厚不宜小于________mm，每阶两边各伸出宽度不宜大于________mm，当基础底宽小于700mm时，应做成矩形基础。

3. 对刚性基础设计，要求刚性基础台阶的高度 H_0 应符合________要求。

4. 墙下钢筋混凝土条形基础的宽度________时，底板受力钢筋的长度可取宽度的0.9倍，并宜交错布置。

5. 条形基础梁顶部和底部的纵向受力钢筋除满足计算要求外，顶部钢筋按________，底部通长钢筋不应小于底部受力钢筋截面总面积的________。

二、简答题

1. 地基基础设计有哪些要求和基本规定？

2. 影响基础埋深的主要因素有哪些？为什么基底下面可以保留一定厚度的冻土层？

3. 在轴心荷载及偏心荷载作用下，基础底面积如何确定？当基底面积很大时，宜采用哪一种基础？

4. 当有软弱下卧层时，如何确定基础底面积？

5. 简述墙下钢筋混凝土条形基础的设计计算步骤。

三、案例分析

1. 某柱下钢筋混凝土独立基础，作用在基础顶面相应于荷载效应标准组合时的竖向力 F_k =300kN，基础埋深1.0m，地基土为砂土，其天然重度为18kN/m³，地基承载力特征值 f_{ak} =280kPa，试计算该基础底面尺寸。

2. 某墙下条形基础(内墙)，上部结构传至基础顶面相应于荷载效应标准组合时的竖向力 F_k = 220kN/m，M_k = 100kN·m，基础埋深1.8m，土层分布如下：第一层为杂填土，深为0.5m，天然重度 γ =17kN/m³；第二层为粘性土，深为3m，天然重度 γ =19kN/m³，孔隙比 e = 0.84，液性指数 I_L = 0.75，地基承载力特征值 f_{ak} = 180kPa。试计算基础的宽度。

3. 某住宅砖墙承重，外墙厚为490mm，上部结构传至基础顶面相应于荷载效应标准组合时的竖向力 F_k = 220kN/m，基础埋深 d=1.6m，室内外高差为0.6m，地基土为粉土，其重度$\gamma=18.5\text{kN/m}^3$，经修正后的地基承载力特征值$f_a=200\text{kPa}$，基础材料采用毛石，砂浆采用M5，试设计此墙下条形基础，并绘出基础剖面图。

4. 某承重墙厚度为370mm，上部结构传至基础顶面相应于荷载效应标准组合时的竖向力$F_k=270\text{kN/m}$，基础埋深$d=1.0\text{m}$，采用混凝土强度等级为C15，HPB235钢筋，试验算基础宽度及底板厚度，并计算底板钢筋面积(图2.35)。

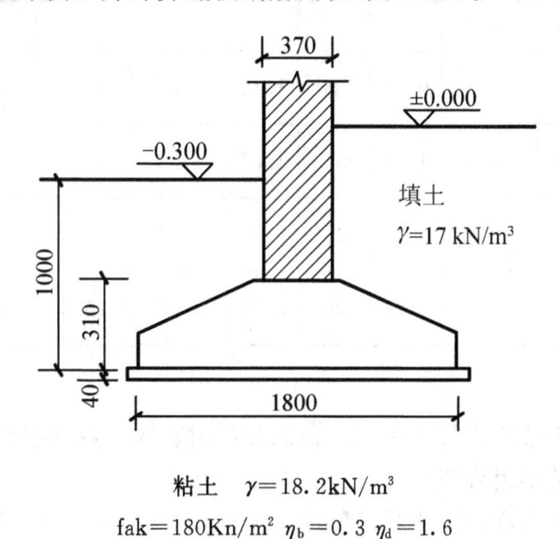

粘土　$\gamma=18.2\text{kN/m}^3$

fak=180Kn/m² $\eta_b=0.3$ $\eta_d=1.6$

图2.35　案例分析(4)附图

5. 某楼房承重墙厚370mm，上部结构传至基础顶面相应于荷载效应标准组合时的竖向力$F_k=200\text{kN/m}$，该地区标准冻深为1m，属冻胀土，地下水位深为3.5m。地层情况：第一层杂填土，厚0.5m，$\gamma=16\text{kN/m}^3$；第二层为粘土，厚4m，$\gamma=18.5\text{kN/m}^3$，$f_a=180\text{kPa}$，$E_s=6\text{MPa}$；第三层为淤泥质土，厚度较大，$\gamma=17\text{kN/m}^3$，$f_a=80\text{kPa}$，$E_s=1.6\text{MPa}$。试设计该墙下钢筋混凝土条形基础。

6. 某厂房内现浇柱截面400mm×800mm，上部结构传至基础顶面相应于荷载效应标准组合时的竖向力$F_k=1500\text{kN}$，$M_k=100\text{kN}\cdot\text{m}$。地下水位深为2m。地层情况：第一层为杂填土，厚1m，$\gamma=16\text{kN/m}^3$；第二层为粘土，厚3m，$\gamma=19\text{kN/m}^3$，$f_a=200\text{kPa}$，$E_s=6\text{MPa}$；第三层为粉土，厚度较大，$\gamma=18\text{kN/m}^3$，$f_a=140\text{kPa}$，$E_s=4\text{MPa}$。试设计该柱下独立基础，并验算地基变形。

四、设计任务书

(一) 设计题目：柱下独立基础

(二) 设计资料

1. 上部结构资料和建筑场地资料

某教学实验楼，上部结构为七层框架，其框架主梁、次梁、楼板均为现浇整体式，混凝土强度等级为C30。底层层高为3.4m。拟建建筑物场地位于市区内，地势平坦。建筑物场地位于非地震区，不考虑地震影响。

2. 工程地质资料

建筑场地土层按其成因、土性特征和物理力学性质的不同，自上而下划分为4层，物理力学性质指标见表2-12。场地地下水类型为浅水，勘察期间测得地下水水位埋深为

2.1m。地下水水质分析结果表明，本场地地下水无腐蚀性。

表 2-12　物理力学性质指标

土层编号	土层名称	层厚/m	重度 r/(kN/m^3)	孔隙比 e	含水量 ω	液性指数 I_L	粘聚力 c/kPa	内摩擦角 ϕ/o	压缩模量 E_s/MPa	承载力特征值 f_{ak}/kPa	贯入阻力 P_s/MPa
1	杂填土	1.8	17.5								
2	灰褐色粉质粘土	3.2	18.4	0.90	33	1.15	16.7	21.1	5.4	125	0.72
3	灰褐色泥质粘土	6.0	17.8	1.06	34	1.05	14.2	18.6	3.8	95	0.86
4	黄褐色粉土夹粉质粘土	5.3	19.1	0.88	30	0.67	18.4	23.3	11.5	140	3.44
5	灰一绿色粉质粘土		19.7	0.72	26	0.46	36.5	26.8	8.6	210	2.82

3. 荷载资料

(1) 已知上部框架结构由柱子传至承台顶面的荷载效应标准组合。

A 柱：竖向荷载基本组合值：

轴力 $F_k=(1062+15n)$kN，弯矩 $M_k=(103+5n)$kN·m，剪力 $V_k=(58+n)$kN。

竖向荷载标准组合值：

轴力 $F_k=(998+15n)$kN，弯矩 $M_k=(96+5n)$kN·m，剪力 $V_k=(47+n)$kN。

(其中，M_k、V_k 沿柱截面长边方向作用；n 为学生末两位学号)。

(2) 柱截面尺寸为 500mm×500mm。

4. 设计内容及要求

(1) 基础尺寸确定。

(2) 轴心荷载作用下地基承载力验算。

(3) 偏心荷载作用下地基承载力验算。

(4) 基础抗冲切验算；

(5) 基础局部受压验算。

(7) 受弯计算及配筋。

(8) 施工配筋图。

(9) 需提交的报告：计算说明书和独立基础施工图(绘于计算说明书上)。

项目3

桩基础设计

项目实施方案

桩基础是由设置于岩土中的桩和与桩顶联结的承台共同组成的基础或由柱与桩直接联结的单桩基础，可应用于修建在土质不良地区的高层建筑、重型厂房、桥梁、深基坑等构筑物，是应用广泛的一种深基础类型，掌握桩基础设计内容是工程人员必备的专业知识。桩基础设计在掌握拟建场地的工程地质条件和地质勘察资料基础上，学会选择桩基持力层，了解桩的类型，然后掌握单桩承载力和群桩承载力的计算，根据规范要求确定桩数和平面布置，验算桩基承载力和沉降，最后按照规范构造要求掌握桩身结构设计和承台设计，进行配筋和绘制桩基施工图。本项目要求了解各种桩的类型和应用范围，熟练掌握桩基础承载力计算和群桩设计。

项目任务导入

桩基础是一种既古老又现代高层建筑物和重要建筑物工程中被广泛采用的基础形式，桩基础的作用是将上部结构较大的荷载通过桩穿过软弱土层传递到较深的坚硬土层上，以解决浅基础承载力不足和变形较大的地基问题。早在新石器时代，人类就在地基条件不良的河谷和洪积地带采用木桩来支承房屋。智利发掘文化遗址时发现的木桩距今大约有12000～14000年。中国浙江省余姚县河姆渡原始社会遗址出土的木桩，距今大约有6000～7000年。英国的桥梁工程和河滨住宅中有许多木桩基础。中世纪在东安格里亚(East Anglia)沼泽地区修建的大修道院，使用橡木和赤杨木做桩基础。中国汉朝(公元前206年到公元220年)建桥时使用木桩基础；到宋代，桩基技术已经比较成熟。在《营造法式》中载有临水筑基第一节。到了明、清两代，桩基技术更趋完善。到明、清时期，桩基础已在桥梁、水利和建筑工程中广泛应用。如清代《工部工程做法》一书对桩基的选料、布置和施工方法等方面都有了规定。从北宋一直保存到在上海市龙华镇龙华塔(建于北宋太平兴国二年，977年)和山西太原市晋祠圣母殿(建于北宋天圣年间，1023～1031年)，

都是中国现存的采用桩基的古建筑。20 世纪 50 年代，中国开始在一些大型工程中采用钢筋混凝土预制桩基础；70 年代后期采用开口钢管桩和离心混凝土管桩基础。桩基础技术经历了几千年的发展过程。无论是桩基材料和桩类型，或者是桩工机械和施工方法都有了巨大的发展，已经形成了现代化基础工程体系。

目前，无论是世界第一高楼哈利法塔(Burj Khalifa Tower)(原名迪拜塔)，还是我国在建的港珠澳大桥(计划于 2016 年竣工，建成后将成为世界第一跨海大桥)都是采用桩基础，桩基础已成为高层建筑、大型桥梁、深水码头和海洋石油平台等工程最常用的基础形式。

现某工程位于软土地区，建设场地地表层为松散杂填土，厚 2.0m，重度为 16.0kN/m^3；以下为灰色粘土，厚 8.3m，重度为 18.9kN/m^3，含水率为 38.2%，地基承载力标准值为 110kPa；再下为粉土，未穿，重度为 19.6kN/m^3，含水率为 20%，地基承载力标准值为 250kPa。地下水位在地面以下 2.0 m。根据地质条件拟采用桩基础，试设计此工程的桩基础。请思考为什么采用桩基础？确定为桩基础后如何进行设计？

任务 3.1 桩基础设计理论

【设计任务】

(1) 熟悉桩基础类型和特点。

(2) 掌握单桩承载力确定方法和计算。

(3) 了解群桩效应。

(4) 掌握群桩承载力计算。

3.1.1 桩基础简介

桩基础是一种承载性能好、适用范围广、历史悠久的深基础。我国在浙江余姚河姆渡村出土了占地 4000m^2 的大量木结构遗存，其中有木桩数百根，经专家研究认为其距今约 7000 年。随着生产力水平的提高和科学技术的发展，桩基础的类型、工艺、桩基础的设计理论、计算方法和应用范围，都有了很大的发展，被广泛应用于高层建筑、港口、桥梁等工程中。

1. 桩基础概述

桩是将建筑物的荷载全部或部分传递给地基土的具有一定刚度和抗弯能力的传力杆杆。它的横截面尺寸比长度小得多。

桩可以在现场或工厂预制，也可以在地基土中开孔直接浇筑。桩的断面形状常为方形、圆形、环状、矩形，也有多边形或 H 形等异形断面。

桩基础是通过桩杆(杆身)将荷载传给深部的土层或侧向土体。

桩根据工程的特点，可以发挥各种不同的作用，不仅能有效地承受竖向荷载，还能承受水平力和上拔力，也可用来减少机器基础的振动。

桩基础的适用范围有以下几种情况。

(1) 当地基软弱、地下水位高且建筑物荷载大，采用天然地基时，或地基承载力不足时，需采用桩基。

(2) 当地基承载力满足要求，但采用天然地基时，沉降量过大；或当建筑物沉降要求较严格，建筑等级较高时，需采用桩基。

(3) 高层或高耸建筑物需采用桩基，可防止在水平力作用下发生倾覆。

(4) 建筑物内、外有大量堆载会造成地基过量变形而产生不均匀沉降，或为防止对邻近建筑物产生相互影响的新建建筑物，需采用桩基。

(5) 设有大吨位的重级工作制吊车的重型单层工业厂房可采用桩基础。

(6) 对地基沉降及沉降速率有严格要求的精密设备基础。

(7) 当地震区、建筑物场地的地基土中有液化土层时，可采用桩基础。

(8) 当浅土层中软弱层较厚，或为杂填土或局部有暗滨、溶洞、古河道、古井等不良地质现象时，可采用桩基础。

若不属于上述情况，则可根据具体情况，依据“经济合理、技术可靠”的原则，经分析比较后确定是否采用桩基。前面引例所述情况就属于地基软弱，所以分析论证后采用钢筋混凝土管桩基础。

深基础与浅基础比较，具有下列特点。

(1) 深基础承载力高。

(2) 深基础施工需要专门的设备，例如打桩机、挖槽机、泥浆搅拌设备等。

(3) 深基础的技术较为复杂，必须有专业技术人员负责施工技术和质量检查。

(4) 深基础的造价比较高。

(5) 深基础工期比较长。

2. 桩基础类型和特点

1) 桩的类型

桩可以按不同的方法进行分类，也可以根据不同的目的进行分类。

(1) 按桩身材料分为钢筋混凝土桩、预应力混凝土桩、钢桩、木桩、组合材料桩。一些大型工程和桥梁工程中的桩基础多采用钢筋混凝土桩和预应力混凝土桩。

(2) 按施工方法分为预制桩、灌注桩。预制桩在工厂或施工现场预先制作成型，然后运送到桩位，采用锤击、振动或静压的方法将桩沉至设计标高。灌注桩是指在设计桩位用钻、冲或挖等方法成孔，然后在孔中灌注混凝土成桩的桩型。

(3) 按荷载的传递方式分为端承桩和摩擦桩。**端承桩**是桩顶荷载由桩端阻力承受的桩。**摩擦桩**是桩顶荷载由桩侧阻力和桩端阻力共同承受的桩。

特别提示

- 由于摩擦桩和端承桩在支承力、荷载传递等方面都有较大的差异，通常摩擦桩的沉降大于端承桩，会导致墩台产生不均匀沉降，因此在同一桩基础中，不应同时采用摩擦桩和端承桩。

(4) 按桩的挤土作用分为挤土桩、部分挤土桩和非挤土桩。

2) 桩的特点

各类桩的主要特点如下。

(1) 混凝土桩：在小型工程中，当桩基础主要承受竖向桩顶受压荷载时，可采用混凝

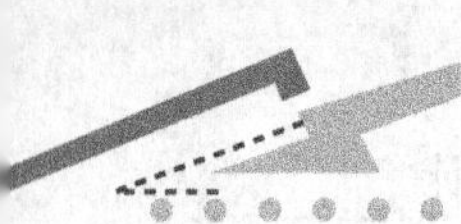

土桩。混凝土强度等级一般采用C20和C25。这种桩的价格比较便宜，截面刚度大，易于制成各种尺寸。

(2) 钢筋混凝土桩：钢筋混凝土桩应用较广，常做成实心的方形或圆形，亦可做成十字形截面，可用于承压、抗拔、抗弯等，可工厂预制或现场预制后打入，也可现场钻孔灌注混凝土成桩。当桩的截面较大时，也可以做成空心管桩，常通过施加预应力制作管桩，以提高自身抗裂能力。

(3) 钢桩：用各种型钢制作。其承载力高，重量轻，施工方便，但价格高，费钢材，易腐蚀，一般在特殊、重要的建筑物中才使用。常见的有钢管桩、宽翼工字型钢桩等。

(4) 木桩：在我国古代的建筑工程中早已使用。木桩虽然经济，但由于承载力低，易腐烂，木材又来之不易，故现在已很少使用，只在乡村小桥、临时小型构筑物中还少量使用。木桩常用松木、杉木、柏木和橡木制成。木桩在使用时，应打入地下水位0.5m以下。

(5) 组合材料桩：组合材料桩是一种新桩型，由两种材料组合而成，以发挥各种材料的特点。如在素混凝土中掺入适量粉煤灰形成粉煤灰素混凝土桩，水泥搅拌桩中插入型钢或预制钢筋混凝土小截面桩，但采用组合材料桩相对造价较高，故只在特殊地质情况下才采用。

(6) 预制桩：桩的材料有混凝土、钢筋混凝土、预应力钢筋混凝土、钢管、木材等。在工程中，应用最广泛的是钢筋混凝土预制桩。

预制桩可以整体制作，但由于运输条件的限制，因此当桩身较长时，需要分段制作，每段长度不超过12m，沉桩时再拼接成所需要的长度，但要尽量减少接头数目，接头应保证能传递轴力、弯矩、剪力，并保证在沉桩过程中不松动。常用的方法有钢板焊接接头法和浆锚法，如图3.1所示。

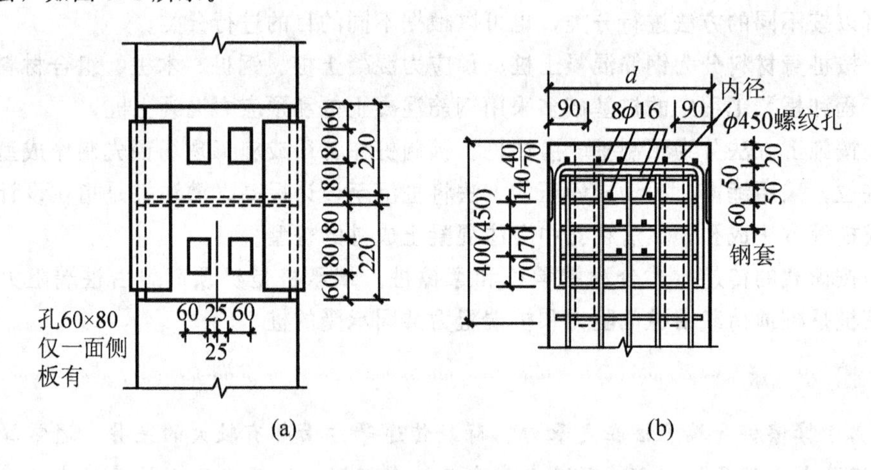

图3.1　接桩方法

(a) 钢板焊接接头；(b) 浆锚法接头

预制桩一般适用于下列情况：① 不需考虑噪声污染和震动影响的环境；②持力层顶面起伏变化不大；③持力层以上的覆盖层中无坚硬夹层；④水下桩基工程；⑤大面积桩基工程。以上情况采用预制桩可提高工效。

特别提示

- 对于预制桩沉桩的深度，首先应根据勘察资料和上部结构的要求估算，定出桩尖的设计标高，在施工时，需要最后贯入度和桩尖设计标高两方面控制。
- 最后贯入度是指在沉至某标高时，每次锤击的沉入量，通常以最后每阵的平均贯入度表示。锤击法可用 10 次锤击为一阵，最后贯入度可根据计算或地区经验确定；振动沉桩以每分钟为一阵，要求最后两阵平均贯入度为 10～50mm/min。

(7) 灌注桩：它的配筋率一般较低，用钢量较省，且桩长可随持力层起伏而改变，不需截桩、不设接头。与预制桩比，不存在起吊及运输的问题。灌注桩要特别注意保证桩身混凝土质量，防止露筋、缩颈、断桩等现象。以上是各种灌注桩的共同特点。灌注桩有许多类型，其优缺点、适用条件各不相同，以下介绍几种。

① 沉管灌注桩：沉管灌注桩简称沉管桩，其施工程序如图 3.2 所示。它是利用锤击、振动或振动冲击的方法将带有预制桩或活瓣桩尖的钢管沉入土中成孔，然后在钢管内放入(或不放)钢筋笼，再一次灌注和振捣混凝土，一边振动拔出套管。

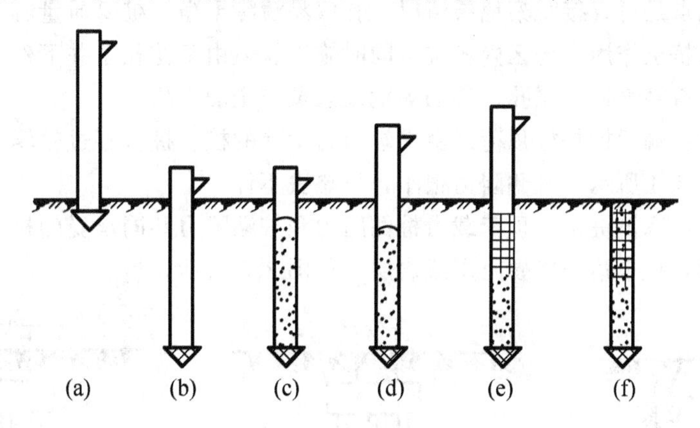

图 3.2 沉管灌注桩的施工程序示意图

(a) 桩机就位；(b) 沉管；(c) 浇灌混凝土；(d) 边拔管、边振动；
(e) 安放钢筋笼、继续浇灌混凝土；(f) 成型

拔管时应满灌慢拔、随拔随振。沉管桩的桩径一般为 300～600mm，入土深度一般不超过 25m。当桩管长度不够或在处理颈缩事故时，可对沉管桩进行“复打”，就是第一次灌注混凝土时不吊入钢筋笼，而在浇筑完毕后重新在原位置再次沉管，浇灌混凝土，并按规定吊入钢筋笼成桩。这种做法虽能防止颈缩与提高承载力，但造价却有较大提高。

② 钻(冲)孔灌注桩：采用旋转、冲击、冲抓等方法成孔，然后清除孔底残渣，安放钢筋笼，最后浇灌混凝土。钻孔灌注桩在桩径选择上比较灵活，小的在 0.6m 左右，大的达 2m 以上，具有较强的穿透能力，故使用时桩长不太受限制，对高层、超高层建筑物采用钻孔嵌岩桩是一种较好的选择。

钻(冲)孔灌注桩的主要质量问题坍孔和沉渣。如泥浆的成分和施工工艺控制得当，它除了护壁之外，还能加固保护孔壁，可防止地下水渗进而造成坍孔。在易坍孔的砂土中钻孔时，应设置循环泥浆和泥浆泵，用相对密度为 1.1～1.3 的泥浆护壁。钻孔时如发生微

坍孔现象，应提出钻头，调整水头高度及泥浆的相对密度；若坍孔严重，则可向孔内回填粘性土，重新钻孔。而沉渣则是影响桩的承载力的主要原因之一。桩孔底部的排渣方式有3种：泥浆静止排渣、正循环排渣、反循环排渣。实践证明，反循环可以彻底排渣，而使单桩承载力有大幅度提高。它是由孔口进浆，通过钻杆空芯或其他孔道高流速出浆渣。

钻(冲)孔灌注桩的另一种问题是循环泥浆量大，施工场地泥泞，浆渣外运困难。现采用无浆湿法(即干作业法)的钻进工艺，但钻孔深度和适用地层有所限制。

③ 挖孔灌注桩：简称挖孔桩，可以用人或机械开孔，我国由于劳动力资源丰富，大都采用人工挖孔。

当采用人工挖空时，其桩径不宜小于0.8m。人工挖孔桩的主要施工次序是挖孔、支护孔壁、清底、安装或绑扎钢筋笼、灌混凝土。为防止坍孔，每挖约1m深，制作一节混凝土护壁，护壁一般应高出地表100～200mm，呈斜阶形。支护的方法通常是用现浇混凝土围圈，如图3.3所示。

桩的断面通常采用圆形或矩形，直径或边宽一般小于1.2m。

挖孔桩的优点是可直接观察地层情况，孔底易清除干净，桩身质量容易得到保证，施工设备简单；无挤土作用，场区内各桩可同时施工。但由于挖孔系井下作业，故施工中必须注意防止孔内有害气体、塌孔、落物等危及人员安全的事故。

(8) 端承桩：端承桩是桩顶荷载由桩端阻力承受的桩。桩身穿过软弱土层，达到深层坚硬土中，如图3.4所示。桩侧阻力很小，可略去不计。

(9) 摩擦桩：摩擦桩是桩顶荷载由桩侧阻力和桩端阻力共同承受的桩。它的桩侧阻力很大，不可忽略，桩未达到坚硬土层或岩层，如图3.5所示。

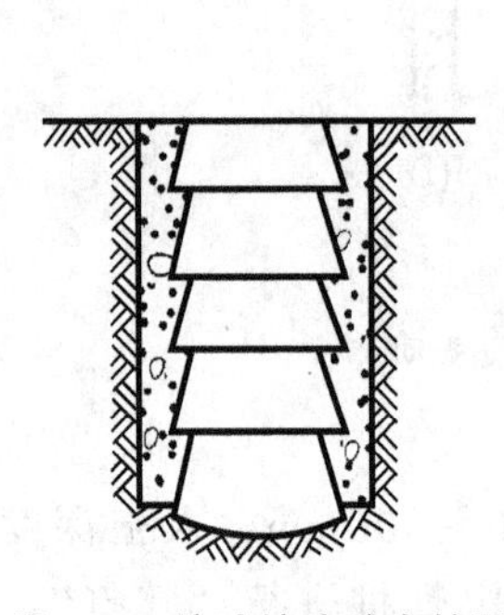

图3.3 挖孔桩孔壁支护图

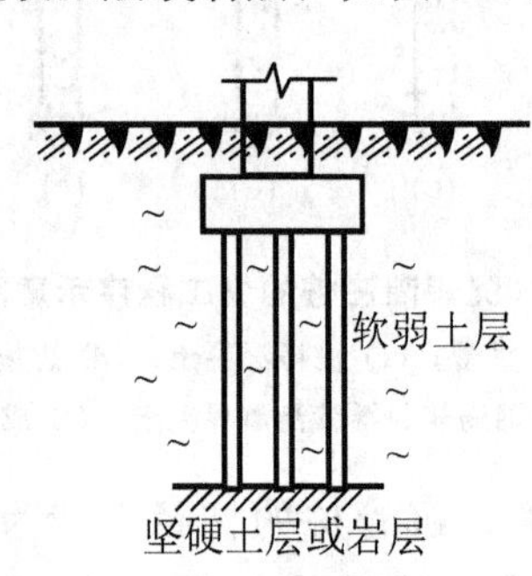

图3.4 端承桩

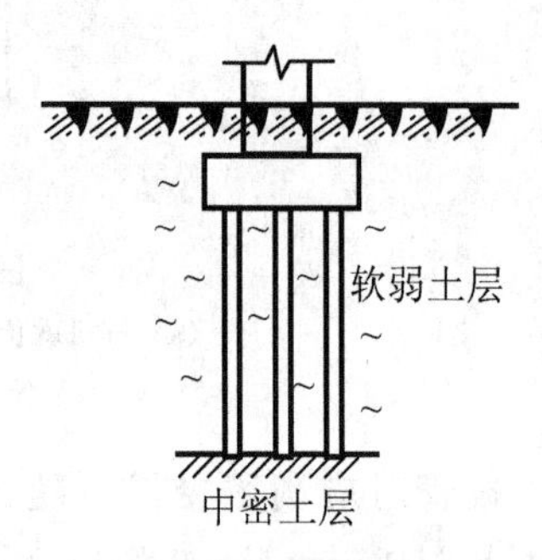

图3.5 摩擦桩

(10) 挤土桩：也称排土桩，指打入或压入土中的实体预制桩、闭口管桩(钢管桩或预应力管桩)和沉管灌注桩。在成桩过程中，桩的周围土被压密或挤开，受到严重扰动，土中超孔隙水压力增长，土体隆起，对周围环境造成严重的损害。

(11) 部分挤土桩：也称微排出桩，指沉管灌注桩、预钻孔打入式预制桩、打入式敞口桩。在成桩过程中，桩周围土仅受到轻微的扰动，土的原状结构和工程性质的变化不很明显。

(12) 非挤土桩：也称非排出桩，指采用干作业法、泥浆护壁法、套管护壁法的钻(冲)孔、挖孔桩。对桩周围土没有挤压的作用，不会引起土体中超孔隙水压力的增长，因而桩的施工不会危及周围相邻建筑物的安全。

3.1.2 单桩承载力

1. 单桩竖向承载力

单桩竖向承载力是指竖直单桩在轴向外荷载作用下，不丧失稳定、不产生过大变形时的最大荷载值。

桩基在荷载作用下，主要有两种破坏模式：一种是桩身破坏，桩端支承于很硬的地层上，而桩侧土又十分软弱时，桩相当于一根细长柱，此时有可能发生纵向弯曲破坏；另一种是地基破坏，桩穿过软弱土层支承在坚实土层时，其破坏模式类似于浅基础下地基的整体剪切破坏，土从桩端两侧隆起。此外，当桩端持力层为中等强度土或软弱土时，在荷载作用下，桩“切入”土中，称为**冲剪切**破坏或**贯入破坏**。

由上述可见，单桩竖向承载力应根据桩身的材料强度和地基土对桩的支承两方面确定。

1）根据桩身材料强度确定

通常桩总是同时受轴力、弯矩和剪力的作用，当按桩身材料计算桩的竖向承载力时，将桩视为轴心受压构件。对于钢筋混凝土桩，其计算公式为

$$R_a = 0.9\,\psi(f_c A + f'_y A'_s) \tag{3-1}$$

式中：R_a——单桩竖向承载力特征值，N；

ψ——纵向弯曲系数，考虑土的侧向作用，一般取 $\psi=1.0$；

f_c——混凝土的轴心抗压强度设计值，N/mm^2；

A——桩身的横截面面积，mm^2；

f'_y——纵向钢筋的抗压强度设计值，N/mm^2；

A'_s——桩身内全部纵向钢筋的截面面积，mm^2。

由于灌注桩成孔和混凝土浇筑的质量难以保证，而预制桩在运输及沉桩过程中受振动和锤击的影响，因而根据行业标准《建筑桩基技术规范》规定，应将混凝土的轴心抗压强度设计值乘以桩基施工工艺系数 ψ_c。对混凝土预制桩，取 $\psi_c=1$；对干作业非挤土灌注桩，取 $\psi_c=0.9$；对泥浆护壁和套管非挤土灌注桩、部分挤土灌注桩、挤土灌注桩，取 $\psi_c=0.8$。

2）根据土对桩的支承力确定

(1) 按静载荷试验确定。单桩竖向静载荷试验是按照设计要求在建筑场地先打试桩顶上分级施加静荷载，并观测各级荷载作用下的沉降量，直到桩周围地基破坏或桩身破坏，从而求得桩的极限承载力。试桩数量一般不少于桩总数的1%，且不少于3根。

《建筑地基基础设计规范》规定，对于一级建筑物，单桩竖向承载力标准值，应通过现场静载试验确定。

对于打入式试验，由于打桩对土体的扰动，故试桩必须待桩周围土体的强度恢复后方可开始，间隔天数应视土质条件及沉桩方法而定，一般间歇时间如下：预制桩，打入粘性土中不得少于15天，砂土中不宜少于7天，饱和软粘土中不得少于25天。灌注桩应待桩身混凝土达到设计强度后才能进行试验。

① 试验装置。试验装置由加荷稳压装置和桩顶沉降观测系统组成。图3.6(a)所示为利用液压千斤顶和锚桩法的加荷装置示意图。千斤顶的反力可依靠锚桩承担或由压重平台

上的重物来平衡。试验时可根据需要布置4～6根锚桩，锚桩深度应小于试桩深度，锚桩与试桩的间距应大于3d（d为桩截面边长或直径），且不大于1m。观测装置应埋设在试桩和锚桩受力后产生地基变形的影响之外，以免影响观测结果的精度。采用压重平台提供反力的装置如图3.6(b)所示。

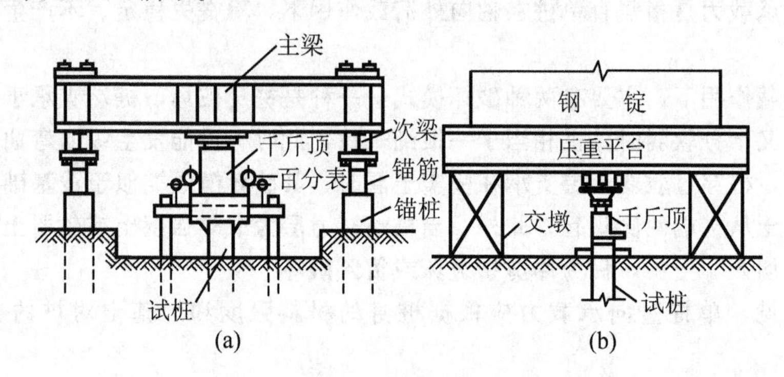

图3.6　桩承载力静载试验装置示意

(a) 锚桩反力法试装；(b) 压重平台法试装

② 试验方法。试验的方法包括加载分级、测读时间、沉降相对稳定标准和破坏标准。试验时可根据需要布置4～6根锚桩，锚桩深度应小于试装深度，锚桩与试装的间距应大于4d(d为桩截面边长或直径)，且不大于2m。加载时，荷载由小到大分级增加，可由千斤顶上的压力表控制，每级加荷为预估极限承载力的1/10～1/8。

每级加载后间隔5、10、15min各测读一次，以后每隔15min测读一次，累计1h后每隔30min测读一次，每次测读值记入试验记录表。

当持力层为粘性土时，沉降速率不大于0.1mm/h；当持力层为砂土时，沉降速率不大于0.5mm/h，就满足了沉降相对稳定标准，这一试验被称为慢速维持荷载法试验。快速维持荷载试验法则规定：每级荷载(维持不变)下观测沉降1h即可施加一级荷载。

当试验过程中出现下列情况时，即可终止加载。

① 桩发生急剧的、不停滞的下沉。

② 某级荷载下桩的沉降量大于前一级沉降量的2倍，且在24h内不能稳定。

③ 某级荷载下桩的沉降量为前一级荷载作用下沉降量的5倍。

④ 桩顶总沉降量达到40mm后，继续增加二级或二级以上荷载仍无陡降段。

终止加载后进行卸载，每级卸载值为加载值的2倍，每级卸载后隔15min测度一次残余沉降，读两次后，隔30min再读一次，即可卸下一级荷载，全部卸载后，隔3～4h再测读一次。

根据试验结果，可给出荷载－沉降曲线($Q-s$曲线)及各级荷载下沉降－时间曲线($s-t$曲线)，如图3.7所示。

根据GB 50007—2011规定，单桩极限承载力是由荷载－沉降($Q-s$)曲线按下列条件确定的。

① 当曲线存在明显陡降段时，取相应于陡降段起点的荷载值为单桩极限承载力。

② 对于直径或桩宽在550mm以下的预制桩，在某级荷载Q_{i+1}作用下，当其沉降量

与相应荷载增量的比值 $\left(\frac{\Delta s_{i+1}}{\Delta Q_{i+1}}\right) \geqslant 0.1\text{mm/kN}$ 时，取前一级荷载 Q_i 之值作为极限承载力。

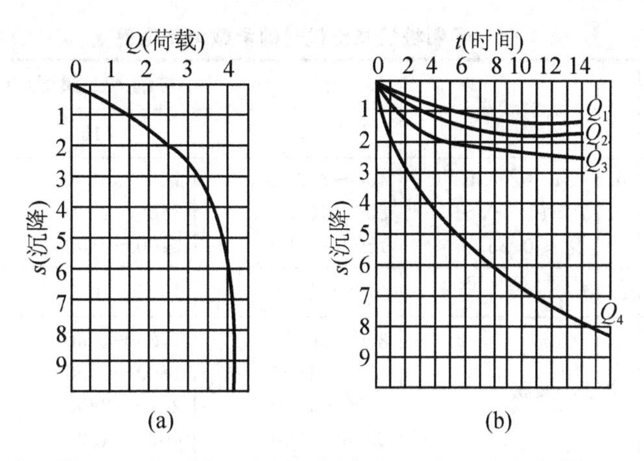

图 3.7 单桩荷载—沉降曲线

(a) $Q-s$ 曲线；(b) $s-t$ 曲线

③ 当符合终止加载条件第②点时，在 $Q-s$ 曲线上取桩顶总沉降量 s 为 40mm 时的相应荷载值作为极限承载力。

此外，规范还规定，对桩基沉降有特殊要求者，应根据具体情况确定 Q_u 。

对静载试验所得的极限荷载(或极限承载力)必须进行数理统计，求出每根试桩的极限承载力后，按参加统计的试桩数取试桩极限荷载的平均值，要求极差(最大值与最小值之差)不得超过平均值的30%。当极差超过时，应查明原因，必要时宜增加试桩数；当极差符合规定时，取其平均值作为单桩竖向承载力特征值，但对桩数为3根以下的柱下承台，取试桩的最小值为单桩极限竖向承载力。最后，将单桩竖向承载力除以2，即得单桩竖向承载力特征值 R_a 。

(2) 按经验公式确定。

① 2011建筑地基基础规范公式。单桩的承载力特征值是由桩侧总极限摩擦力 Q_{su} 和总极限桩端阻力 Q_{pu} 组成的，即

$$R_a = Q_{su} + Q_{pu} \tag{3-2}$$

对于二级建筑物，可参照地质条件相同的实验资料，根据具体情况确定，当初步设计时，假定同一土层中的摩擦力沿深度方向是均匀分布的，以经验公式进行单桩竖向轴载力特征值估算。

摩擦桩：
$$R_a = q_{pa}A_P + \mu_P \sum q_{sia} l_i \tag{3-3}$$

端承轴：
$$R_a = q_{pa}A_p \tag{3-4}$$

式中：R_a ——单桩竖向轴载力特征值，kN；

q_{pa} ——桩端桩阻力特征值，kPa，可按地区经验确定，对预制桩可按表3-1选用；

A_p ——桩底端横截面面积，m^2；

μ_P ——桩身周边长度，m；

q_{sia} ——桩周围土的摩阻力特征值，kPa，可按地区经验确定，对预制桩可按表3-2选用；

l_i——按土层划分的各段桩长，m。

当同一承台下桩数大于 3 根时，单桩竖向承载力设计值 $R=1.2R_a$；当桩数小于或等于 3 根时，取 $R=1.1R_a$。

表 3-1　预制桩桩端土(岩)的承载力特征值 q_{pa}　　单位：kPa

土的名称	土的状态	桩的入土深度/m		
		5	10	15
粘性土	$0.5<I_L\leqslant0.75$ $0.25<I_L\leqslant0.5$ $0<I_L\leqslant0.25$	400～600 800～1000 1500～1700	700～900 1400～1600 2100～2300	900～1100 1600～1800 2500～2700
粉土	$e<0.7$	1100～1600	1300～1800	1500～2000
粉砂 细砂 中砂 粗砂	中密、实密	800～100 1100～1300 1700～1900 2700～3000	1400～1600 1800～2000 2600～2800 4000～4300	1600～1800 2100～2300 3100～3300 4600～4900
砾砂、角砾、圆砾、碎石、卵石	中密、实密	3000～5000 3500～5500 4000～6000		
软质岩石 硬质岩石	微风化	5000～7500 7500～10000		

特 别 提 示

- 在表 3-1 中，数值仅用作初步设计时的估算；当入土深度超过 15m 时，按 15m 考虑。

表 3-2　预制桩桩周围土的摩阻力特征值 q_{sia}　　单位：kPa

土的名称	土的状态	q_{sia}/kPa
填土		9～13
淤泥		5～8
淤泥质土		9～13
粘性土	$I_L>1$ $0.75<I_L\leqslant1$ $0.5<I_L\leqslant0.75$ $0.25<I_L\leqslant0.5$ $0<I_L\leqslant0.25$ $I_L\leqslant0$	10～17 17～24 24～31 31～38 38～43 43～48
红粘土	$0.75<I_L\leqslant1$ $0.25<I_L\leqslant0.75$	6～15 15～35

土的名称	土的状态	q_{sia}/kPa
粉土	$e>0.9$ $e=0.7\sim0.9$ $e<0.7$	10～20 20～30 30～40
粉、细砂	稍密 中密 密实	10～20 20～30 30～40
中砂	中密 密实	25～35 35～45
粗砂	中密 密实	35～45 45～55
砾砂	中密、密实	55～65

特 别 提 示

- 在表 3-2 中，数值仅用作初步设计时的估算；尚未完成固结的填土和以生活垃圾为主的杂填土可不计其摩擦力。

② 2008 建筑桩基规范中的公式。对于一般的混凝土预制桩、钻孔灌制桩，当根据土的物理指标与承载力参数之间的经验关系，确定单桩竖向极限承载力特征值时，宜按式(3-5)计算，即

$$Q_{uk}=Q_{sk}+Q_{pk}=\mu q_{ski}l_i+q_{pk}A_p \tag{3-5}$$

式中：q_{ski}——桩侧第 i 层土的极限标准值，kPa，如无当地经验值，则可按表 3－3(a)取值；

q_{pk}——极限端标准值阻力，kPa，如无当地经验值，则可按表 3－4 取值；

Q_{sk}——单桩总极限侧摩擦力标准值，kN；

Q_{pk}——单桩总极限端阻力标准值，kN。

当承台下桩数不超过 3 根时，单桩竖向承载力设计值宜按式(3-6)计算，即

$$R=\frac{Q_{sk}}{\gamma_s}+\frac{Q_{pk}}{\gamma_p} \tag{3-6}$$

当根据静载试验确定单桩竖向极限承载力特征值时，桩的竖向承载力设计值为

$$R=\frac{Q_{uk}}{\gamma_{sp}} \tag{3-7}$$

式中：γ_s、γ_p、γ_{sp}——桩侧阻抗力分项系数、桩端阻力分项系数和桩侧阻端阻抗力分项系数，根据不同成桩工艺按表 3－5 取值。

对于承台下桩数大于 3 根，承台与地面接触的非端承桩，当桩间土不会因土固结下沉与承台脱空时，可适当考虑桩间土承担的一部分荷载，具体参见规范。

表 3－3(a)　桩的极限侧阻力标准值 q_{sk}　　单位：kPa

土的名称	土的状态	混凝土预制桩	水下钻(冲)孔桩	沉管灌注桩	干作业钻孔桩
填土		20～28	18～26	15～22	18～26
淤泥		11～17	10～16	9～13	10～16
淤泥质土		20～28	18～26	15～22	18～26
粘性土	$I_L>1$	21～36	20～34	16～28	20～34
	$0.75\leqslant I_L\leqslant 1$	36～50	34～48	28～40	34～48
	$0.50<I_L\leqslant 0.75$	59～66	48～64	40～52	48～62
	$0.25<I_L\leqslant 0.5$	66～82	64～78	52～63	62～76
	$0<I_L\leqslant 0.25$	82～91	78～88	63～72	76～86
	$I_L\leqslant 0$	91～101	88～98	72～80	86～96
红粘土	$0.7<\alpha_w\leqslant 1$	13～32	12～30	10～25	12～30
	$0.5<\alpha_w\leqslant 0.7$	32～74	30～70	25～68	30～70
粉土	$e>0.9$	22～44	20～40	16～32	20～40
	$0.7\leqslant I_L\leqslant 0.9$	42～64	40～60	32～50	40～66
	$e<0.7$	64～85	60～80	50～67	60～80
粉细砂	稍密	22～44	22～40	16～32	20～40
	中密	42～64	40～60	32～50	40～60
	密实	64～85	60～80	50～67	60～80

续表

土的名称	土的状态	混凝土预制桩	水下钻(冲)孔桩	沉管灌注桩	干作业钻孔桩
中砂	中密 密实	54～74 74～95	56～72 72～90	42～58 58～75	50～70 70～90
粗砂	中密 密实	74～95 95～116	74～95 95～116	58～75 75～92	70～90 90～110
砾砂	中密、密实	116～138	116～135	92～110	110～130

特别提示

- 对于尚未完成自重固结的填土和以生活垃圾为主的杂填土，不计算其侧阻力；α_{ω}为含水比，$\alpha_{\omega}=\omega/\omega_L$；对于预制桩，根据土层深埋 h，将 q_{sk} 乘以表 3-3(b)中的修正系数。

表 3-3(b) 修正系数

土层深埋 h/m	<5	10	20	≥30
修正系数	0.8	1.0	1.1	1.2

表 3-4 桩的极限端阻力标准值 q_{pk} 单位：kPa

土的名称	桩型 土的状态	预制桩入土深度/m				水下钻(冲)孔桩入土深度/m			
		$H<9$	$9<H\leqslant16$	$16<H\leqslant30$	$H>30$	5	10	15	$H>30$
粘性土	$0.75<I_L\leqslant1$	210～480	630～1300	1100～1700	300～1900	100～150	150～250	250～300	300～450
	$0.50<I_L\leqslant0.75$	840～1700	1500～2100	1900～2500	2300～3200	200～300	350～450	450～550	550～750
	$0.25<I_L\leqslant0.50$	1500～2300	2300～3000	2700～3600	3600～4400	400～500	700～800	800～900	900～1000
	$0<I_L\leqslant0.25$	2500～3800	3800～5100	5100～5900	5900～6800	750～850	1000～1200	1200～1400	1400～1600
粉土	$0.75<e\leqslant0.9$	8400～1700	1300～2100	1900～2700	2500～3400	250～350	300～500	450～650	650～850
	$e<0.75$	1500～2300	2100～3000	2700～3600	3600～4400	550～800	650～900	750～1000	850～1000
粉砂	稍密	800～1600	1500～2100	1900～2500	2100～3000	200～400	350～500	450～600	600～700
	中密、密实	1400～2200	2100～3000	3000～3800	3800～4600	400～500	700～800	800～900	900～1100
细砂	中密、密实	2500～3800	3600～4800	4400～5700	5300～6500	550～650	900～1000	1000～1200	1200～1500
中砂		3600～5100	5100～6300	6300～7200	7000～8000	850～950	1300～1400	1600～1700	1700～1900
粗砂		5700～7400	7400～8400	8400～9500	9500～10300	1400～1500	2000～2200	2300～2400	2300～2500
砾砂	中密、密实	6300～10500				1500～2500			
角圆砾		7400～11600				1800～2800			
碎卵石		8400～12700				2000～3000			

表 3-5 桩基竖向承载力的抗力分项系数

桩型工艺	承载力确定方法	$\gamma_s=\gamma_p=\gamma_{sp}$
各种桩型	静载实验	1.60
预制桩钢管桩	静力触探	1.60
大直径灌注桩(清底干净) 预制桩、钢管桩 干作业钻孔灌制桩($d\leqslant0.8$m) 泥浆护壁钻(冲)孔灌注桩 沉管灌注桩	经验参数	1.60 1.65 1.70 1.65 1.75

特别提示

- 抗拔桩的侧阻抗力分项系数可取表列数值。

3）按静力触探法确定

静力触探是用静压力将一个内部装有阻力传感器的探头均匀地压入土中，由于土层的强度不同，故探头在贯入过程中所受到的阻力各异，传感器将这种大小不同的贯入阻力，通过电信号和机械系统，传至自动记录仪，绘出随深度的变化曲线。根据贯入阻力与强度间关系，通过触探曲线分析，即可对复杂的土体进行地层划分，据以估算单桩的容许承载力等。

2. 单桩水平承载力

对于工业与民用建筑中的桩基础，大多以承受竖向荷载为主，但在风荷载、地震荷载或土压力、水压力等作用下，桩基础上也作用有水平荷载。在某些情况下，也可能出现作用于桩基上的外力主要为水平力。因此，必须对桩基础的水平承载力进行验算。

桩在水平力和力矩作用下为受弯构件，桩身产生水平变位和弯曲应力，外力的一部分由桩身承担，另一部分通过桩传给桩侧土体。随着水平力和力矩增加，桩的水平变位和弯矩也继续增大，当桩顶或地面变位过大时，将引起上部结构的损坏；弯矩过大则将使桩身断裂。对于桩侧土，随着水平力和力矩增大，土体由地面向下逐渐产生塑性变形，导致塑性破坏。

影响桩的水平承载力的的因素很多，如桩的截面尺寸、材料强度、刚度、桩顶嵌固程度和桩的入土深度以及地基土的土质条件。桩的截面尺寸和地基强度越大，桩的水平承载力就越高；桩的入土深度越大，桩的水平承载力就越高，但深度达一定值时继续增加入土深度，桩的承载力不会再提高。桩抵抗水平荷载作用所需的入土深度称“有效长度”，当桩的入土深度大于有效长度时，桩嵌固在某一深度的地基中，地基的水平抗力得到充分发挥，桩产生弯曲变形，不至于被拔出或倾斜。桩头嵌固于承台中的桩，其抗弯刚度大于桩头自由的桩，提高了桩的抗弯刚度，桩抵抗横向弯曲的能力也随着提高。

确定单桩水平承载力的方法有现场静荷载试验和理论计算两大类。

1）静荷载试验确定单桩水平载力

静荷载试验是确定桩的水平承载力和地基土的水平抗力系数的最有效的方法，最能反映实际情况。

（1）试验装置。水平试验的加载装置，常用横向放置的千斤顶加载，百分表测水平位移，如图 3.8 所示。

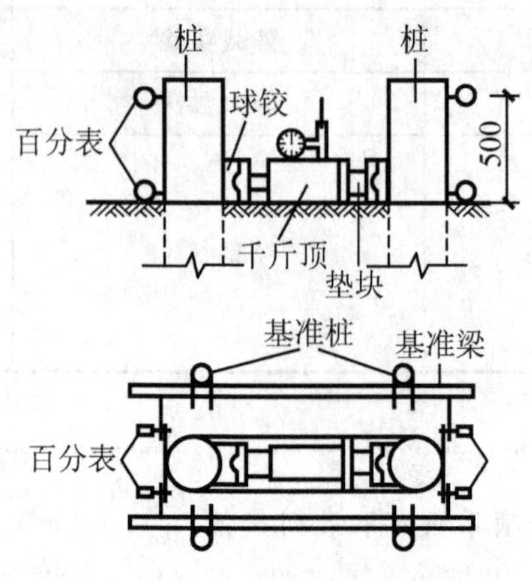

图 3.8　水平静荷试验装置

千斤顶的作用是施加水平力，水平力的作用线应通过地面标高处(地面标高应与实际工程桩承台底面标高相一致)。

千斤顶与试桩接触部位宜安装球形铰支座，以保证水平作用力通过桩身轴线。百分表宜成对布置在试桩侧面。用于测量桩顶的水平位移宜采用大量程的百分表。对每一根试桩，在力的作用水平面上和在该平面以上 50cm 左右处各安装 1～2 只百分表，下表测量桩身在地面处的水平位移，上表测桩顶的水平位移。根据两表的位移差，可以求出地面以上部分桩身的转角。另外，在试桩的侧面靠位移的反方向上宜埋设基准桩。基准桩应离开试桩一定距离，以免影响试验结果的精确性。

（2）加荷方法。加荷时可采用连续加荷法或循环加荷法，其中循环加荷法是最为常用的方法。

循环加荷法荷载需分级施加，每次加荷等级为预估极限承载力的(1/8～1/5)，每级加载的增量，一般为 5～10kN。每级加荷增量的大小根据桩径的大小并考虑土层的软硬来确定。对于直径为 300～1000mm 的桩，每级增量可取 2.5～20kN；对于过软的土，则可采用 2kN 的级差。循环加荷法需反复多次加载，加载后先保持 10min，测读水平位移，然后卸载到零，再经过 10min，测读残余位移，再继续加载，如此循环反复 3～5 次，即完成本级水平荷载试验，然后接着施加下一级荷载，直至桩达到极限荷载或满足设计要求为止。其中，加载时间应尽量缩短，测读位移的时间应准确，试验不能中途停顿。若加载过程中观测到 10min 时的水平位移还不稳定，则应延长该级荷载维持时间，直至稳定为止。

（3）终止加载条件。当桩身已折断或桩侧地表出现明显裂缝(或隆起)，或桩顶侧移超过 30～40mm(软土取 40mm)时，即可终止试验。

（4）资料整理。由试验记录可绘制出桩顶水平荷载－时间－桩顶水平位移(H_0-t-x_0)曲线，如图 3.9 所示；还可得到水平荷载－位移(H_0-x_0)曲线(图 3.10)或水平荷载－位移梯度$\left(H_0-\dfrac{\Delta x_0}{\Delta H_0}\right)$曲线(图 3.11)。当测量桩身应力时，可绘制桩身应力分布图以及水平荷载与最大弯矩截面钢筋应力($H_0-\sigma_g$)曲线，如图 3.12 所示。

（5）水平临界荷载与极限荷载。上述曲线都出现了两个特征点，这两个特征点所对应

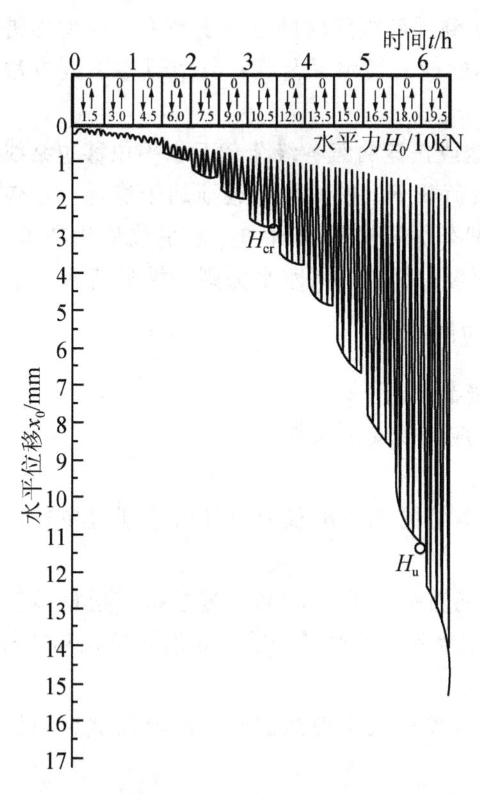

图 3.9　单桩水平静载荷试验 H_0-t-x_0 曲线

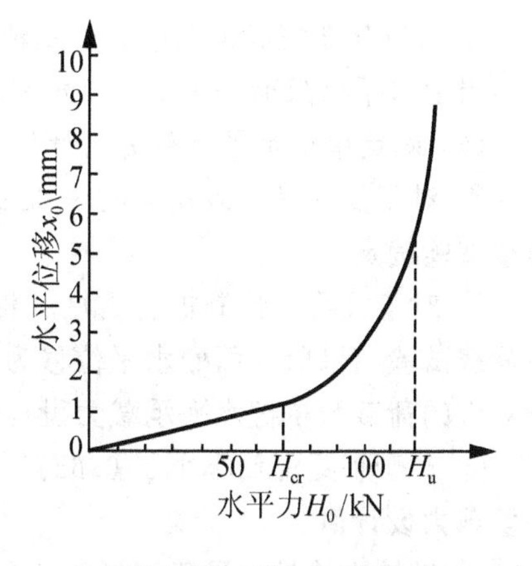

图 3.10　H_0-x_0 曲线

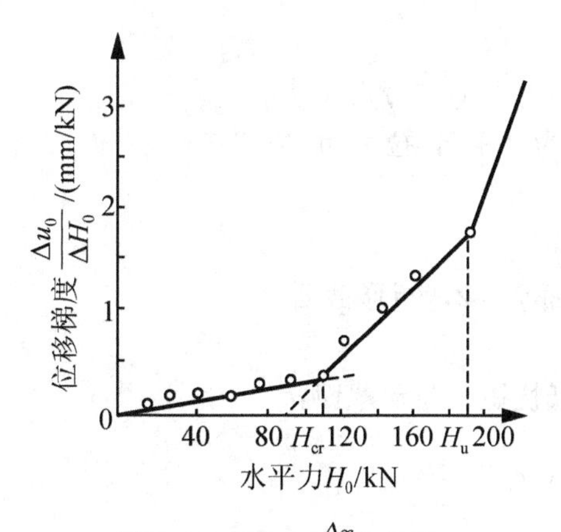

图 3.11　$H_0-\dfrac{\Delta x_0}{\Delta H_0}$ 曲线

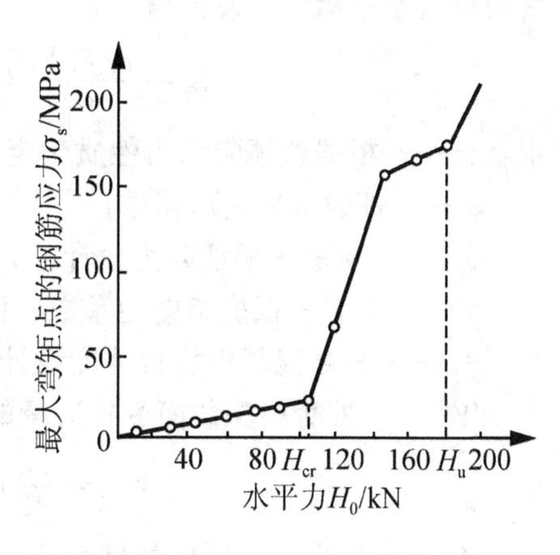

图 3.12　$H_0-\sigma_g$ 曲线

的桩顶水平荷载，即为水平临界荷载和水平极限荷载。

① 水平临界荷载（H_{cr}）是相当于桩身开裂、受拉区混凝土退出工作时的桩顶水平力，其值可按下列方法综合确定。

a. 取（H_0-t-x_0）曲线出现突变点（在荷载增量相同的条件下出现比前一级明显增大的位移增量）的前一级荷载。

b. 取 $H_0-\dfrac{\Delta x_0}{\Delta H_0}$ 曲线的第一直线段的终点或 $\lg H_0-\lg x_0$ 曲线拐点所对应的荷载。

c. 当有桩身应力测试数据时，取 $H_0-\sigma_g$ 曲线第一突变点对应的荷载。

② 水平极限荷载(H_u)是相当于桩身应力达到强度极限时的桩顶水平力，或使得桩顶水平位移超过30～40mm，或使得桩侧土体破坏的前一级水平荷载，其值可按下列方法综合确定。

a. 取 H_0-t-x_0 曲线明显陡降的前一级荷载或按该曲级各级荷载下水平位移包络线的凹向确定。若包络线向上方凹曲，则表明在该级荷载下，桩的位移逐渐趋于稳定；若包络线向下方凹曲，则表明在该级荷载下，随着加卸荷循环次数的增加，水平位移仍在增加，且不稳定。由此认为，该级水平力为桩的破坏荷载，而前一级水平力则为极限荷载。

b. 取 $H_0-\dfrac{\Delta x_0}{\Delta H_0}$ 曲线第二直线段终点所对应的荷载。

c. 取桩身断裂或钢筋应力达到流限的前一级荷载。

当由水平极限荷载 H_u 确定允许承载力时，应除以安全系数2.0。

(6) 确定单桩水平承载力设计值。

① 对于受水平荷载较大的一级建筑桩基，单桩的水平承载力设计值应通过单桩水平静载试验确定。

② 对于混凝土预制桩、钢桩、桩身全截面配筋率大于0.65%的灌注桩，根据单桩水平静载试验结果取地面处水平位移为10mm(对于水平位移敏感的建筑物取水平位移6mm)所对应的荷载为单桩水平承载力设计值。

③ 对于桩身配筋率小于0.65%的灌注桩，取单桩水平静载试验的临界荷载为单桩水平承载力设计值。

④ 当缺少单桩水平静载试验资料时，可按式(3-8)估算桩身配筋率小于0.65%的灌注桩的单桩水平承载力设计值。

$$R_h=\frac{\alpha\gamma f_t W_0}{v_m}(1.25+22\rho_g)\left(1\pm\frac{\varepsilon_n N}{\gamma f_t A_n}\right) \tag{3-8}$$

式中：±——根据桩顶竖向力性质确定，压力为“+”，拉力为“−”；

α——桩的水平变形系数；

R_h——单桩水平承载力设计值，kN；

γ——桩截面抵抗矩塑性系数，圆形截面 $\gamma=2$，矩形截面 $\gamma=1.5$；

f_t——桩身混凝土抗拉强度设计值；

W_0——桩身换算截面受拉边缘的弹性抵抗矩，圆形截面：

$$W_0=\frac{\pi d}{32}[d^2+2(\alpha_E-1)\rho_d d_0^2]$$

d_0——扣除保护层后的桩直径；

α_E——钢筋弹性模量与混凝土弹性模量的比值；

v_m——桩身最大弯矩系数，按表3-6取值；对于单桩基础和单排桩基纵向轴线与水平力方向相垂直的情况，按桩顶铰接考虑；

ρ_g——桩身配筋率；

A_n——桩身换算截面面积，圆形截面为

$$A_n=\frac{\pi d^2}{4}[d+(\alpha_E-1)\rho_g]$$

ε_n——桩顶竖向力影响系数，竖向压力取0.5，竖向拉力取1.0。

表3-6 桩顶(身)最大弯矩系数和桩顶水平位移系数

桩顶约速情况	桩的换算埋置深度(α_z)	弯矩系数 v_m	水平位移系数 v_x	桩顶约速情况	桩的换算埋置深度(α_z)	弯矩系数 v_m	水平位移系数 v_x
铰接、自由	4.0	0.768	2.441	固接	4.0	0.926	0.940
	3.5	0.750	2.502		3.5	0.934	0.970
	3.0	0.703	2.727		3.0	0.967	1.028
	2.8	0.675	2.905		2.8	0.990	1.055
	2.6	0.639	3.163		2.6	1.018	1.079
	2.4	0.601	3.526		2.4	1.045	1.095

特别提示

- 在表3-6中，$\alpha_z>4.0$，取 $\alpha_z=4.0$，z 为桩的入土深度；铰接(自由)的 v_m 为桩身的最大弯矩系数，固接 v_m 为桩顶最大弯矩系数。

⑤ 当缺少单桩水平静载试验资料时，可按式(3-9)估算预制桩、钢桩、桩身配筋率大于0.65%的灌注桩等的单桩水平承载力设计值。

$$R_h=\frac{\alpha^3 EI}{v_x}x_{0a} \tag{3-9}$$

式中：EI ——桩身抗弯刚度，对于混凝土桩，$EI=0.85E_cI_0$，I_0 为桩身换算截面惯性矩，对圆形截面，$I_0=\frac{W_0 d}{2}$；

x_{0a} ——桩顶允许水平位移，m；

v_x ——桩顶水平位移系数，按表3-6取值。

2) 按理论计算确定单桩水平承载力

对于承受水平荷载的单桩，其水平位移一般要求限制在很小的范围内，把它视为一根直立的弹性地基梁，通过挠曲微分方程的解答，计算桩身的弯矩和剪力，并考虑由桩顶竖向荷载产生的轴力，进行桩的强度计算。

(1) 基本假定。当单桩受水平荷载作用时，可把土体视为弹性变形体，假定在深度 z 处的水平抗力 σ_z 等于该点的水平抗力系数 k_x 与该点的水平位移 x 的乘积，即

$$\sigma_z=k_x x \tag{3-10}$$

在理论分析时，忽略桩土之间的摩阻力以及邻桩对水平抗力的影响。地基水平抗力系数 k_x 的分布与大小直接影响挠曲微分方程的求解和桩身截面内力的变化。各种计算理论所假定的 k_x 分布图不同，所得的结果也不尽相同，常用的4种地基水平抗力系数分布如图3.13所示。

① 常数法：假定地基水平抗力系数沿深度为均匀分布，即 $k_x=k_0$。这是我国张有龄教授在20世纪30年代提出的计算方法，故也称张氏法。日本等国常按此法计算。

② "k"法：假定在桩身第一挠曲零点(深度 t 处)以上按抛物线分布，以下为常数。

③ "m"法：假定 k_x 随深度成正比地增加，即 $k_x=mz$。

④ "c 值"法：假定 k_x 随深度按 $cz^{0.5}$ 规律分布，即 $k_x=cz^{0.5}$ (c 为比例常数，随土类别不同而异)。

采有上述几种不同的 k_x 分布假设得到的计算结果往往相差较大，在实际工程中，应

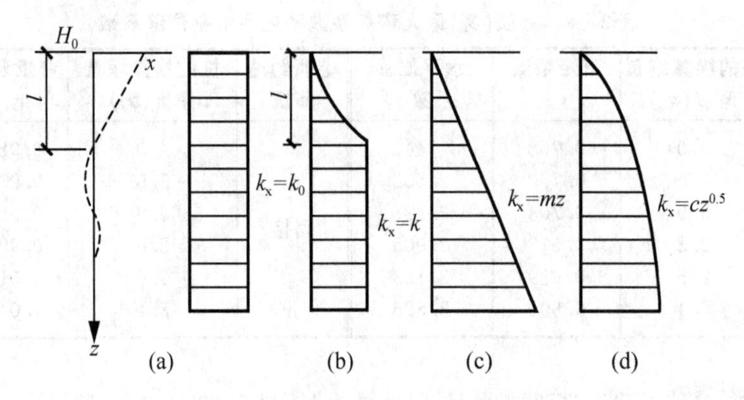

图 3.13 地基水平抗力系数的分布图式

(a) 常数法；(b)"k"法；(c)"m"法；(d)"c 值"法

根据土的性质和桩的工作情况以及与实测结果的对比综合比较确定。实测资料表明，"m"法(用于当桩的水平位移较大时)和"c 值"法(用于桩的水平位移较小时)比较接近实际。

(2) 计算参数。单桩在水平荷载作用下所引起的桩周围土体的抗力，不仅分布于荷载作用平面内，而且桩的截面形状对抗力也有影响。因此，当根据 k_x 计算桩侧横向弹性模量时，桩的宽度按表 3-7 调整。

表 3-7 桩的截面计算宽度

截面宽度或直径(m)	圆桩	方桩	截面宽度或直径(m)	圆桩	方桩
>1	$0.9(d+1)$	$b+1$	≤1	$0.9(1.5d+0.5)$	$1.5b+0.5$

当计算桩身抗弯刚度 EI 时，桩身的弹性模量 E，对于混凝土桩，可采用混凝土的弹性模量 E_c 的 0.85 倍，即 $E=0.85E_c$。

m 为地基水平抗力系数的比例系数，反映单位深度内水平抗力系数的变化，应根据试验确定，当无试验资料时，可参考表 3-8。

表 3-8 地基水平抗力系数的比例系数 m

序号	地基土类别	预制桩、钢桩		灌注桩	
		m/(mN/m^4)	相应单桩地面处水平位移/mm	m/(mN/m^4)	相应单桩地面处水平位移/mm
1	淤泥，淤泥质土，饱和湿陷性黄土	2～4.5	10	2.5～6	6～12
2	流塑($I_L>1$)、软塑状粘性土($0.75<I_L\leq1$)，$e>0.9$ 粉土，松散粉细砂，松散填土	4.5～6	10	6～14	4～8
3	可塑($0.25<I_L\leq0.75$)状粘性土，$e=0.75$～0.9 粉土，湿陷性黄土，稍密、中密填土，稍密细砂	6.0～10	10	14～35	3～6

续表

序号	地基土类别	预制桩、钢桩		灌注桩	
		$m/$(mN/m^4)	相应单桩地面处水平位移/mm	$m/$(mN/m^4)	相应单桩地面处水平位移/mm
4	硬塑（$0 < I_L < 0.25$）、坚硬（$I_L < 0$）状粘性土，湿陷性黄土，$e < 0.75$粉土，中密中粗砂，密实老填土	10～22	10	35～100	2～5
5	中密、密实的砾砂，碎石类土			100～300	1.5～3

(3) 单桩的计算。

① 确定桩顶荷载Q_0、H_0、M_0。对于单桩，上部结构传来的轴向荷载Q、弯矩M和水平力H，即为桩顶荷载。在垂直于水平方向的平面内的单排桩（n根，按对称于水平力的作用线布置），可按单桩考虑，每根桩的桩顶荷载如下。

$$Q_0 = \frac{Q}{n};\quad H_0 = \frac{H}{n};\quad M_0 = \frac{M}{n}$$

② 桩的挠曲微分方程。单桩在桩顶水平荷载H_0、弯矩M_0和地基水平抗力σ_x作用下产生挠曲，如图3.14所示，根据材料力学中梁的挠曲微分方程可得。

$$EI\frac{d^4x}{dZ^4} - \sigma_x b_0 = -k_x x b_0 \tag{3-11}$$

$$\frac{d^4x}{dZ^4} + \frac{k_x b_0}{EI}x = 0 \tag{3-12}$$

由于“m”法假定$k_x = mz$，代入式(3-24)，可得

$$\frac{d^4x}{dZ^4} + \frac{mb_0}{EI}Zx = 0 \tag{3-13}$$

令

$$\alpha = \sqrt[5]{\frac{mb_0}{EI}} \tag{3-14}$$

α为桩的变形系数，其单位为m^{-1}，则式(3-13)可变为

$$\frac{d^4x}{dZ^4} + \alpha^5 Zx = 0 \tag{3-15}$$

利用幂级数积分可以得出微分方程式(3-27)的解，从而求得桩身各截面的内力M、V和水平位移x、转角以及土的水平抗力σ_x。图3.14表示单桩的x、M、V和σ_x的分布图形。

③ 桩身最大弯矩及其位置。当对承受水平荷载为主的单桩进行设计时，需知道桩身的最大弯矩及其位置，以计算桩身截面配筋。为简化计算，可根据桩顶荷载H_0、M_0和桩的变形系数α计算如下系数。

$$C_I = \alpha\frac{M_0}{H_0} \tag{3-16}$$

由系数C_I从表3-9查得相应的换算深度$\bar{h}$，$\bar{h} = \alpha Z$，最大弯矩作用点深度为

$$Z = \frac{\bar{h}}{\alpha} \tag{3-17}$$

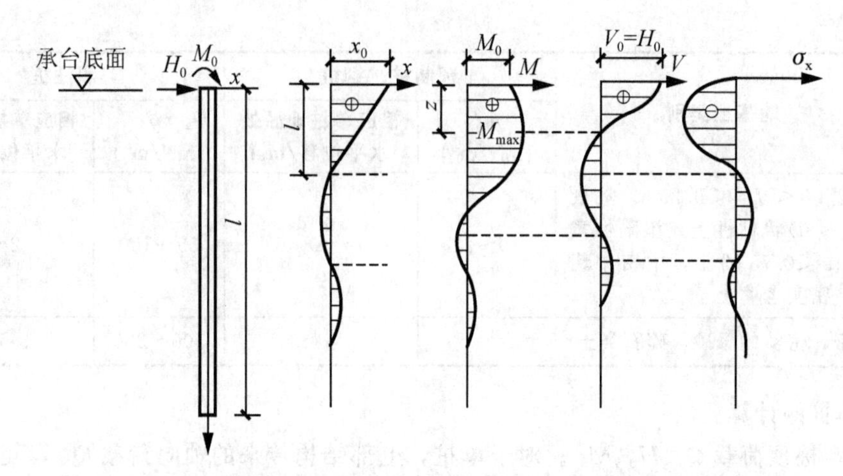

图 3.14　单桩的挠度 x、弯度 M、剪力 V 和水平抗力 σ_x 的分布曲线示例

由系数 C_{I} 或 $\bar{h}$ 查表 3-9，得系数 C_{II}，由式(3-18)可计算桩身最大弯矩值。

$$M_{max} = C_{\mathrm{II}} M_0 \tag{3-18}$$

表 3-9　计算桩身最大弯矩位置和最大弯矩的系数 C_{I}、C_{II}

$\bar{h}=\alpha z$	C_{I}	C_{II}	$\bar{h}=\alpha z$	C_{I}	C_{II}
0.0		1.000	1.4	−0.145	−4.596
0.1	131.252	1.001	1.5	−0.299	−1.876
0.2	34.186	1.004	1.6	−0.434	−1.128
0.3	15.544	1.012	1.7	−0.555	−0.740
0.4	8.781	1.029	1.8	−0.665	−0.530
0.5	5.539	1.057	1.9	−0.768	−0.396
0.6	3.710	1.101	2.0	−0.865	−0.304
0.7	2.566	1.169	2.2	−1.048	−0.187
0.8	1.791	1.274	2.4	−1.230	−0.118
0.9	1.238	1.441	2.6	−1.420	−0.074
1.0	0.824	1.728	2.8	−1.635	−0.045
1.1	0.503	2.229	3.0	−1.893	−0.026
1.2	0.246	3.876	3.5	−2.994	−0.003
1.3	0.034	23.438	4.0	−0.045	−0.011

表 3-9 是按桩长 $l=\frac{4.0}{\alpha}$ 的情况制定的，如果 $l\leqslant\frac{4.0}{\alpha}$，则应作为刚性桩计算；如果 $l>\frac{4.0}{\alpha}$，则可按此表计算。本节内容仅讨论 $l\geqslant\frac{4.0}{\alpha}$ 的情况，这在房屋建筑工程中一般很容易得到满足。

对于桩顶刚接于承台的桩，其桩身所产生的弯矩和剪切的有效深度为 $z=\frac{4.0}{\alpha}$（对桩周围为中等强度的土，直径为 400mm 左右的桩来说，此值约为 4.5～5m)，在此深度以下，桩身的内力 M、H 可忽略不计，只需按构造配筋。

④ 单桩水平容许承载力。当桩顶水平位移的容许值 $[x_0]$ 已知时，可按式(3-19)计算单桩水平容许承载力。

桩顶自由时

$$[H_0]=0.41\alpha^3EI[x_0]-0.665\alpha M_0 \tag{3-19}$$

桩顶为刚接，则

$$[H_0]=1.08\alpha^3EI[x_0] \tag{3-20}$$

在以上两式中，$[x_0]$ 的单位是 m，M_0 的单位是 kN·m，以顺时针方向为正，$[H_0]$ 的单位是 kN。

3. 单桩抗拔承载力

将主要承受竖向抗拔荷载的桩称为竖向抗拔桩。对于某些建筑物，如高耸的烟囱、海洋建筑物、高压输电铁塔、因高地下水位受巨大浮托力的箱桩或筏桩基础的地下建筑物、特殊土如膨胀土和冻土上的建筑物等，它们所受的荷载往往会使其下的桩基中的某部分受到上拔力的作用。桩的抗拔承载力主要取决于桩身材料强度及桩与土之间的抗拔侧阻力和桩身自重。

对桩的抗拔极限承载力的计算公式可以分成两大类。一类理论计算公式，此类公式是先假定不同的桩的破坏模式，然后以土的抗剪强度和侧压力系数等主要参数进行承载力计算。假定的破坏模式也多种多样，例如圆锥台状破裂面、曲面状破裂面和圆柱状破裂面等。第二类为经验公式，以试桩实测资料为基础，建立起桩的抗拔侧阻力与抗压侧阻力之间的关系和抗拔破坏模式。前一类公式，由于抗拔剪切破坏面的不同假设以及设置桩的方法对桩周土强度指标的复杂性和不确定性，使用起来比较困难，因此现在一般应用经验公式计算抗拔桩的极限承载力。

影响抗拔桩极限承载力的因素主要有桩周土的土类、土层的形成条件、桩的长度、桩的类型和施工方法、桩的加载历史和荷载的特点等。总之，凡是引起桩周土内应力状态变化的因素，对抗拔桩极限承载力都将产生影响。

3.1.3 群桩承载力

1. 群桩效应的基本概念

在实际工程中，除少量大直径桩基础外，一般都是群桩基础。荷载下的群桩基础，各桩的承载力发挥和沉降性状往往与相同情况下的单桩有显著差别；承台底产生的土反力也将分担部分荷载。因此，在桩基的设计计算时，必须考虑到群桩的工作特点。

对于群桩基础，作用于承台上的荷载实际上是由桩和地基土共同承担，由于承台、桩、地基土的相互作用情况不同，使桩端、桩侧阻力和地基土的阻力因桩基类型而异。

1）端承型群桩基础

由于端承型桩基持力层坚硬，桩顶沉降较小，桩侧摩阻力不易发挥，桩顶荷载基本上通过桩身直接传到桩端处土层上，如图 3.15 所示。而桩端处承压面积很小，各桩端的压力彼此互不影响，因此可近似认为端承型群桩基础中各基桩的工作性状与单桩基本一致；同时，由于桩的变形很小，桩间土基本不承受荷载，故群桩基础的承载力就等于各单桩的承载力之和；群桩的沉降量也与单桩基本相同，即群桩效应系数 $\eta=1$。

2）摩擦型群桩基础

摩擦型群桩主要通过每根桩侧的摩擦阻力将上部荷载传递到桩周及桩端土层中，且一般假定桩侧摩阻力在土中引起的附加应力 σ_z 按某一角度 α 沿桩长向下扩散分布，至桩端平面处，压力分布如图 3.16 中阴影部分所示。当桩数少，桩中心距 s_a 较大时，例如 $s_a>6d$，桩端平面处各桩传来的压力互不重叠或重叠不多(图 3.16(a))，此时群桩中各桩的工作情况与单桩的一致，故群桩的承载力等于各单桩承载力之和。但当桩数较多，桩距较小时，例如常用桩距 $s_a=(3\sim4)d$ 时，桩端处地基中各桩传来的压力将相互重叠(图 3.16(b))。桩端处压力比单桩时大得多，桩端以下压缩土层的厚度也比单桩要深，此时群桩中各桩的工作状态与单桩的迥然不同，其承载力小于各单桩承载力的总和，沉降量则大于单桩的沉降量，即所谓群桩效应。显然，若限制群桩的沉降量与单桩沉降量相同，则群桩中每一根桩的平均承载力就比单桩时要低，即群桩效应系数 $\eta<1$。

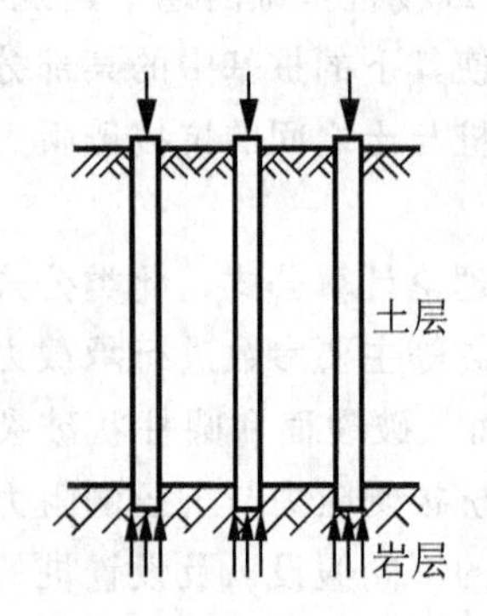

图 3.15　端承型群桩基础

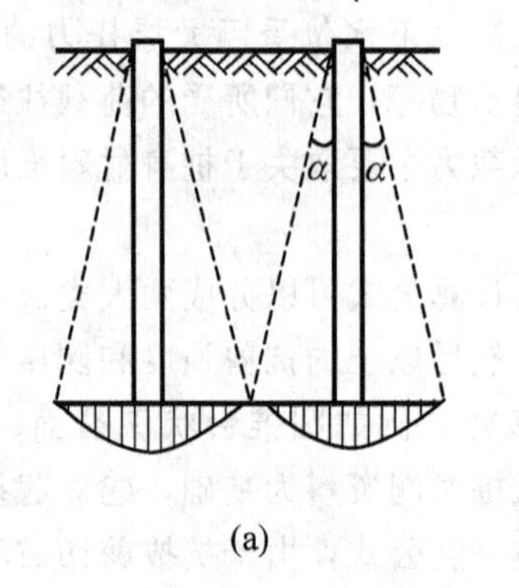

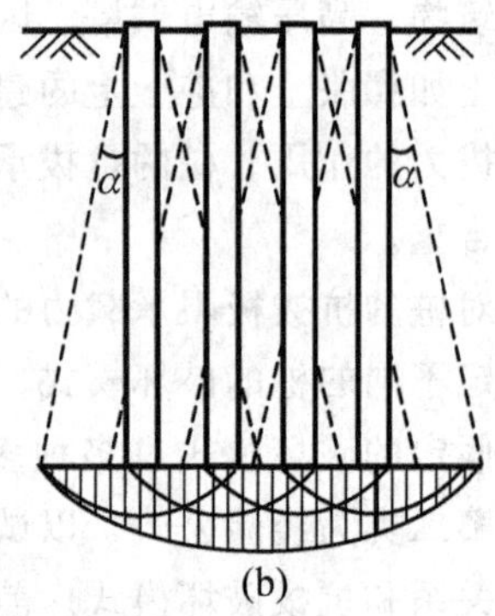

图 3.16　摩擦型群桩桩端平面上的压力分布

2. *群桩竖向承载力的确定*

国内外大量工程实践和试验研究结果表明，采用单一的群桩效应系数不能正确反映群桩基础的工作状况。群桩基础中桩的极限承载力确定极为复杂，其与桩的间距、土质、桩数、桩径、入土深度以及桩的类型和排列方式等因素有关。目前，工程上考虑群桩效应的方法有两种：一种是以概率极限设计为指导，通过实测资料的统计分析对群桩内每根桩的侧阻力和端阻力分别乘以群桩效应系数，称为群桩分项效应系数法；另一种是把承台、桩和桩间土视为假想的实体基础，进行基础下地基承载力和变形验算，称为实体基础法。

群桩分项效应系数法是属于以概率理论为基础的极限状态设计法。引入分项群桩效应系数一桩侧阻群桩效应系数 η_s、桩端阻群桩效应系数 η_p、桩侧阻端阻综合群桩效应系数 η_{sp} 和承台底土阻力群桩效应系数 η_c，定义如下。

$$\eta_s=\frac{\text{群桩中单桩平均极限侧阻}}{\text{单桩平均极限侧阻}}=\frac{q_{sg}}{q_{su}} \tag{3-21}$$

$$\eta_p=\frac{\text{群桩中单桩平均极限端阻}}{\text{单桩平均极限端阻}}=\frac{q_{pg}}{q_{pu}} \tag{3-22}$$

$$\eta_{sp}=\frac{\text{群桩中单桩平均极限承载力}}{\text{单桩平均极限承载力}}=\frac{Q_{ug}}{Q_u} \tag{3-23}$$

$$\eta_c=\frac{\text{群桩承台底平均极限土阻力}}{\text{承台底地基土极限承载力标准值}}=\frac{\sigma_{cu}}{f_{ck}} \tag{3-24}$$

η_s、η_p、η_{sp} 按表 3－10 选用，η_c 与桩距、桩长、承台宽、桩排列、承台内外面积有关，按下式计算。

$$\eta_c = \eta_{ic} \frac{A_{ic}}{A_c} + \eta_{ec} \frac{A_{ec}}{A_c} \tag{3-25}$$

式中：A_{ic}、A_{ec} ——分别为承台内外区的净面积，$A_c = A_{ic} + A_{ec}$；

η_{ic}、η_{ec} ——分别为承台内外区土阻力群桩效应系数，按表 3－11 取值，当承台下存在高压缩性软弱土层时，η_{ic} 均按 $B_c/l \leqslant 0.2$ 取值。

表 3－10　侧阻、端阻群桩效应系数 η_s、η_p 及侧阻端阻综合群桩效应系数 η_{sp}

效应系数	土名称	粘性土				粉土、砂土			
	B_c/l \ s_a/d	3	4	5	6	3	4	5	6
η_s	≤0.20	0.80	0.90	0.96	1.00	1.20	1.10	1.05	1.00
	0.40	0.80	0.90	0.96	1.00	1.20	1.10	1.05	1.00
	0.60	0.79	0.90	0.96	1.00	1.09	1.10	1.05	1.00
	0.80	0.73	0.85	0.94	1.00	0.93	0.97	1.03	1.00
	≥1.00	0.67	0.78	0.86	0.93	0.78	0.82	0.89	0.95
η_p	≤0.20	1.64	1.35	1.18	1.06	1.26	1.18	1.11	1.06
	0.40	1.68	1.40	1.23	1.11	1.32	1.25	1.20	1.15
	0.60	1.72	1.44	1.27	1.16	1.37	1.31	1.26	1.22
	0.80	1.75	1.48	1.31	1.20	1.41	1.36	1.32	1.28
	≥1.00	1.79	1.52	1.35	1.24	1.44	1.40	1.36	1.33
η_{sp}	≤0.20	0.93	0.97	0.99	1.01	1.21	1.11	1.06	1.01
	0.40	0.93	0.97	1.00	1.02	1.22	1.12	1.07	1.02
	0.60	0.93	0.98	1.01	1.02	1.13	1.13	1.08	1.03
	0.80	0.89	0.95	0.99	1.03	1.01	1.03	1.07	1.04
	≥1.00	0.84	0.89	0.94	0.97	0.88	0.91	0.96	1.00

特别提示

- B_c、l 分别为承台宽度和桩的入土长度，s_a 为桩中心距。
- 当 $B_c/l > 6$ 时，取 $\eta_s = \eta_p = \eta_{sp} = 1$；当两向桩距不等时，$s_a/d$ 取均值。
- 当桩侧为成层土时，η_s 可按主要土层或分别按各土层类别取值。
- 对于空隙比 $e > 0.8$ 的非饱和粘性土和松散粉土、砂类土中挤土群桩，表列系数可提高 5%，对于密实粉土、砂类土中的群桩，表列系数宜降低 5%。

表 3－11　承台内、外区土阻力群桩效应系数

B_c/l \ s_a/d	η_{ic}				η_{ec}			
	3	4	5	6	3	4	5	6
≤0.20	0.11	0.14	0.18	0.21				
0.40	0.15	0.20	0.25	0.30				
0.60	0.19	0.25	0.31	0.37	0.63	0.75	0.88	1.00
0.80	0.21	0.29	0.36	0.43				
≥1.00	0.24	0.32	0.40	0.48				

考虑侧阻、端阻和承台作用的分项系数后，群桩竖向极限承载力 p_u 及桩基中任一复合基桩承载力设计值 R 的表达式如下。

$$p_u = p_{su} + p_{pu} + p_{cu} = \eta_s n Q_{su} + \eta_p n Q_{pu} + \eta_c A_c f_{ck} \tag{3-26}$$

$$R = \eta_s Q_{sk}/r_s + \eta_p Q_{pk}/r_p + \eta_c Q_{ck}/r_c \tag{3-27}$$

$$Q_{ck} = A_c f_{ck}/n \tag{3-28}$$

当仅知道单桩极限承载力(如静载荷试验)时，其群桩竖向承载力按下式计算。

$$p_u = \eta_{sp} n Q_{uk} + \eta_c A_c f_{ck} \tag{3-29}$$

$$R = \eta_{sp} Q_{uk}/r_{sp} + \eta_c Q_{ck}/r_c \tag{3-30}$$

式中：p_u、p_{su}、p_{pu}、p_{cu} ——分别为群桩、侧阻、端阻和承台底地基土极限承载力；

Q_{su}、Q_{pu} ——分别为单桩侧阻、端阻极限承载力；

A_c ——承台底与土的接触面积；

Q_{sk}、Q_{pk} ——分别为单桩总极限侧阻力和总极限端阻力标准值；

Q_{ck} ——相应于任一复合基桩承台底地基土总极限阻力平均标准值；

f_{ck} ——承台底 1/2 承台宽度深度范围(≤5m)内地基土极限承载力标准值；

r_s、r_p、r_{sp}、r_c ——分别为桩侧阻抗力分项系数、桩端阻抗力分项系数、桩侧阻端阻综合抗力分项系数和承台底土阻抗力分项系数，按表 3-12 选用。

表 3-12　桩基竖向承载力抗力分项系数

桩型与工艺	$r_s = r_p = r_{sp}$		ν_c
	静载试验法	经验参数法	
预制桩、钢管桩	1.60	1.65	1.70
大直径灌注桩(清底干净)	1.60	1.65	1.65
泥浆护壁钻(冲)孔灌注桩	1.62	1.67	1.65
干作业钻孔灌注桩(d<0.8m)	65	1.70	1.65
沉管灌注桩	1.70	1.75	1.70

特别提示

- 在表 3-12 中，如果根据静力触探方法确定预制桩、钢管灌注桩承载力，则取 $r_s = r_p = r_{sp} = 0.6$；抗拔桩的侧阻抗力分项系数 r_s 可取表列数值。

承台土阻力发挥值与桩距、桩长、承台宽、桩排列、承台内外面积有关，当承台底面以下存在可液化土、湿陷性黄土、高灵敏度软土、欠固结土、新填土，或可能出现震陷、降水、沉桩过程产生高孔隙水压和土体隆起时，在设计时不考虑承台土阻力，即不考虑承台效应，取 $\eta_c = 0$，将其作为安全系数保留。η_s、η_p、η_{sp} 取表 3-10 中 $B_c/l = 0.2$ 一栏的对应值。

特别提示

根据上述分析，对群桩承载力分两种情况进行计算。

- 不考虑群桩效应，群桩承载力为各单桩承载力的总和，包括端承群桩、桩数不超过 3 根的非端承群桩。

● 对于桩数超过 3 根的非端承群桩，需考虑群桩效应。

3. 桩顶作用效应验算

桩顶作用效应分为荷载效应和地震作用效应，相应的作用效应组合分为荷载效应基本组合和地震效应组合。

1）基桩桩顶荷载效应计算

对于一般建筑物和受水平力较小的高大建筑物，当桩基中桩径相同时，通常可假定：①承台是刚性的；②各桩刚度相同；③x，y 是桩基平面的惯性主轴。按下列公式计算基桩的桩顶作用效应，如图 3.17 所示。

轴心竖向力作用下：
$$N_i = \frac{F+G}{n} \tag{3-31}$$

偏心竖向力作用下：
$$N_i = \frac{F+G}{n} + \frac{M_x y_i}{\sum y_i^2} + \frac{M_y x_i}{\sum x_i^2} \tag{3-32}$$

水平力：
$$H_i = H/n \tag{3-33}$$

式中：F、H ——作用于承台顶面的竖向力和水平力设计值；

G ——承台及其上土的自重设计值(当其效用对结构不利时，自重荷载分项系数取 1.2；有利时取 1.0)；地下水位以下部分应扣除水的浮力；

M_x、M_y ——作用于承台底面通过桩群形心的 x,y 轴的力矩设计值；

i ——基桩编号，i =1，2，…，n；n 为桩基中的基桩总数；

第 i 根基桩的桩顶竖向力和水平力设计值；

x_i、y_i ——第 i 根基桩分别至 x,y 轴的距离。

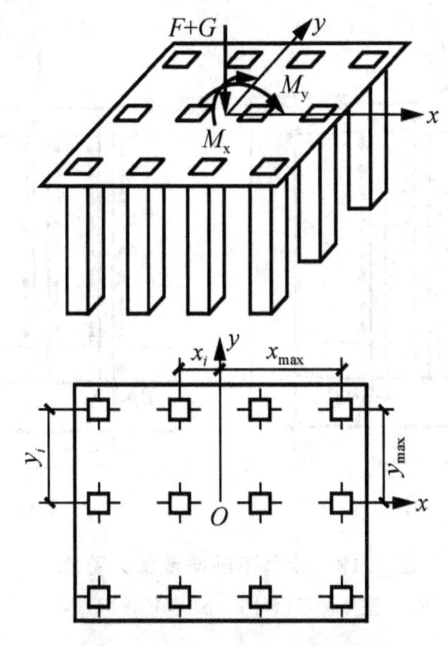

图 3.17 桩顶荷载的计算简图

当基桩承受较大水平力，或为高层台桩基时，桩顶作用效应的计算应考虑承台与基桩协同工作和土的弹性抗力。对烟囱、水塔、电视塔等高耸结构物桩基则常采用圆形或环形刚性承台，当基桩布置在直径不等的同心圆圆周上，且同一圆周上的桩距相等时，仍可按式(3－44)计算。

2）地震作用效应

对于主要承受竖向荷载的抗震设防区低承台桩基，当同时满足下列条件时，计算桩顶作用效应时可不考虑地震作用。

(1) 按现行《建筑抗震设计规范》规定可不进行天然地基和基础抗震承载力计算的建筑物。

(2) 不位于斜坡地带和地震可能导致滑移、地裂地段的建筑物。

(3) 桩端及桩身周围无可液化土层。

(4) 承台周围无可液化土、淤泥、淤泥质土。

对位于8度和8度以上抗震设防区的高大建筑物低承台桩基，在计算各基桩的作用效应和桩身内力时可考虑承台与基桩共同工作和土的弹性抗力作用。

4. *群桩软弱下卧层承载力验算*

当桩端平面以下受力层范围内存在软弱下卧层时，应进行下卧层的承载力验算。根据该下卧层发生强度破坏的可能性，可分为整体冲剪破坏和基桩冲剪破坏两种情况，如图3.18所示。验算时要求：

$$\sigma_z + \gamma_z z \leqslant q_{wuk}/\gamma_q \tag{3-34}$$

式中：σ_z ——作用于软弱下卧层顶面的附加应力，可分别按式(3-35)和式(3-36)计算；

γ_z ——软弱层顶面以上各土层容重加权平均设计值；

z ——地面至软弱层顶面的深度；

q_{wuk} ——软弱下卧层经深度修正的地基极限承载力标准值；

γ_q ——地基承载力分项系数，可取 $\gamma_q=1.65$。

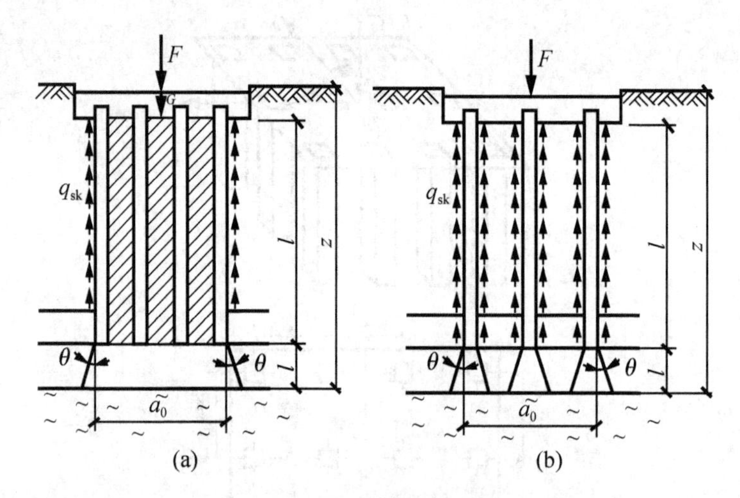

图3.18 软弱下卧层承载力验算

(a) 整体冲剪破坏；(b) 基桩冲剪破坏

(1) 对桩距 $s_a \leqslant 6d$ 的群桩基础，一般可做整体冲剪破坏考虑，按式(3-35)计算下卧层顶面的附加应力 σ_z。

$$\sigma_z = \frac{\gamma_0(F+G) - 2(a_0+b_0)\sum q_{sik} l_i}{(a_0+2t \cdot \tan\theta)(b_0+2t \cdot \tan\theta)} \tag{3-35}$$

式中：a_0、b_0——桩群外围桩边包络线内矩形面积的长、短边长；

θ——桩端硬持力层压力扩散角，按表3-13取值，其余符号同前。

表3-13 桩端硬持力层压力扩散角 θ

E_{s1}/E_{s2}	$t=0.25b_0$	$t \geqslant 0.5b_0$	E_{s1}/E_{s2}	$t=0.25b_0$	$t \geqslant 0.5b_0$
1	4°	12°	5	10°	25°
3	6°	23°	10	20°	30°

特别提示

- 在表3-13中，E_{s1}、E_{s2}分别为硬持力层、软下卧层的压缩模量，当$t<0.25b_0$时，θ降低取值。

(2) 当桩距$s_a>6d$，且各桩端的压力扩散线不相交于硬持力层中时，即硬持力层厚度$t<\frac{(s_a-d_e)c\tan\theta}{2}$的群桩基础以及单桩基础，应做基础冲剪破坏考虑，可得下卧层顶面的附加应力σ_z的表达式为

$$\sigma_z = \frac{4(\gamma_0 N_i - u\sum q_{sik} l_i)}{\pi(d_e+2t\tan\theta)^2} \tag{3-36}$$

式中：N_i——桩顶轴向压力设计值，kN；

d_e——桩端等代直径，圆形桩$d_e=d$；方桩$d_e=1.13b$（b为桩边长）；按表3-13确定θ时，取$b_0=d_e$。

任务3.2 桩基础设计

【设计任务】

(1) 掌握桩型、桩长、桩数及平面布置。

(2) 掌握桩基竖向承载力计算。

(3) 掌握桩基沉降计算。

(4) 具备桩基设计能力。

桩基础设计的目的是使作为支承上部结构的地基和基础结构必须具有足够的承载能力，其变形不超过上部结构安全和正常使用所允许的范围。桩基础在设计之前必须要有以下资料。

(1) 建筑物上部结构的情况：如结构形式、平面布置、荷载大小、结构构造及使用要求。

(2) 工程地质勘察资料，必须在提出工程地质勘察任务时，说明拟定的桩基方案。

(3) 当地建筑材料供应情况。

(4) 当地的施工条件，包括沉桩机具、施工方法及施工质量。

(5) 施工现场及周围环境的情况，交通和施工机械进出场地条件，周围是否有对振动敏感的建筑物。

(6) 当地及现场周围建筑基础设计及施工的经验等。

1. 桩基设计的内容及步骤

桩基设计的内容及步骤如下。

(1) 选择桩的类型和几何尺寸，初步确定承台底面标高。

(2) 确定单桩竖向和水平向(承受水平力为主的桩)承载力设计值。

(3) 确定桩的数量、间距和布置方式。

(4) 验算桩基的承载力和沉降。

(5) 桩身结构设计。

(6) 承台设计。

(7) 绘制桩基施工图。

2. 收集设计资料

设计桩基之前必须充分掌握设计原始资料，包括建筑类型、荷载、工程地质勘察资料、施工技术设备及材料来源，并尽量了解当地使用桩基的经验。

对桩基的详细勘察除满足现行勘察规范要求外，还应满足以下要求。

(1) 勘探点间距：端承型桩和嵌岩桩，点距一般为12～24m，主要根据桩端持力层顶面坡度决定；摩擦型桩，点距一般为20～30m，若土层性质或状态变化较大，则可适当加密勘探点；在复杂地质条件下的柱下单桩基础应按桩列线布置勘探点。

(2) 勘探深度：布置1/3～1/2的勘探孔作为控制性孔，一级建筑桩基场地至少应有3个，二级建筑桩基场地不少于2个。控制性孔应穿透桩端平面以下压缩层厚度，一般性勘探孔应深入桩端平面以下3～5m；嵌岩桩钻孔应深入持力岩层不小于3～5倍桩径；当持力岩层较薄时，部分钻孔应钻穿持力岩层。岩溶地区，应查明溶洞、溶沟、溶槽、石笋等的分布情况。

在勘察深度地区范围内的每一地层，都应进行室内试验或原位测试，提供设计所需参数。

3. 桩型、断面尺寸及桩长的选择

我国目前桩的材料主要是混凝土和钢筋，《建筑地基基础设计规范》规定，预制桩的混凝土强度等级不应低于C30；灌注桩不应低于C20；水下灌注桩不应低于C25；预应力桩不低于C40。

选择桩的类型及截面尺寸，应从建筑物实际情况出发，结合施工条件及工地地质情况进行综合考虑。预制方桩的截面尺寸一般可在300mm×300mm～500mm×500mm范围内选择，灌注桩的截面尺寸一般可在300mm×300mm～1200mm×1200mm范围内选择。

确定桩长的关键在于选择持力层，因桩端持力层对桩的承载力和沉降有着重要的影响。坚实土层和岩石最适宜作为桩端持力层，在施工条件容许的深度内，若没有坚实土层，则可选中等强度的土层作为持力层。

桩端进入坚实土层的深度应满足下列要求：对粘性土和粉土，不宜小于2～3倍桩径；对砂土，不宜小于1.5倍桩径；对碎石土，不宜小于1倍桩径；嵌岩桩嵌入中等风化或微风化岩体的最小深度，不宜小于0.5m。对于桩端以下坚实土层的厚度，一般不宜小于5倍桩径，嵌岩桩在桩底以下3倍桩径范围内应无软弱夹层、断裂带、洞穴和空隙分布。

特别提示

- 为了减小建筑物的不均匀沉降，同一建筑物应尽量避免同时采用不同类型的桩。同一桩基础中相邻桩的桩底标高应加以控制，对于桩端进入坚实土层的端承桩，其桩底高差不宜超过桩的中心距；对摩擦桩，在相同土层中不宜超过桩长的1/10。

对于承台底面标高的选择，应考虑上部建筑物的使用要求、承台本身的预估高度以及季节性冻结的影响。

桩的沉桩深度一般是由桩端设计标高和最后贯入度两个指标控制。桩端设计标高是根据地基资料和上部结构要求确定的桩端进入持力层的深度；最后贯入度是指桩沉至其标高时，每次锤击的沉入量，通常以最后每一阵的平均贯入度 x 表示。锤击法可用10次锤击为一阵，要求最后两阵平均贯入度可根据试验或地区经验确定，一般为10～30mm/min；振动沉桩以一分钟为一阵，要求最后两阵平均贯入度为10～50mm/min。对于端承桩以最后贯入度控制为主，以桩端设计标高为参考；对于摩擦桩以桩端设计标高控制为主，以最后贯入度为参考。

4. 确定桩数及其平面布置

1）确定桩数

根据单桩承载力设计值和上部结构荷载情况可确定桩数。

当桩基础为中心受压时，桩数 n 为

$$n \geqslant \frac{F+G}{R} \tag{3-37}$$

当桩基础为偏心受压时，桩数 n 为

$$n \geqslant \mu \frac{F+G}{R} \tag{3-38}$$

式中：F ——作用在桩基上的竖向荷载设计值，kN；

G ——承台及其上的土受到的重力，kN；

R ——单桩竖向承载力设计值，kN；

μ ——考虑偏心荷载的增大系数，一般取1.1～1.2。

2）桩的间距

所谓桩距，就是指桩的中心距，一般取3～4倍桩径。间距太大会增加承台的体积和用料；太小则使桩基(摩擦型桩)的沉降量增加，且给施工造成困难。桩的最小中心距应符合表3-14的规定，对扩底桩还应符合表3-15的规定。

3）桩的布置

桩位的布置应尽可能使上部荷载的中心与桩群的横截面重心重合，当外荷载中弯矩占较大比重时，宜尽可能增大桩群截面抵抗矩，加密外围桩的布置。桩在平面内可布置成方形(或矩形)、网格或三角形网格的形式；对于条形基础下的桩，可采用单排或双排布置，如图3.19所示。

表 3-14　桩的最小中心距

土类和成桩工艺		正常情况	桩数不小于九根 排数不小于三排 摩阻支承为主的桩基
非挤土和部分挤土灌注桩		2.5 d	3.0 d
挤土灌注桩	穿越非饱和土	3.0 d	3.5 d
	穿越饱和软土	3.5 d	4.0 d
挤土预制桩		3.0 d	3.5 d
打入式敞口管桩和 H 形钢桩		3.0 d	3.5 d

表 3-15　灌注桩扩大端最小中心距

成桩方法	最小中心距/m
钻、挖孔灌注桩	1.5 D 或 1.5 D +1(当 D >2m 时)
沉管扩底灌注桩	2.0 D

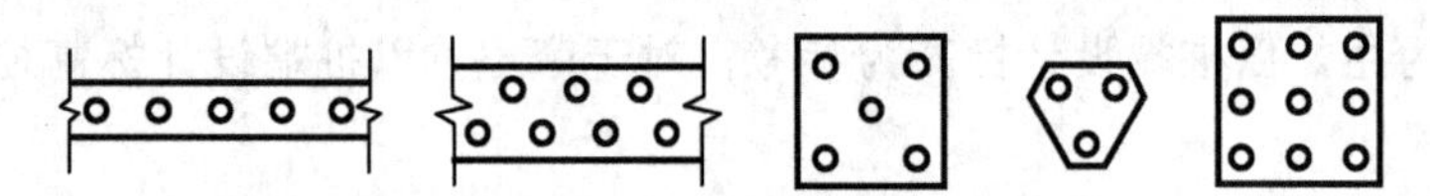

图 3.19　桩位布置图

5. 验算桩基的承载力

桩基础中各单桩承受的外力设计值 Q 应按下列公式验算，如图 3.20 所示。

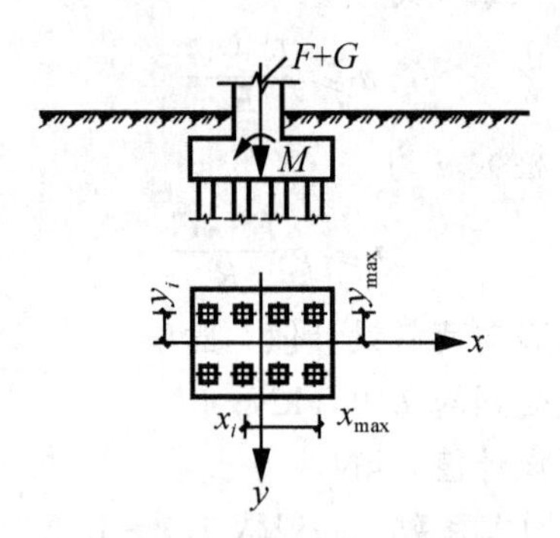

图 3.20　桩顶荷载计算简图

当轴心受压时：

$$Q=\frac{F+G}{n}\leqslant R \tag{3-39}$$

式中：Q ——桩基中单桩承受的外力设计值，kN；

F ——作用在桩基上的竖向荷载设计值，kN；

G ——桩基承台自重设计值及承台上的土自重标准值，kN；

n ——桩数；

R ——单桩竖向承载力设计值，kN。

当偏心受压时：

$$Q_i = \frac{F+G}{n} \pm \frac{M_x y_i}{\sum y_i^2} \pm \frac{M_y x_i}{\sum x_i^2} \quad (3\text{-}40)$$

$$Q_{max} = \frac{F+G}{n} \pm \frac{M_x y_{max}}{\sum y_i^2} \pm \frac{M_y x_{max}}{\sum x_i^2} \leqslant 1.2R \quad (3\text{-}41)$$

式中：Q_i ——桩基中第 i 根桩所承受的外力设计值，kN；

M_x、M_y ——作用于群桩上的外力通过群桩重心的 x、y 轴的力矩设计值，kN·m；

x_i、y_i ——第 i 桩中心至通过群桩重心的 x、y 轴的距离，m；

Q_{max} ——离群桩横截面重心最远处(x_{max},y_{max})的桩承受的外力设计值，kN。

6. 桩身结构设计

预制桩桩身混凝土强度等级不宜低于C30，当采用静压法沉桩时，可适当降低，但不宜低于C20；预应力混凝土桩的混凝土强度等级不宜低于C40。混凝土预制桩的截面边长不应小于200mm，预应力混凝土预制桩的截面边长不宜小于250mm。

预制桩的桩身应配置一定数量的纵向钢筋(主筋)和箍筋，主筋选4～8根直径14～25mm的钢筋。最小配筋率一般不宜小于0.8%。如采用静压法沉桩时，其最小配筋率不宜小于0.4%。对于截面边长在300mm以下者，可用4根主筋，箍筋直径6～8mm，间距不大于200mm，在桩顶和桩尖处应适当加密。当用打入法沉桩时，直接受到锤击的桩顶应放置三层钢筋网，桩尖在沉入土层以及使用期中要克服土的阻力，故应把所有主筋焊在一根圆钢上或在桩尖处用钢板加强，受力筋的混凝土保护层不小于30mm。桩上需埋设吊环，位置由计算确定。桩的混凝土强度必须达设计强度的100%才可起吊和搬运。

灌注桩混凝土强度等级不得低于C20，水下灌注混凝土不得低于C25，混凝土预制桩尖不得低于C30。当桩顶轴向压力和水平力满足桩基规范受力条件时，可按构造要求配置桩顶与承台的连接钢筋笼。对一级建筑桩基，主筋为6～10根ϕ12～14，其最小配筋率不宜小于0.2%，锚入承台30d_g(主筋直径)，深入桩身长度≥10d，且不小于承台下软弱土层层底深度；对二级建筑桩基，可配置4～8根ϕ10～12的主筋，锚入承台30DN，且深入桩身长度≥5d，对于沉管灌注桩，配筋长度不应小于承台软弱土层层底厚度；三级建筑桩基可不配构造钢筋。对于抗压桩和抗拔桩，受力筋不宜小于6ϕ10，纵向受力筋应沿桩身周边均匀布置，净距不应小于60mm，并尽量减少钢筋接头，箍筋采用ϕ6～8@200～300，宜采用螺旋式箍筋。对于受水平荷载较大的桩基和抗震桩基，桩顶(3～5)d范围内箍筋应加密；当钢筋笼长度超过4m时，应每隔2m左右设一道ϕ12～18焊接加劲箍筋，受力筋的混凝土保护层厚度不应小于35mm，水下灌注混凝土，不得小于50mm。

轴心荷载作用下的桩身截面强度可按3.1.2节方法计算，偏心荷载(包括水平力和弯矩)作用时，可按3.1.2节方法求出桩身最大弯矩及其相应位置，再根据《混凝土结构设计规范》要求，按偏心受压确定出桩身截面所需的主筋面积，但需要满足各类桩的最小配筋率。对经常受水平力或上拔力的建筑物，还应验算桩身的裂缝宽度，其最大裂缝宽度不得超过0.2mm，对处于腐蚀介质中的桩基则不得出现裂缝，并需采取专门的防护措施，以保证桩基的耐久性。

预制桩除满足上述要求外，还应考虑运输、起吊和锤击过程中的各种强度验算。桩在自重作用下产生的弯曲应力与吊点的数量和位置有关。桩长在20m以下的，起吊时采用

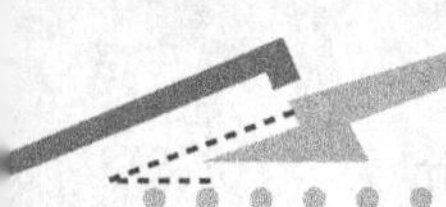

双点吊；在打桩架龙门吊立时，采用单点吊。吊点位置应按吊点间的正弯矩和吊点处的负弯矩相等的条件确定，如图 3.21 所示。在图 3.21 中，q 为桩单位长度的重力，k 为考虑在吊运过程中桩可能受到的冲击和振动而取的动力系数，可取 1.3。桩在运输或堆放时的支点应放在起吊吊点处。通常，普通混凝土桩的配筋常由起吊和吊立的强度计算控制。

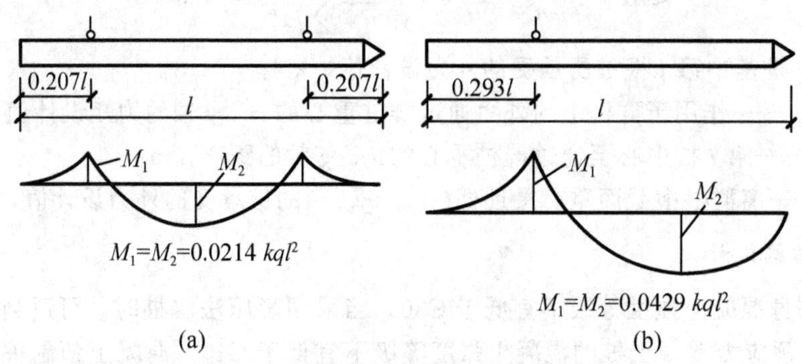

图 3.21 预制桩的吊点位置和弯矩图

(a) 双点起吊时；(b) 单点起吊时

7. 承台的设计

1）承台的构造要求

承台平面形状应根据上部结构的要求和桩的布置形式决定。常见的形状有矩形、三角形、多边形、圆形、环形及条形等。承台的最小宽度不应小于 500mm。承台边缘至中心的距离不宜小于桩的直径或边长，且边缘挑出部分不应小于 150mm，对于条形承台梁边缘挑出部分不应小于 75mm，条形承台和桩下独立桩基承台的厚度不应小于 300mm。

承台混凝土强度等级不宜小于 C20，承台底面钢筋的混凝土保护层厚度不小于 70mm。当设 100mm 后素混凝土垫层时，保护层厚度可减至 40mm，垫层强度等级宜为 C15。

承台的配筋除应满足计算要求外，还应满足承台梁的纵向受力筋直径不宜小于 12mm，架立筋直径不宜小于 10mm，箍筋直径不宜小于 6mm；对柱下独立桩基承台的纵向受力筋应通长配置；矩形承台板配筋宜按双向均匀布置，钢筋直径不宜小于 10mm，间距应满足 100～200mm。对于三桩承台，应按三向板带均匀配置，最里面三根钢筋相交围成的三角形应位于柱截面范围内。

2）承台的结构计算

(1) 承台厚度的确定。承台厚度按冲切及剪切条件确定，冲切计算分柱边、承台变阶处和角桩对承台的冲切 3 种。柱对承台的冲切计算，承台板截面的有效高度 h_0 应满足下列要求。

$$F_l \leqslant 0.7 f_t u_m h_0 \tag{3-42}$$

式中：F_l ——冲切破坏锥体底面以外各桩的桩顶反力设计值之和；

u_m ——距柱边 $h_0/2$ 处冲切破坏锥体的周长；

f_t ——混凝土轴心抗拉强度设计值。

承台变阶处冲切冲切计算亦按式(3-42)进行。但式中 h_0 为承台变阶处的有效高度；F_l 为承台变阶处冲切破坏锥体底面以外各柱的桩顶反力设计值之和；u_m 为承台变阶处 $h_0/2$ 的冲切破坏锥体的周长。

角桩对承台的冲切，h_0 应满足式(3-43)要求。

$$F_l \leqslant 0.7 f_t \frac{s_1 + s_2}{2} h_0 \tag{3-43}$$

式中：s_1、s_2 ——冲切破坏锥体上、下周长，如图 3.22 所示；

F_l ——角桩桩顶反力设计值，若为偏心荷载，则取 Q_{max} 计算。

承台受剪的验算方法与钢筋混凝土单独柱基相似，应按现行规范计算。

(2) 承台的配筋计算。

① 多桩矩形承台(图 3.23)的计算截面取在柱边和承台高度变化处(杯口外侧和台阶边缘)。

$$M_{xi} = \sum Q_i \cdot y_i \tag{3-44}$$

$$M_{yi} = \sum Q_i \cdot x_i \tag{3-45}$$

式中：M_{xi}、M_{yi} ——垂直 x、y 轴方向计算截面处的弯矩设计值，kN·m；

x_i、y_i ——垂直 x、y 轴方向自桩轴线到相应计算截面的距离，m。

② 等边三桩承台(图 3.24)的计算为

$$M = \frac{Q_{max}}{3}\left(s - \frac{\sqrt{3}}{4}h\right) \tag{3-46}$$

式中：M ——由承台形心到承台边缘距离范围内板带的弯矩设计值，kN·m；

s ——桩的中心距，m；

h ——方柱边长或圆柱直径，m。

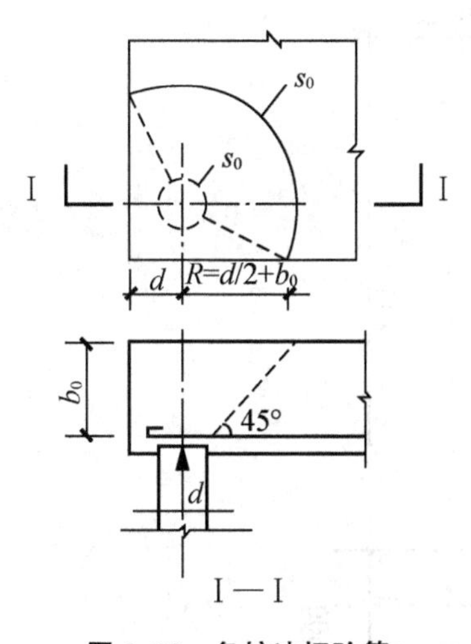

图 3.22 角桩冲切验算

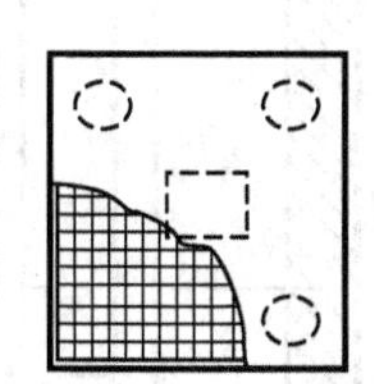

图 3.23 矩形承台配筋

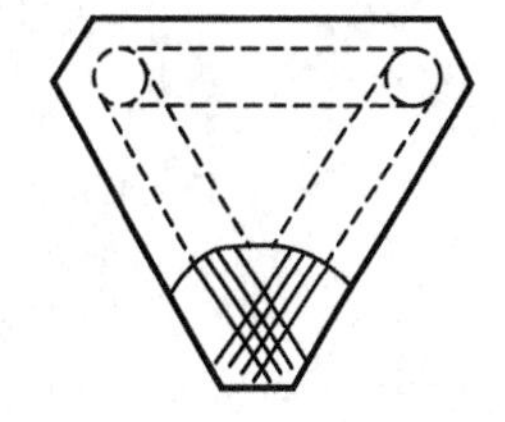

图 3.24 三桩承台的梁式配筋

③ 等腰三桩承台的计算为

$$M_1 = \frac{Q_{max}}{3}\left(s - \frac{0.75}{\sqrt{4-\alpha^2}}h_1\right) \tag{3-47}$$

$$M_2 = \frac{Q_{max}}{3}\left(\alpha s - \frac{0.75}{\sqrt{4-\alpha^2}}h_2\right) \tag{3-48}$$

式中：M_1、M_2 ——由承台形心到承台两腰和底边距离范围内板带的弯矩设计值，kN·m；

h_1 ——垂直于承台底边的柱截面的边长，m；

h_2 ——平行于承台底边的柱截面的边长，m；

α——短向桩距与长向桩距之比，当$\alpha<0.5$时，应按变截面的两桩承台设计；

s——桩距，m。

④ 墙下桩基础的条形承台，也称梁式承台，可按墙梁理论计算。对中、小型桩基础承台梁，其桩距在2m以内；墙厚在370mm以内时，一般可按构造配筋。

应用案例

某工程位于软土地区，采用柱下钢筋混凝土预制桩基础。已知：柱截面400mm×600mm，作用到基础顶面处的荷载如下：竖向荷载设计值$F=2300$kN，弯矩设计值$M=330$kN·m，剪力设计值$V=50$kN。基础顶面距离设计地面0.5m，承台底面埋深$d=2.0$m。建设场地地表层为松散杂填土，厚2.0m；以下为灰色粘土，厚8.3m；再下为粉土，未穿。土的物理学性质指标如图3.25所示。地下水位在地面以下2.0 m。已进行桩的静载荷试验，其$p-s$曲线第二拐点相应荷载分别为810kN、800kN、790kN。试设计此工程的桩基础。

解：(1) 确定桩型、材料及尺寸。

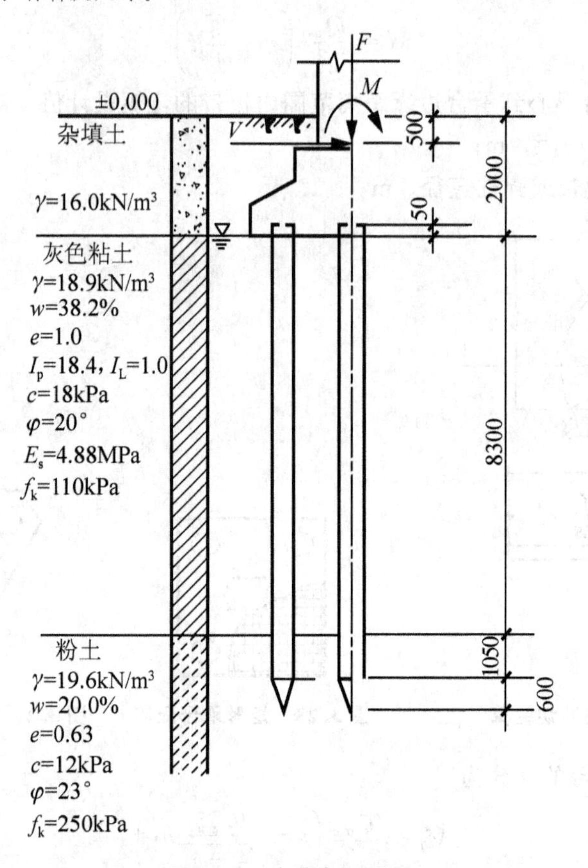

图3.25　应用案例附图

采用预制钢筋混凝土方桩，断面尺寸350mm×350mm，以粉土层作为持力层，桩入持力层深度$3d=3\times0.35$mm$=1.05$m(不含桩尖部分)。伸入承台5cm，考虑桩尖长0.6m，则桩长$l=(8.3+1.05+0.05+0.6)$m$=10$m。

材料选用：混凝土强度等级为C30，钢筋HRB235级，4ϕ16(最后计算可确定)；承台混凝土等级为 C20。为 HRB235 级钢筋。

(2) 单桩承载力设计值的确定。

① 桩的材料强度

由以上所选材料及截面，已知 $f_c=20\text{N/mm}^2$，$A=350\times350=122500\text{mm}^2$，$A'_S=804\text{mm}^2$。$f'_y=210\text{N/mm}^2$

$$R_a=0.9\psi(f_cA+f'_yA'_s)=0.9\times1\times(20\times122500+210\times804)=2356.96(\text{kN})$$

② 静载荷试验 $p-s$ 曲线第二拐点对应荷载即为桩极限荷载，800、810、790kN 三者的平均值为 800kN。单桩极限荷载的极差为 $(810-790)\text{kN}=20\text{kN}$，符合规定。故 $R_a=\frac{800}{2}\text{kN}=400\text{kN}$，$R=1.2R_a=480\text{kN}$。

③ 由《规范》提供的经验数据。

桩身穿过粘土层，$I_L=1.0$，$q_{sa}=17\text{kPa}$(由表 3-2 得)

持力层粉土，$e=0.63$，入土深度 9.4m，则 $q_{pa}=1300\text{kPa}$，$q_{sa}=35\text{kPa}$，故

$$R_a=q_{pa}A_P+u_P\sum q_{sia}l_i=1300\times0.35^2+0.35\times4(8.3\times17+1.05\times35)=408.24(\text{kN})$$

$$R=1.2R_a=408.24\times1.2\text{kN}=489.89\text{kN}\text{，取 }R=480\text{kN}。$$

(3) 桩数和桩的布置。

初步确定桩承台尺寸：2m×3m；高：2.0−0.5=1.5m，埋深 2m。

$$F=2300\text{kN},G=\gamma_G\times d\times2\times3=20\times2\times2\times3=240\text{kN}$$

桩数 $n=\mu\dfrac{F+G}{R}=1.1\times\dfrac{2300+240}{480}=5.82$（根），取 6 根。

布置方式如图 3.26 所示，桩距 $s=(3\sim4)d=(3\sim4)\times0.35=1.05\sim1.4\text{m}$。取 $s=1.15\text{m}$(纵向)，$s=1.30\text{m}$(横向)

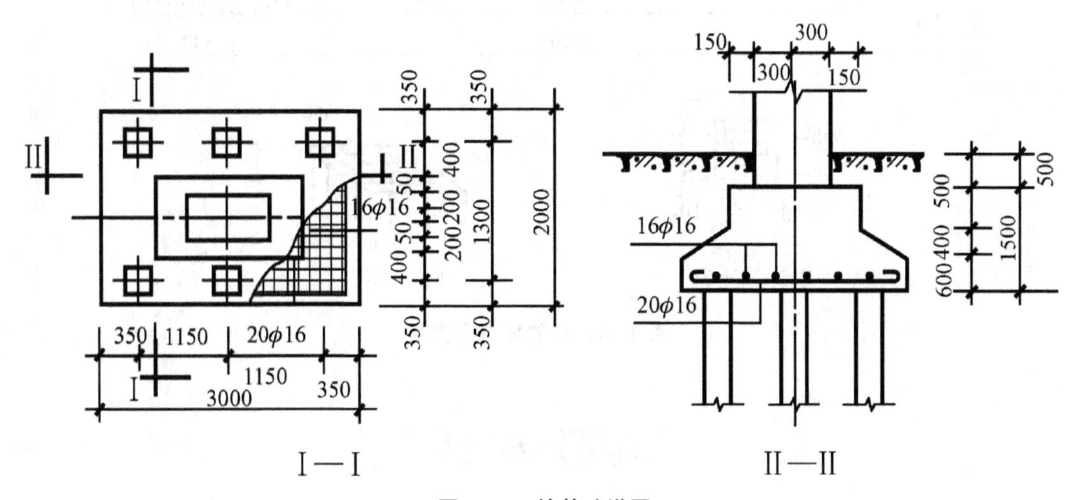

图 3.26 桩基础详图

(4) 桩基中单桩受力验算。

单桩平均受竖向力：

$$Q_i=\frac{F+G}{n}=\frac{2300+240}{6}\text{kN}=423\text{kN}<R=480\text{kN}$$

单桩最大、最小竖向力

$$Q_{min}^{max}=\frac{F+G}{n}\pm\frac{M_yx_{max}}{\sum x_i^2}$$

$$= 423 \pm \frac{(330 + 50 \times 1.5) \times 1.15}{4 \times (1.15)^2} \text{kN} = \begin{cases} 511.04\text{kN} < 1.2R = 1.2 \times 480 = 576\text{kN} \\ 334.96\text{kN} > 0 \end{cases}$$

(5) 单桩设计。

桩身采用 C30 混凝土，I 级钢筋，受拉强度设计值 $f_y = 210N/mm^2$，保护层厚度 $a = 35mm$。

在打桩架龙口吊立时，只能采用一个吊点起吊桩身，吊点距桩顶距离 l_1 为 0.042 9m，并需考虑 1.5 倍的动力系数。桩尖长度≈1.5×桩径(d)≈0.6m，桩头插入承台 0.05m，则桩总长 l =8.3+0.6+0.05+1.05=10.0m

$M = 1.5 \times 0.0429ql^2 = 1.5 \times 0.0429 \times 25 \times 0.35^2 \times 10^2 = 19.71\text{kN} \cdot \text{m}$($q$ 为桩身每米的重力)

桩横截面有效高度 h_0 =350−35=315mm

$$A_s = \frac{M}{0.9h_0 f_y} = \frac{19.71 \times 10^6}{0.9 \times 315 \times 210} \text{mm}^2 = 331.07\text{mm}^2$$

选 2ϕ16，$A_s = 402\text{mm}^2$。

桩横截面每边配筋 2ϕ16，整根桩 4ϕ16。

(6) 承台强度验算(略)。

(7) 绘制施工图。

绘制施工图如图 3.26 和图 3.27 所示。

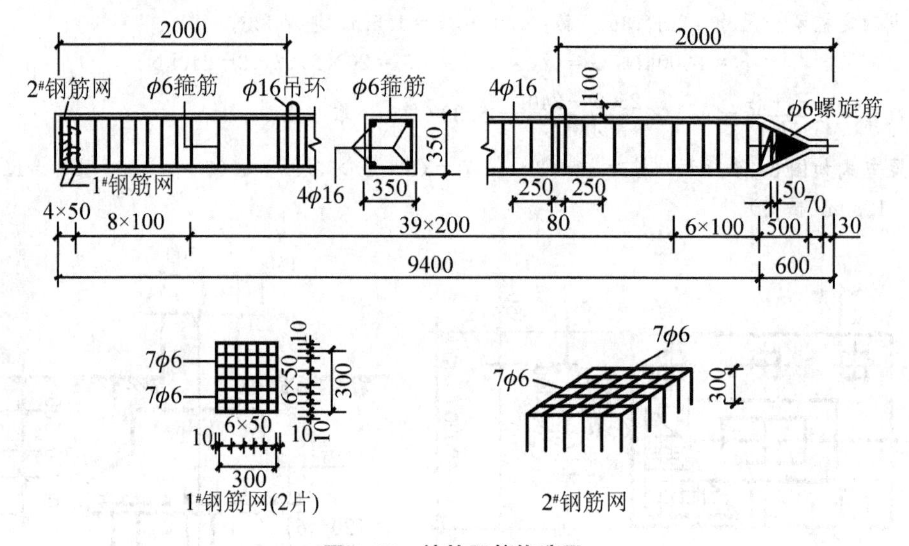

图 3.27　桩的配筋构造图

项目小结

本项目对桩基础类型、单桩承载力的计算方法、单桩水平承载力、桩基础的设计以及其他深基础进行了详细的阐述。

(1) 桩基础的分类。按桩身材料分为钢筋混凝土桩、预应力混凝土桩、钢桩、木桩、组合材料桩；按施工方法分为预制桩、灌注桩；按荷载的传递方式分为端承桩和摩擦桩；按桩的挤土作用分挤土桩、部分挤土桩、非挤土桩。

(2) 单桩承载力的计算方法。根据桩身材料强度确定；根据土对桩的支承力确定。

① 按静载荷试验确定。

② 按经验公式确定。

(3) 单桩水平承载力：单桩水平承载力设计值采用现场静荷载试验和理论计算两种方法。

(4) 桩基础设计步骤。

① 调查研究，收集资料。

② 选择桩的类型和几何尺寸，初步确定承台底面标高。

③ 确定单桩竖向和水平向(承受水平力为主的桩)承载力设计值。

④ 确定桩的数量、间距和布置方式。

⑤ 验算桩基的承载力和沉降。

⑥ 桩身结构设计。

⑦ 承台设计。

⑧ 绘制桩基施工图。

习题

一、选择题

1. 对打入同一地基且长度、横截面积均相同的圆形桩和方桩而言，下述________是正确的。

A. 总端阻力两者相同，总侧摩阻力圆桩大

B. 总侧摩阻力方桩大，单桩承载力圆桩大

C. 总侧摩阻力圆桩大，单桩承载力圆桩小

D. 总端阻力两者相同，单桩承载力方桩大

2. 桩顶受有轴向压力的竖直桩，按照桩身截面与桩周土的相对位移，桩周摩阻力的方向________。

A. 只能向上

B. 可能向上、向下或沿桩身上部向下、下部向上

C. 只能向下

D. 与桩的侧面成某一角度

3. 桩基承台的最小埋深为________。

A. 500mm　　B. 600mm　　C. 800mm　　D. 1000mm

4. 最宜采用桩基础的地基土质情况为________。

A. 地基上部软弱而下部不太深处埋藏有坚实地层时

B. 地基有过大沉降时

C. 软弱地基

D. 淤泥质土

二、简答题

1. 在什么情况下可以考虑采用桩基础?

2. 什么称作群桩效应?

3. 单桩竖向承载力可由哪几种方法确定？

4. 在摩擦桩中，群桩承载力是否是单桩承载力之和？为什么？

5. 桩基础设计包括哪些项目？

6. 沉井施工中应注意哪些问题？如果沉井在施工过程中发生倾斜怎么处理？

7. 什么是地下连续墙？地下连续墙有何优点？

8. 什么是箱桩基础？箱桩基础适用于什么工程和地质条件？

三、案例分析

1. 某商业大厦地基土第一层为粘性土，厚 1.5m，$I_L=0.4$；第二层为淤泥，厚 21.5m，含水量 $w=55\%$；第三层为中密粗砂，采用桩基础。已知预制方桩的截面为 400mm×400mm，长为 24m(从承台底面算起)，桩打入 1.0m，试按《规范》经验公式计算单桩竖向承载力特征值 R_a 。

2. 某工程为框架结构，钢筋混凝土柱的截面为 350mm×400mm，作用在柱基顶面上的荷载设计值 $F=2000$kN，$M_Y=300$kN·m。地基土表层为杂填土，厚 1.5m；第二层为软塑粘土，厚 9m，$q_{s2a}=16.6$kPa；第三层可塑粉质粘土，厚 5m，$q_{s3a}=35$kPa，$q_{sa}=870$kPa。试设计该工程基础方案。

四、设计任务书

（一）设计题目：钢筋混凝土预制桩基础

（二）设计资料

1. 上部结构资料和建筑场地资料

某教学楼，上部结构为七层框架，其框架主梁、次梁、楼板均为现浇整体式，混凝土强度等级为 C30。底层层高 3.4m。建筑物场地位于非地震区，不考虑地震影响。

2. 工程地质资料

建筑场地土层按其成因、土性特征和物理力学性质的不同，自上而下划分为 4 层，物理力学性质指标见表 3-16。场地地下水类型为潜水，勘察期间测得地下水水位埋深为 2.1m。地下水水质分析结果表明，本场地地下水无腐蚀性。

表 3-16　物理力学性质指标

土层编号	土层名称	层厚/m	重度 r/(kN/m³)	孔隙比 e	含水量 ω	液性指数 I_L	粘聚力 c/kPa	内摩擦角 ϕ/(°)	压缩模量 E_s/MPa	承载力特征值 f_{ak}/kPa	贯入阻力 P_s/MPa
1	杂填土	1.8	17.6								
2	灰褐色粉质粘土	3.2	18.5	0.91	32	1.14	16.5	20.8	5.1	127	0.72
3	灰褐色泥质粘土	6.0	18.1	1.03	35	1.10	14.5	19.1	3.8	98	0.84
4	黄褐色粉土夹粉质粘土	5.3	18.8	0.89	31	0.71	19.0	24.0	11.6	151	3.50
5	灰一绿色粉质粘土		20.0	0.74	25	0.42	35	27.1	8.4	214	2.82

3. 荷载资料

(1) 已知上部框架结构由柱子传至承台顶面的荷载效应标准组合。

A柱：

竖向荷载基本组合值：

轴力 $F_k=(1892+25n)$kN，弯矩 $M_k=(126+3n)$kN·m，剪力 $V_k=(150+n)$kN。

竖向荷载标准组合值：

轴力 $F_k=(1680+15n)$kN，弯矩 $M_k=(108+5n)$kN·m，剪力 $V_k=(130+n)$kN。

(其中，M_k、V_k 沿柱截面长边方向作用；n 为学生末两位学号)；

(2) 柱截面尺寸为 500mm×500mm。

4. 设计内容及要求

(1) 选择桩的几何尺寸以及承台埋深。

(2) 确定单桩竖向承载力特征值。

(3) 确定桩数，桩的平面布置，承台平面尺寸，单桩承载力验算。

(4) 确定复合基桩竖向承载力设计值。

(5) 桩顶作用验算。

(6) 桩身结构设计及验算。

(7) 承台结构设计及验算。

(8) 需提交的报告：计算说明书和桩基础施工图(绘于计算说明书上)。

项目 4

基础设计软件应用

项目实施方案

MorGain结构快速设计软件和理正结构工具箱是目前设计人员常用的两种基础设计软件，本项目通过真实工程设计案例，结合最新规范，通过两种软件进行钢筋混凝土独立基础和桩基础设计，让入门设计人员在前面人工计算基础上，快速熟悉软件设计的整体思路和流程，掌握软件设计技巧，具备基础设计软件应用能力。

项目任务导入

CAD(Computer Aided Design，计算机辅助设计)利用计算机硬件和软件系统强大的计算功能和高效灵活的图形处理能力，帮助工程设计人员进行工程和产品的设计与开发，建筑结构设计是土木行业较早采用CAD技术的专业之一，商品化应用软件的开发相对较早，而地下结构CAD起步较晚，相应的商品化软件较少。而地下结构的计算工作复杂而繁重，绘图工作量也很大，其中许多重复性的工作但又容不得差错存在。这正是最能体现和发挥CAD技术应用价值和威力的领域。

目前地基基础设计市场有PKPM中的JCCAD、MorGain结构快速设计软件、理正结构工具箱和世纪旗云等常用基础设计软件，设计软件在遵循国家或行业技术规范基础上，以AutoCAD为图形支撑平台，可直接导出计算书和结构设计图纸，为设计人员缩短设计时间，提高结构设计质量、降低成本、提高了市场竞争力。本项目结合两个实际工程案例，分别应用常见的MorGain结构快速设计软件和理正结构工具箱进行设计。

任务4.1 MorGain结构快速设计应用

【设计任务】

(1) 熟悉基础设计构造要求。

(2) 理解和掌握软件计算设计流程。

(3) 具备阅读设计计算书能力。

(4) 具备调整软件设计结果能力。

4.1.1 钢筋混凝土柱下独立基础设计

引例

某小区7层洋房为混凝土框架剪力墙结构，地上7层，无地下室，设计使用年限50年，建筑物的重要性类别为二类，安全等级为二级，抗震等级为三级，选用基础类型为柱下独立基础。要求根据上部结构计算结果和工程地质勘查报告设计柱下独立基础，并画出该洋房的基础平面布置图及基础大样图，整理基础计算书。

1. 基础设计条件

已知条件：

- 通过建筑结构设计软件PKPM对上部结构进行整体计算，然后在PKPM中JCCAD模块中读取柱底内力标准值，如图4.1所示，根据该标准值进行基础设计。
- 根据地质报告，基础持力层为稍密或中密卵石层，地基承载力特征值不小于300kPa。
- 根据基础规范构造要求，基础混凝土强度等级为C30，钢筋直径小于14mm时采用HRB335级，大于等于14mm时采用HRB400级。

以图4.1所示的柱基础为例，采用MorGain结构快速设计程序来辅助计算。

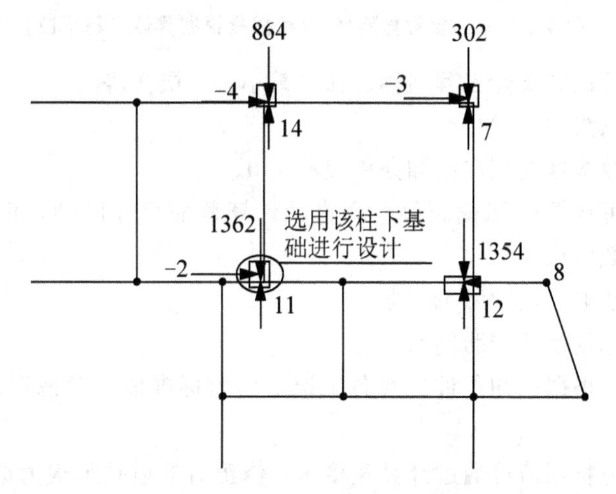

图4.1 SATWE标准：恒+活荷载组合简图(包括附加荷载)

2. 基础设计流程

(1) 首先双击 MorGain 结构快速设计软件快捷图标，系统弹出主界面，选择“地基基础”下拉菜单中的“柱下扩展基础”程序，出现图 4.2 所示的界面。

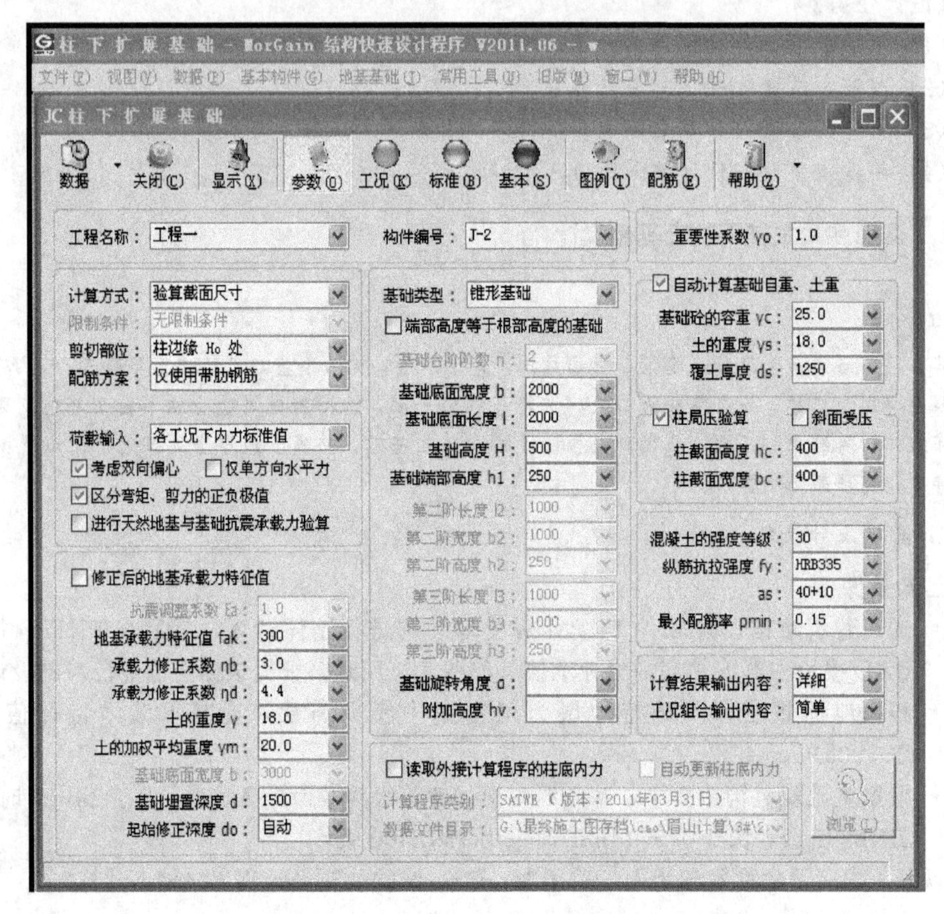

图 4.2　软件参数界面(初始数据需根据具体工程更改)

(2) 工程名称可以取实际工程名称，如“某小区 7 层洋房”。

(3) 构件编号取为“J－2”。

(4) 重要性系数根据规范和已知条件应取 1.0。

(5) 计算方式可选择验算截面尺寸和自动计算截面尺寸两种，可以根据个人习惯选择，下面选取验算截面尺寸。

(6) 剪切部位选取：柱边缘 H_0 处。

(7) 配筋方案选仅使用带肋钢筋。

(8) 荷载输入：根据已知条件选择各工况下内力标准值，考虑双向偏心并区分弯矩、剪力的正负极限。

(9) 地基承载力特征值可通过计算直接填入修正后的地基承载力标准值，也可以填入 f_{ak} 让程序根据条件自动计算。下面填入 f_{ak} 值“300” kPa，承载力修正系数 η_b 取 3.0，承载力修正系数 η_d 取 4.4，这两个系数是根据地质报告查《地基基础设计规范》表 5.2.4 得出的。

(10) 土的重度 $\gamma=18kN/m^3$。

(11) 土的加权平均重度 $\gamma_m=20kN/m^3$。

(12) 基础埋置深度取 2300mm。

(13) 起始修正深度 d_0 选择“自动”。

(14) 常用的基础类型有锥形基础和梯形基础两种，在此以锥形基础为例，同时单击菜单中的“图形”按钮，程序弹出基础图形示意图，根据示意图填写基础各尺寸；根据经验初步选定尺寸如下：$b=2000mm$，$l=2000mm$，$H=500m$，$h_1=250mm$。

(15) 在基础布置时应使基础的形心与墙、柱的形心重合，并使基础边长 b 平行于柱截面宽度 b_c，所以一般遵照这样的方式布置基础，则基础旋转角度 a 不需填写，基础附加高度如无特殊要求亦无须填写。

(16) 选择自动计算基础的自重和土重。

(17) 取基础的容重 $\gamma_c=25kN/m^3$，土的重度 $\gamma_s=18kN/m^3$，覆土厚度：

$$d_s = d - h_1 = 2300 - 250 = 2050mm。$$

(18) 点取柱局压验算，柱截面高度及宽度根据图形直接读取，此柱 $h_c=500mm$，$b_c=300mm$；

(19) 混凝土的强度等级取 C30，纵筋抗拉强度 f_y 先选 HRB335，若计算配筋面积较大再用 HRB400 级钢筋等强度代换，a_s 根据规范在有垫层的情况下，基础保护层厚度 c 为 40mm，则基础底面边缘至钢筋受力点的高度 $a_s=40+d/2$，d 为基础受力钢筋的直径，可以先偏安全地选择 $a_s=40+10$，最小配筋率 ρ_{min} 为 0.15。

(20) 计算结果输出内容选“详细”。

(21) 为减少计算书的量，工况组合输出内容则建议选择“简单”。

(22) 把页面切换到工况菜单，各种荷载分项系数和组合值系数可按自动，程序会根据现行规范自动取值。

(23) 因为 JCCAD 读取的是柱底内力标准值，即 1.0 恒载+1.0 活荷载，通常工程中因为活荷载对柱底力的贡献所占比例较小，所以基础设计时的组合都是 1.35 横载+1.4×0.7 活载。因活载比重小，所以偏安全地把 JCCAD 的柱底内力标准值全部作为永久荷载填入表格。

至此，MorGain 结构快速设计程序要求输入的所有参数已填写完毕，选择显示菜单，则程序弹出基础计算书。计算书可直接打印也可以先保存在指定的文件夹里，保存后的计算书为 Word 文档，非常方便阅读和管理。

特别提示

- MorGain 结构快速设计软件具有帮助菜单，里面含“程序简介”和“使用说明”等帮助文档，对于初学者可认真阅读，帮助理解程序界面各参数含义和取值依据。

3. 计算书检查

设计软件计算书需要进行检查，查看过程和结果是否有错误警告，根据经验查看计算结果是否符合规范要求和经济要求。在本案例计算书中，没有出现错误警告，不需要进行参数调整和重新计算，并且计算书中 $P_k<f_a$，且接近 f_a，基础配筋也不大，符合安全经

济的要求，因此之前选择的基础截面尺寸合适。

特别提示

- 在工程设计中，柱下基础数量较多，根据设计经验，通常将柱荷载接近柱下基础归类，统一编号(此案例编号为J—2)，只需计算其中一柱下基础，其他不再计算，计算结果和配筋图共用，此类处理不影响工程安全，可提高设计效率。

4. 基础施工图

根据计算结果画出基础平面布置图及大样图，如图4.3所示。

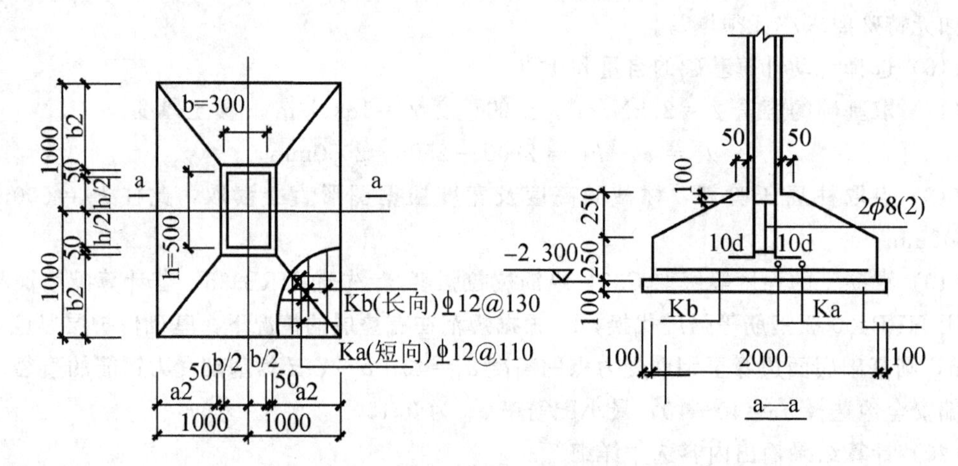

图4.3　基础平面图和大样图

4.1.2　钢筋混凝土预制桩基础设计

引例

某小区18层住宅为钢筋混凝土剪力墙结构，地上18层，无地下室，设计使用年限50年，建筑物的重要性类别为二类，安全等级为二级，抗震等级为三级，基础采用预应力管桩基础。要求根据条件画出该住宅的桩基础平面布置图及承台大样，并整理该承台计算书。

1. 基础设计条件

已知条件：

- 通过建筑结构设计软件PKPM对上部结构进行整体计算，然后在PKPM中JC-CAD模块中读取柱底内力标准值，如图4.4所示，根据该标准值进行基础设计。
- 根据地质报告，基础持力层为强风化花岗岩，通过现场试桩后确定单桩承载力特征值为R_a＝1500kN。
- 根据基础规范构造要求，桩基承台的混凝土强度等级为C30，钢筋采用HRB400级钢筋。

以图4.4所示的剪力墙基础为例，采用MorGain结构快速设计程序来辅助计算。

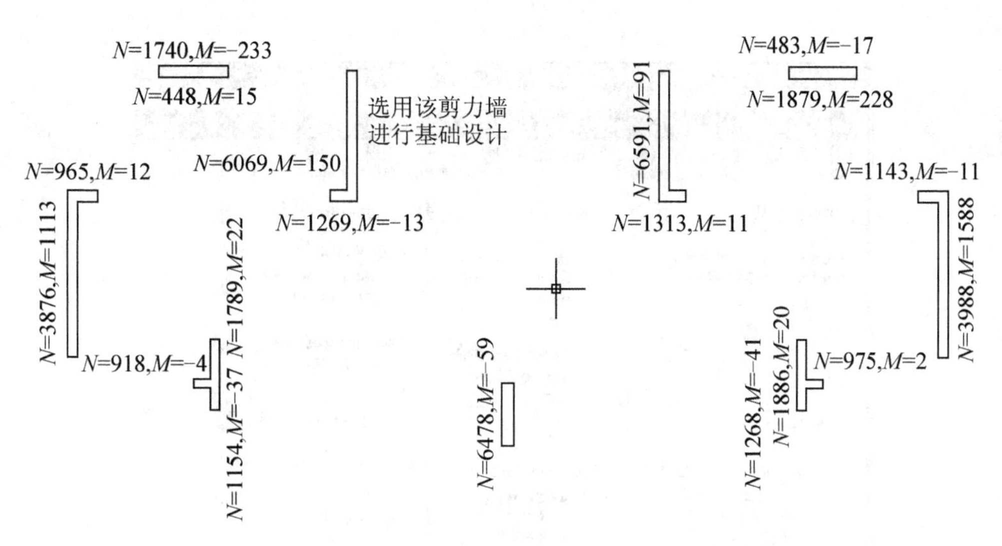

图 4.4　SATWE 标准：恒＋活荷载组合简图(包括附加荷载)

2. 基础设计流程

选图 4.4 所示的剪力墙基础布置为例，首先根据图 4.4。算出它的总轴力 $N=1269+6069=7338\text{kN}$，然后用 $N/R_a=7338/1500=4.892$，因此该墙下应布置 5 桩，同理确定出其他墙下桩数，并根据《建筑地基基础规范》和《建筑桩基技术规范》关于桩间距及承台构造的要求绘制出桩基平面布置图，如图 4.5 所示。

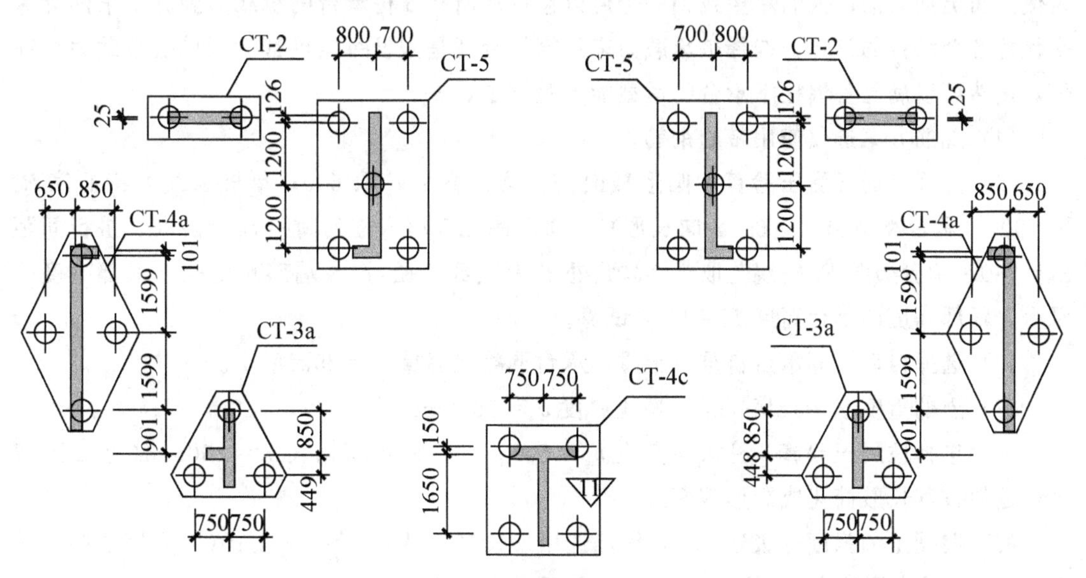

图 4.5　桩基平面布置图

因荷载和剪力墙样式接近，可将图 4.4 所选剪力墙下基础同右侧剪力墙下基础归为同一标号 CT－5，不需另行设计。采用“MorGain 结构快速设计程序”计算，打开程序选择地基基础菜单下的柱下独立承台，程序弹出界面如图 4.6 所示。

(1) 工程名称取名：实例二。

(2) 构件编号：CT－5，重要性系数 $\gamma_0=1.0$。

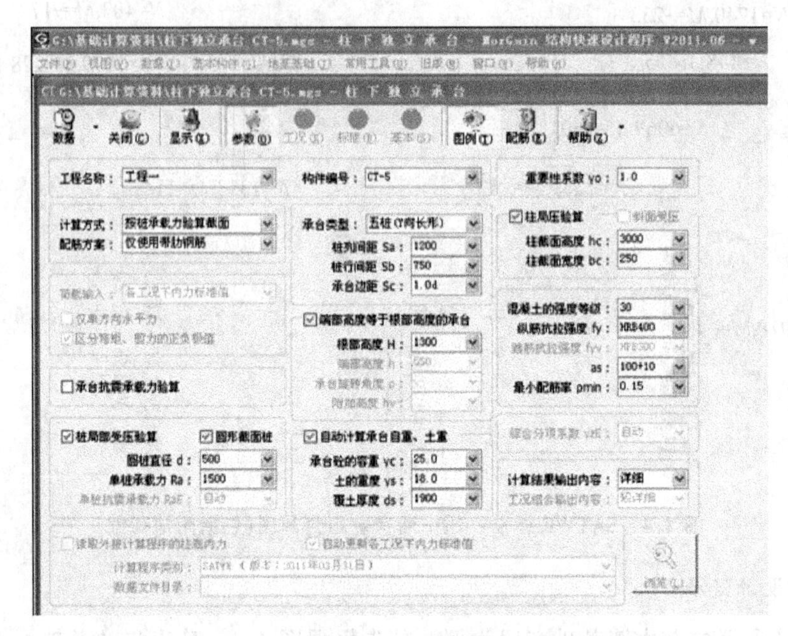

图 4.6　设计界面

(3) 计算方式共有 4 种，其中按桩承载力验算截面最为常用，因为当工程比较大时，会有多个墙柱下布置有 5 桩承台，而每个墙柱下的荷载是不同的，为了节省计算时间，同时使图面更加简洁，人们希望找到一个可以包得住所有 5 桩承台的承载力验算要求的计算来代替各个承台的计算，选择桩承载力来验算承台就是假设每根桩都达到单桩承载力特征值，显然可以满足各墙柱下承台的承载能力验算了。

(4) 配筋方案选仅使用带肋钢筋。

(5) 选择桩局部受压验算和圆形截面桩，圆桩直径 d 取 500；单桩承载力特征值 R_a 取 1500，承台类型选“五桩(Y 向长形)”，对照图 4.5 填入桩列间距 $S_a=1200$，桩行间距 $S_b=750$，承台边距 S_c 按规范取 $1.0d$(此处 d 为桩身直径)选择端部高度等于根部高度的承台，跟部高度即承台高度 $H=1300$ 试算。

(6) 选择自动计算承台自重、土重，承台混凝土容重 $\gamma_c=25\text{kN/m}^3$。

(7) 土的重度 $\gamma_s=18\text{kN/m}^3$，覆土厚度 $d_s=1900\text{mm}$。

(8) 选择柱局压验算，柱截面高度 $h_c=3000\text{mm}$，柱截面宽度 $b_c=250\text{mm}$(对 L 形剪力墙近似按其长肢简化成矩形截面)。

(9) 混凝土的强度等级选 C30，纵筋选用 HRB400 级，$a_s=100+10$(因为桩顶伸入承台 100mm)最小配筋率按默认的 0.15%，满足规范要求。

计算输出内容选择详细，最后单击菜单栏的显示按钮则程序弹出计算结果。

3. 计算书检查

查看计算书，当发现承台高度等于 1300 时，柱对承台的冲切计算、角桩对承台的冲切计算、Y 向斜截面受剪承载力计算、X 向斜截面受剪承载力计算、柱下局部受压承载力计算、角桩局部受压承载力计算均可满足规范要求，且配筋结果为 X：16@100，Y：16@

100，配筋合理，因此所选截面是合适的。

4. 基础施工图

根据计算结果画出基础平面布置图及大样图，如图 4.7 所示。

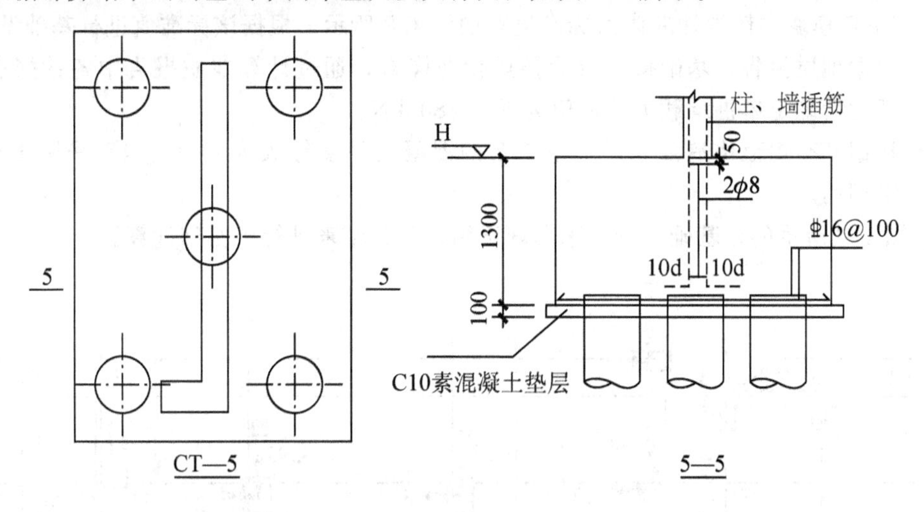

说明：1. 材料：混凝土；C30。
2. 承台底板钢筋的混凝土保护层厚度为50mm。
3. 承台底C10混凝土垫层100mm厚，每边伸出承台边100mm。
4. 承台顶配筋可采用基础板面配筋替代。

图 4.7　CT－5 大样图

特别提示

- 通过 CT－5 的计算不难发现，MorGain 结构快速设计程序计算承台的方法并不是精确的有限元计算方法。它把桩的承载力简化成作用在桩心的点荷载，这种计算方式通常仅适用于桩径在φ 300～φ 600 的小直径桩，对于大直径高承载力的大直径桩用 MorGain 结构快速设计程序计算承台则结果失真。

任务 4.2　理正结构工具箱应用

【设计任务】

(1) 熟悉基础设计构造要求。

(2) 理解和掌握软件计算设计流程。

(3) 具备阅读设计计算书能力。

(4) 具备调整软件设计结果能力。

引例

某小区 20 层住宅为钢筋混凝土框架剪力墙结构，地上 20 层，无地下室，设计使用年限 50 年，建筑物的重要性类别为二类，安全等级为二级，抗震等级为三级，基础采用预应力管桩基础。要求根据条件画出该住宅的桩基础平面布置图及承台大样，并整理该承台计算书。

1. 基础设计条件

已知条件：

- 通过建筑结构设计软件 PKPM 对上部结构进行整体计算，然后在 PKPM 中 JCCAD 模块中读取柱底内力标准值，如图 4.8 所示，根据该标准值进行基础设计。
- 根据地质报告，基础持力层为强风化花岗岩，通过计算地质报告中各钻探点的承载力后确定单桩承载力特征值为 $R_a=1800$kN。
- 根据基础规范构造要求，桩基承台的混凝土强度等级为 C30，钢筋采用 HRB400 级钢筋。

以图 4.8 所示的柱基础为例，采用理正结构工具箱来进行桩基础计算。

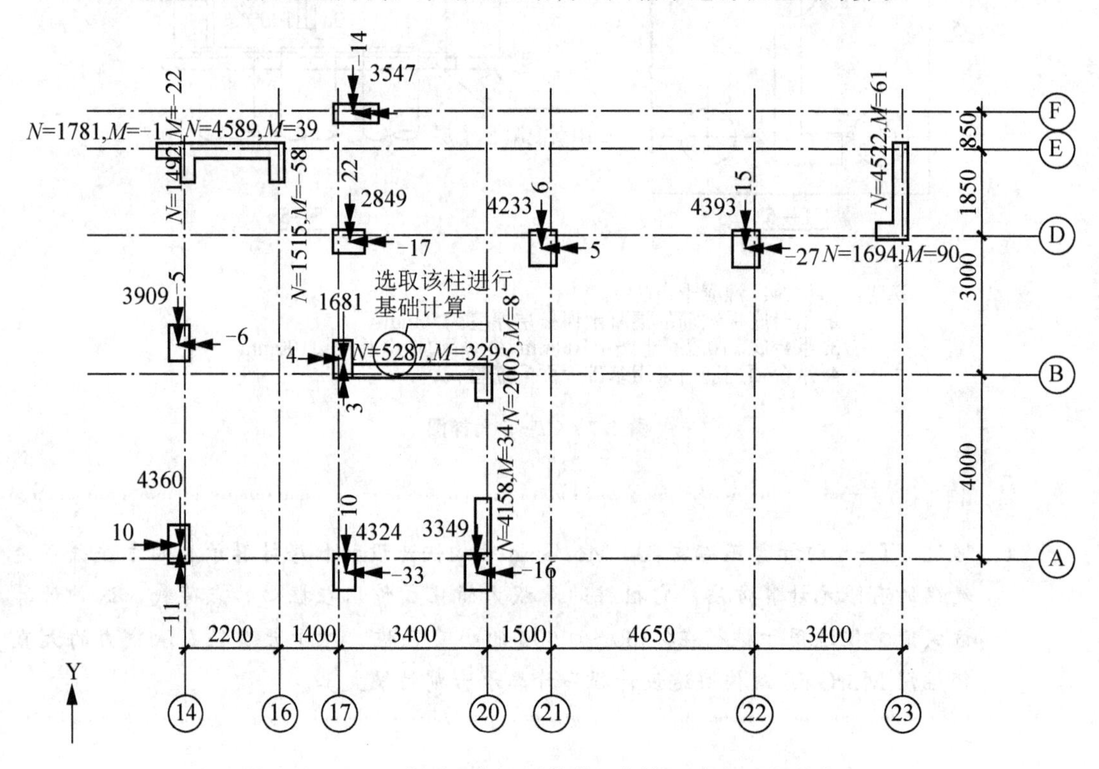

图 4.8 SATWE 标准：恒+活荷载组合简图(包括附加荷载)

2. 基础设计流程

1）确定桩数和平面布置

选 B 轴交 17－20 轴处剪力墙基础布置为例，首先根据图 4.8 算出它的总轴力 $N=1681+5287+2005=8973$kN，然后用 $N/R_a=8973/1800=4.985$，本来该墙下应布置 5 桩，但在这种情况下，承载力接近临界点，且考虑到总轴力中没有考虑承台自重，因此布桩时应留有一定的安全富余，所以布置 6 桩，同理确定出其他墙柱下的桩数，并根据《建筑地基基础规范》和《建筑桩基技术规范》关于桩间距及承台构造的要求绘制出桩基平面布置图，如图 4.9 所示。

2）承台配筋和相关设计信息录入

布置完桩基平面图，则开始计算承台的配筋，采用“理正结构工具箱设计程序”计

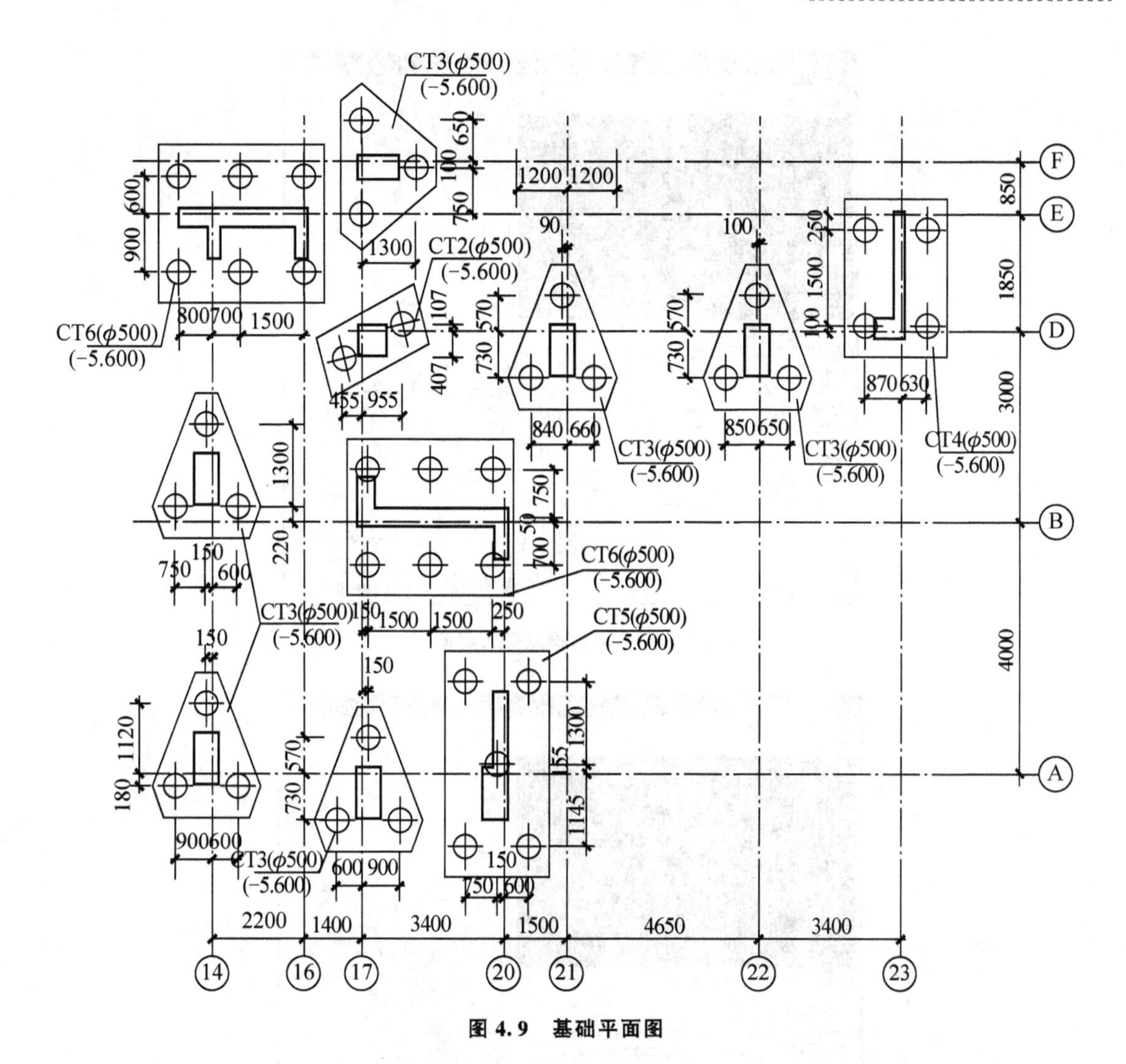

图 4.9　基础平面图

算，打开程序选择“地基，桩基”菜单下的“独立桩承台设计”选项，程序弹出界面如图 4.10 所示。

首先在承台信息那一栏把承台的基本参数填进去。选好已定的桩数，类型选择“第二种”，柱宽 3600mm，柱高 300mm(对 Z 形剪力墙近似按其长肢简化成矩形截面)，柱宽和柱高的输入会在尺寸简图那里实时显示出来，因为对于矩形柱来说，柱宽和柱高会影响弯矩值的计算。柱子转角按实输入，一般都是 0°。桩类型选择预制桩，桩形状选圆形，桩直径取 500mm。对照图 4.9 填入桩列间距 $e_{11}=1500$，$e_{12}=1500$，桩行间距 $L_{11}=750$，$L_{12}=750$，承台边距 $A'=500$ 按规范取 1.0d(此处 d 为桩身直径)。承台高度 $H=1500$ 进行试算，(一般承台高度越大，计算配筋越小，但构造配筋越大，承台高度越小，计算配筋越大，构造配筋越小，所以高度的取值需要一个平衡点，这个需要反复几次计算来推敲)。

然后，在计算参数那一栏把承台的计算参数填进去，界面如图 4.11 所示。

弯矩设计值，轴力设计值，剪力设计值根据 PKPM 得出来的结果填进去，承台混凝土强度等级取“C30”，承台钢筋级别取“HRB400”，柱混凝土强度等级取“C35”，桩混凝土强度等级取“C80”(预应力管桩一般都取 C80)。单桩极限承载力标准值这一项要注

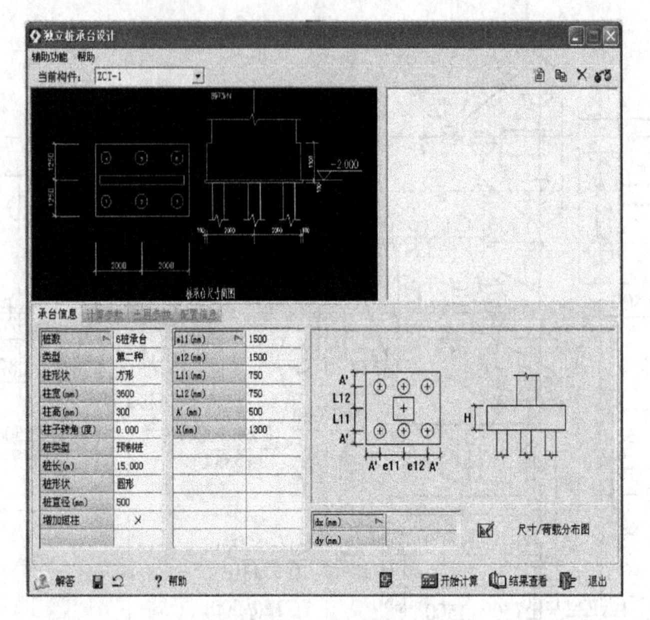

图 4.10　承台信息录入界面

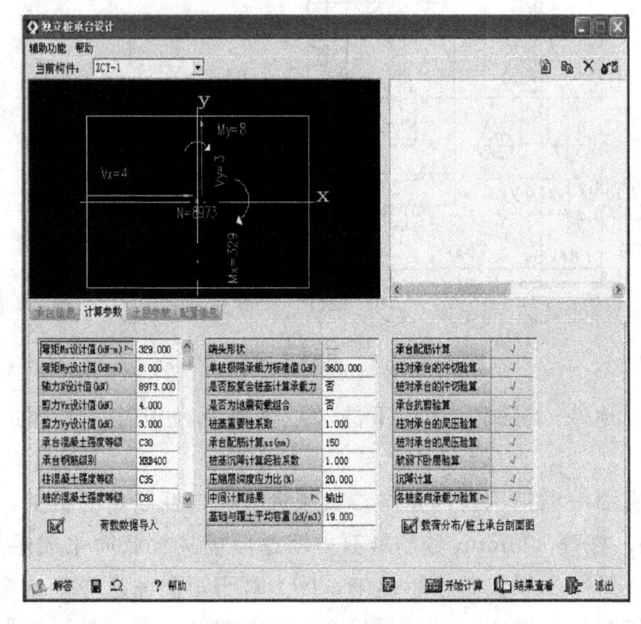

图 4.11　计算参数录入界面

意，单桩竖向承载力特征值 R_a 是单桩极限承载力标准值除以安全系数后所得值，根据《建筑桩基技术规范》，该安全系数取“2”，所以单桩极限承载力标准值是单桩竖向承载力特征值 R_a 的 2 倍。对于是否按复合桩基计算承载力，地震荷载组合按默认选“否”；桩基重要性系数选“1.0”；承台配筋计算 a_s 取“150”（考虑到桩伸入承台 100），桩基沉降计算经验系数按默认值取“1”；压缩层深度应力比按默认值取“20”；基础与覆土平均容重取“19” kN/m^3。

土层参数这一栏数据输入需要根据地质报告中钻探孔的数据，界面如图 4.12 所示。

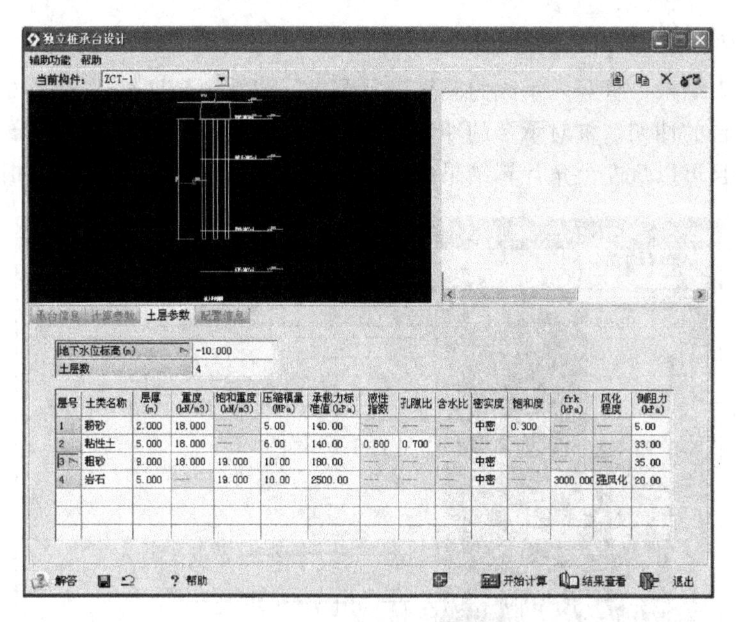

图 4.12　土层参数录入界面

配置信息按默认值取即可，界面如图 4.13 所示。

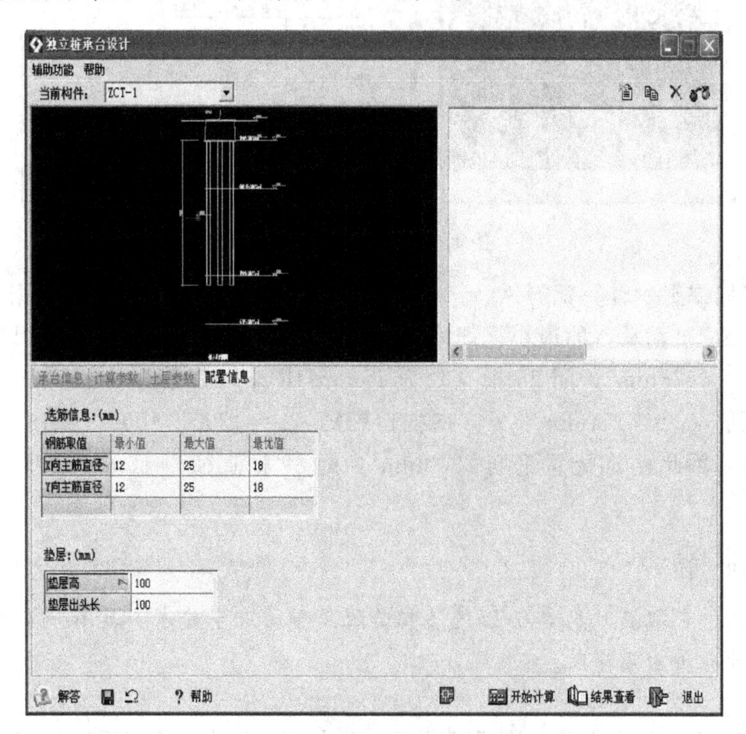

图 4.13　配置信息录入界面

全部参数信息都输完之后，单击右下角的“开始计算”按钮，如果中间参数输入过程中有错误，在右上角的空白框处会有错误信息显示，这时就要返回信息参数栏里面修改，直到没有错误信息为止。再单击“结果查看”按钮，则程序弹出计算书结果。

3. 计算书检查

查看计算书结果，桩竖向承载力验算满足要求。当承台高度输入“1300”时，各桩净反力，柱对承台的冲切、桩对承台的冲切、承台抗剪验算，局压验算，沉降计算均可满足规范要求，并且可以从左上角计算结果中查看各项计算的图形文件，界面如图 4.14 所示。

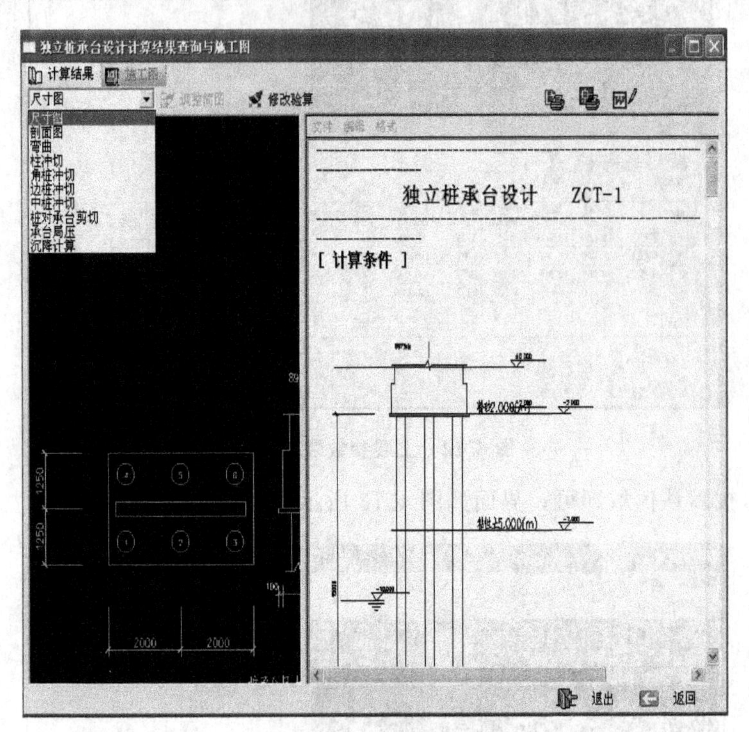

图 4.14 承台计算结果

查询配筋结果显示计算配筋 $A_{sx}=0$，说明 X 方向配筋为构造配筋，根据《建筑桩基技术规范》柱下独立桩基承台的最小配筋率不应小于 0.15%，因此 X 向配置钢筋应为 $1300\times2500\times0.15\%=4875\text{mm}^2$，配 25 根直径为 16mmHRB335 钢筋($A_s=5025\text{mm}^2$)，配筋结果显示计算配筋 $A_{sy}=7574\text{mm}^2$，Y 方向构造配筋 $A_{sy}=1300\times4000\times0.15\%=7800\text{mm}^2$，取两者最大值，因此 Y 向配置钢筋 7800mm^2，配 39 根直径为 16mmHRB335 钢筋($A_s=7839\text{mm}^2$)。

特别提示

- 理正软件在配筋时忽略 0.15%的构造配筋率的这个要求，具有一定的局限性，需要设计人员后期修改。

所选截面是合适的。在结果满足要求后，单击左上角的“施工图”按钮，程序会生成 CT6 的大样图，界面如图 4.15 所示。

选好比例后单击“插入到 AutoCAD”按钮，然后修改为人工复算后的配筋，

4. 基础施工图

根据计算结果画出基础平面布置图及大样图，如图 4.16 所示。

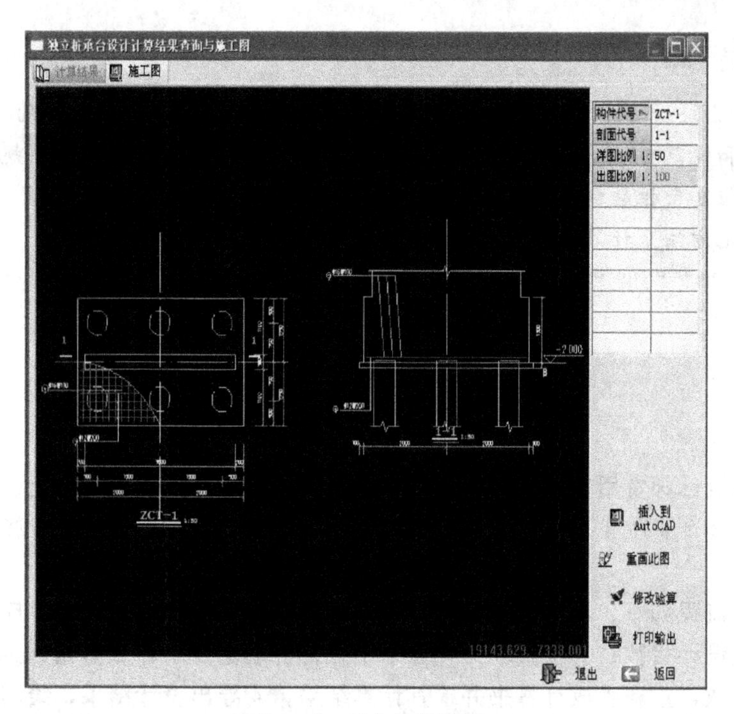

图 4.15 承台计算结果

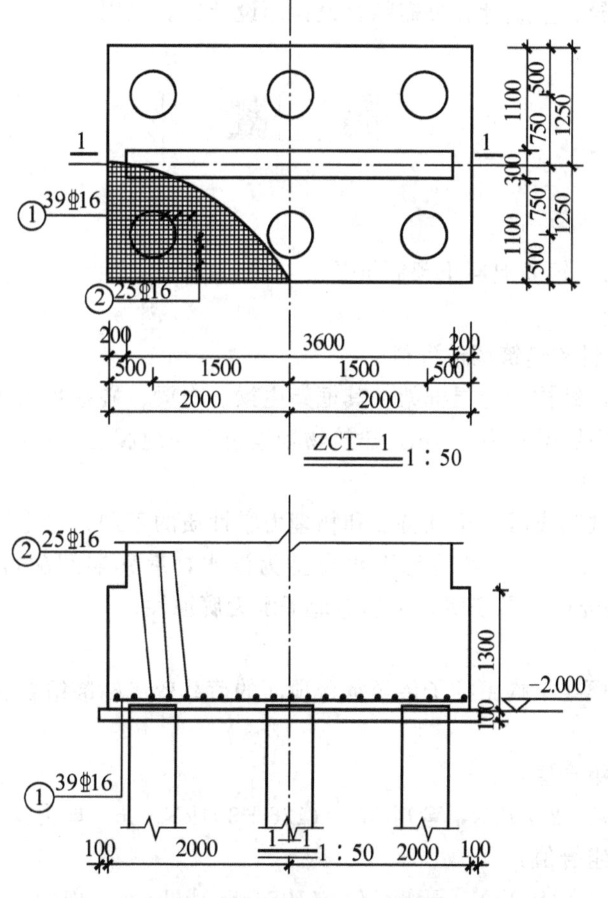

图 4.16 基础平面布置图和配筋图

特别提示

- 通过 CT－6 的计算不难发现，理正结构快速设计程序计算承台的方法只是计算，没有和规范中的构造要求紧密联系在一起，而且它只适用于比较规则的承台，随着工程复杂性的提高，承台性质也有变化，例如图 4.9 里面的 CT－13，就需要用有限元方法来计算。

项目小结

本项目对设计师常用基础设计软件 MorGain 结构快速设计软件和理正结构工具箱进行介绍，通过 3 个工程实例让初学者了解如何利用设计软件进行柱下扩展基础和桩基础设计。

软件设计流程如下：①分析地质勘察报告，提炼相关设计参数；②打开程序设计界面，录入相关设计参数；③检查软件计算书是否符合规范要求，如有错误返回设计界面调整相关设计参数，重新生成计算书并检查计算结果；④导出设计结果，绘制基础施工图。

设计软件计算是程序计算结果，不可盲目采用，不同软件计算方法和原理有所不同，可导致计算结果差异，生成计算书需结合设计师设计经验采用。

习题

一、设计任务书

（一）设计题目：钢筋混凝土预制桩基础

（二）设计资料

1. 上部结构资料和建筑场地资料

某教学楼，上部结构为七层框架，其框架主梁、次梁、楼板均为现浇整体式，混凝土强度等级为 C30。底层层高为 3.4m。建筑物场地位于非地震区，不考虑地震影响。

2. 工程地质资料

建筑场地土层按其成因、土性特征和物理力学性质的不同，自上而下划分为 4 层，物理力学性质指标见表 4－1。场地地下水类型为潜水，勘察期间测得地下水水位埋深为 2.1m。地下水水质分析结果表明，本场地地下水无腐蚀性。

3. 荷载资料

（1）已知上部框架结构由柱子传至承台顶面的荷载效应标准组合。

A 柱：

竖向荷载基本组合值：

轴力 $F_k=(1892+25n)$kN，弯矩 $M_k=(126+3n)$kN·m，剪力 $V_k=(150+n)$kN。

竖向荷载标准组合值：

轴力 $F_k=(1680+15n)$kN，弯矩 $M_k=(108+5n)$kN·m，剪力 $V_k=(130+n)$kN。

表 4-1 物理力学性质指标

土层编号	土层名称	层厚/m	重度 r/(kN/m^3)	孔隙比 e	含水量 ω	液性指数 I_L	粘聚力 c/kPa	内摩擦角 ϕ/(°)	压缩模量 E_s/MPa	承载力特征值 f_{ak}/kPa	贯入阻力 P_s/MPa
1	杂填土	1.8	17.6								
2	灰褐色粉质粘土	3.2	18.5	0.91	32	1.14	16.5	20.8	5.1	127	0.72
3	灰褐色泥质粘土	6.0	18.1	1.03	35	1.10	14.5	19.1	3.8	98	0.84
4	黄褐色粉土夹粉质粘土	5.3	18.8	0.89	31	0.71	19.0	24.0	11.6	151	3.50
5	灰一绿色粉质粘土		20.0	0.74	25	0.42	35	27.1	8.4	214	2.82

（其中，M_k、V_k 沿柱截面长边方向作用；n 为学生末两位学号）；

（2）柱截面尺寸为 500mm×500mm。

4. 设计内容及要求

利用 MorGain 结构快速设计软件和理正结构工具箱分别进行桩基础设计。

（1）需提交结果：两种软件计算书和桩基础施工图。

（2）将两个软件计算结果进行比较，并与项目 4 人工计算结果进行比较，试分析计算结果差异原因。

项目 5

挡土墙设计

项目实施方案

挡土墙是用来支撑天然边坡、挖方边坡或人工填土边坡的构造物，以保持土体的稳定性，在土木工程中，它广泛用于路堤或路堑边坡、隧道洞口，桥梁两端及河流岸边等。本项目首先掌握挡土墙设计所需的土压力计算，然后了解常见挡土墙类型和挡土墙设计流程，理解土坡稳定性分析原理和方法，最终具备常见3种类型挡土墙设计能力。

项目任务导入

在山区包括丘陵地带，进行公路、铁路和建筑工程设计时，需要解决边坡稳定性及滑坡问题，而合理应用挡土墙结构可以有效地解决这些问题。2008年汶川地震和2013年雅安地震后，所在区域建筑和公路多次发生滑坡现象，致使生命通道完全中断，极大影响救援效率。导致滑坡的原因是什么？如何进行挡土墙设计？这就是本项目要解决的主要问题。现某公路工程中有一边坡需设置一浆砌石挡土墙，如何根据规范要求合理设计？

任务5.1 土压力计算

【设计任务】

(1) 了解土压力概念和类型。

(2) 掌握朗肯土压力理论和库仑土压力理论。

(3) 掌握特殊情况下土压力计算。

5.1.1 概述

在房屋建筑、水利、铁路以及公路和桥梁工程中，为防止土体坍塌给工程造成危害，通常需要设计相应的构筑物支挡土体，将这种构筑物称为挡土墙。在山区和丘陵区以及高差较大的建筑场地，常用挡土墙来抵抗土体的坍塌。常见的挡土墙如图5.1所示。

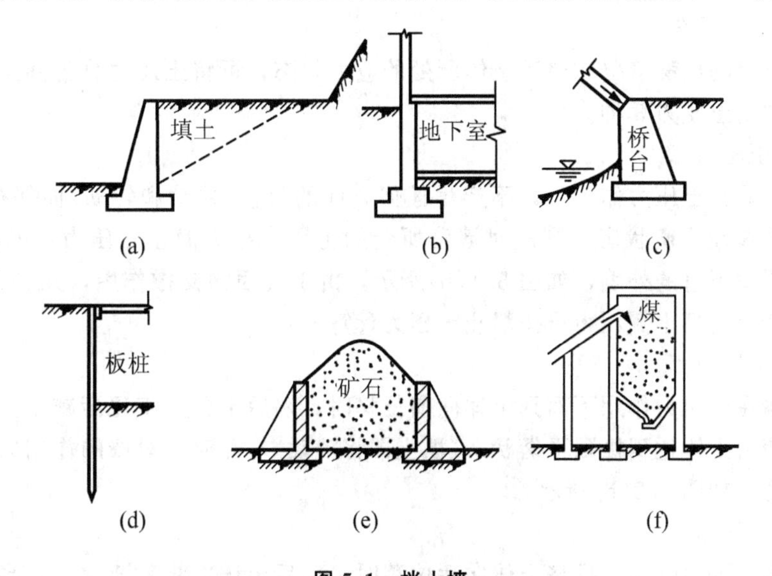

图5.1 挡土墙

(a) 填方区用的挡土墙；(b) 地下室侧墙；(c) 桥台；(d) 板桩；(e) 散粒贮仓；(f) 筒仓

挡土墙的结构型式可分为重力式、悬臂式和扶壁式等，通常用块石、砖、素混凝土及钢筋混凝土等材料建成。挡土墙后的填土因自重或外荷载作用对墙背产生的侧向力被称为挡土墙的土压力。

土压力计算十分复杂，它与填料的性质、挡土墙的形状和位移方向以及地基土质等因素有关，目前大多采用古典的朗肯土压力和库仑土压力理论。

土坡按其成因可分为天然边坡和人工边坡，天然边坡是由于地质作用而自然形成的，如山区的天然山坡、江河的岸坡。人工边坡是人们在修建各种工程时，在天然土体中开挖或填筑而成的。

由于某些外界不利因素(如坡顶堆载、雨水侵袭、地震、爆破等)的影响，故造成边坡局部土体滑动而丧失稳定性。边坡失稳常会造成严重的工程事故。滑坡的规模有大有小，大则数百万立方米的土体瞬间向下滑动，淹没村庄，毁坏铁路、桥梁，堵塞河道，造成灾

害性的破坏；小则几十立方米或几百立方米土体滑动，基坑坍塌造成人员伤亡和给施工带来困难。

5.1.2 土压力的类型与影响因素

挡土墙是抵抗土体塌滑的构筑物，土压力是挡土墙的主要外荷载，正确地计算土压力是一个很重要的问题，土压力的大小不仅与土压力的类型有关，还与很多因素有关。

1. 土压力的影响因素

土压力的计算十分复杂，它涉及填料、挡墙以及地基三者之间的作用。它与挡墙的高度、墙背的形状、倾斜度、粗糙度、填料的物理力学性质、填土面的坡度及荷载情况有关，也与挡墙的位移大小和方向以及填土的施工方法等有关。

2. 土压力的分类

根据挡土墙的位移情况和墙后土体所处的应力状态，可将土压力分为静止土压力、主动土压力和被动土压力 3 种。

1）静止土压力 E_0

如果挡土墙在土压力作用下，不产生任何方向的位移(移动和转动)而保持原有位置，墙后土体处于弹性平衡状态，则此时墙背所受的土压力称为静止土压力，如图 5.2(a)所示。例如房屋地下室的外墙，如图 5.1(b)所示，由于楼面的支撑作用，几乎无位移发生，故作用在外墙上的填土侧压力可按静止土压力计算。

2）主动土压力 E_a

当挡土墙在土压力作用下离开土体向前位移时，墙后土压力将逐渐减小，当位移达到一定量时，墙后土体达到极限平衡状态(填土即将滑动)，此时土对墙的作用力为最小，称为主动土压力，如图 5.2(b)所示。

3）被动土压力 E_P

当挡土墙在外力作用下推挤土体向后位移时，墙后土压力将逐渐增大，当位移达到一定量时，墙后土体处于达极限平衡状态(填土即将滑动)，此时土对墙的作用力为最大，称为被动土压力，如图 5.2(c)所示。例如拱桥桥台(图 5.1(c))的填土压力按被动土压力计算。

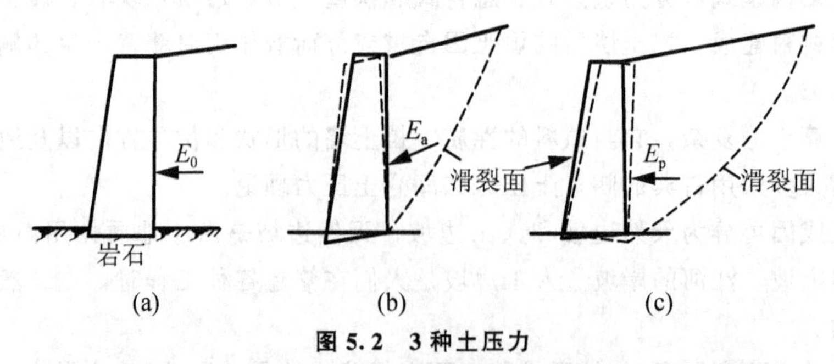

图 5.2 3 种土压力

(a) 静止土压力；(b) 主动土压力；(c) 被动土压力

特别提示

- 3种土压力与挡土墙位移的关系如图5.3所示，在相同的墙高和填土条件下主动土压力小于静止土压力，静止土压力小于被动土压力，即 $E_a < E_0 < E_p$ 。

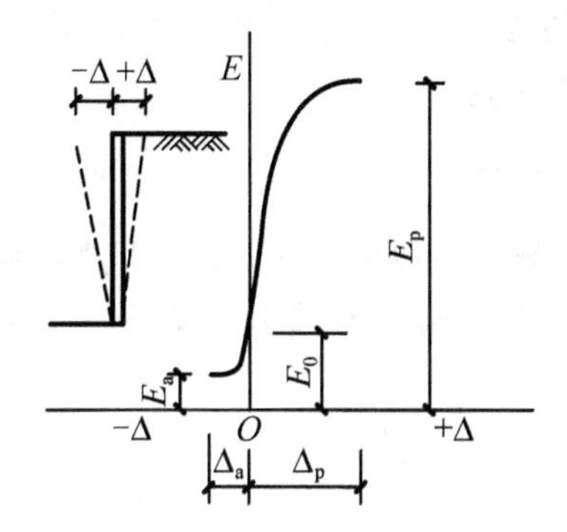

图 5.3 墙身位移与土压力

5.1.3 静止土压力的计算

如果挡土墙在土压力作用下，不产生任何方向的位移而保持原有位置，则墙后土体处于弹性平衡状态，此时墙背所受的土压力称为静止土压力。

地下室外墙、地下水池侧壁、涵洞的侧墙以及其他不产生位移的挡土构筑物可按静止土压力计算。

静止土压力可视为天然土层中的水平向自重应力(图5.4)。在墙后土体中任意深度 z 处取一微小单元体，作用于单元体水平面上的应力为竖向自重应力，作用于单元体竖直面上的应力为水平自重应力，即侧压力，也称静止土压力，其强度为

$$p_o = K_o \gamma z \tag{5-1}$$

式中：γ——土的重度；

z——计算点在填土面下的深度；

K_o——静止土压力系数。

静止土压力系数的确定方法有两种：一种是通过侧限条件下的试验测定；另一种是采用经验公式计算，即 $K_0 = 1 - \sin\varphi'$ ，其中 φ' 为土的有效内摩擦角，按经验值确定。

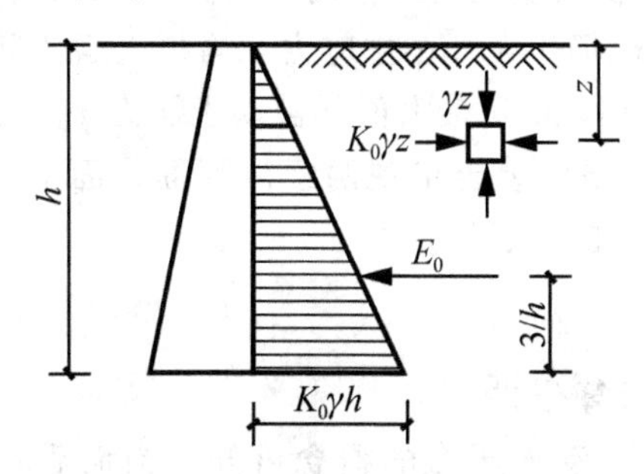

图 5.4 静止土压力的分布

静止土压力 p_o与深度 z 成正比，沿墙高为三角形分布。如果取单位墙长计算，则作用

在墙上的静止土压力为

$$E_0 = \frac{1}{2}\gamma h^2 K_0 \tag{5-2}$$

式中：E_0——单位墙长的静止土压力，kN/m；

h——挡土墙的高度，m；

E_0的作用点在距墙底 $h/3$ 处。

特别提示

- 静止土压力系数 K_0值随土体的密实度、固结程度的增加而增加，当土层处于超压密状态时，K_0值增大更显著。在这种情况下，力求通过试验测定静止土压力系数。

5.1.4 朗肯土压力理论

1857 年，英国学者朗肯研究了弹性半空间土体处于极限平衡时的应力状态，提出了著名的朗肯土压力理论。

1. 基本概念

在弹性半空间土体表面下深度 z 处，土的竖向自重应力和水平应力分别为 $\sigma_{cz}=\gamma z$，$\sigma_x=K_0\gamma z$；而水平向及竖向的剪应力均为零，即 σ_{cz} 和 σ_x 分别为大、小主应力。

假定有一挡墙，墙为刚体，墙背垂直、光滑，填土表面水平。根据假定，墙背与填土间无摩擦力，因而无剪应力，亦即墙背为主应力面。当墙与填土间无相对位移时，墙后土体处于弹性平衡状态，则作用在墙背上的应力状态与弹性半空间土体应力状态相同，土对墙的作用力为静止土压力，在离填土面深度 z 处，$\sigma_{cz}=\sigma_1=\gamma z$，$\sigma_x=\sigma_3=K_0\gamma z$ 。用 σ_1 和 σ_3 作的莫尔应力圆与土的抗剪强度线相离，如图 5.5(b)所示。

当挡土墙在土压力作用下离开填土向前位移时，如图 5.5(c)所示，墙后土体有伸张趋势。此时，竖向自重应力 σ_{cz} 不变，水平应力 σ_x 逐渐减小，σ_{cz} 和 σ_x 仍为大、小主应力。当挡土墙位移使 σ_x 减小到土体达主动极限平衡状态(填土即将滑动)时，σ_x 达最小值即主动土压力 p_a。此时，摩尔应力圆与土的抗剪强度线相切(图 5.5(b))，墙后填土出现两组滑裂面，面上各点都处于主动极限平衡状态，滑裂面与大主应力作用面(水平面)成 $\alpha=45°+\varphi/2$ 。

当挡土墙在外力作用下挤向填土向后移动时（图 5.5(d)），竖向自重应力 σ_{cz} 不变，水平应力 σ_x 逐渐增大，σ_{cz} 和 σ_x 仍为大、小主应力。当挡土墙位移使 σ_x 增大到土体达被动极限平衡状态(填土即将滑动)时，σ_x 达最大值即被动土压力 p_p。此时，摩尔应力圆与土的抗剪强度线相切(图 5.5(b))，墙后填土出现两组滑裂面，面上各点都处于被动极限平衡状态，滑裂面与水平面成 $\alpha=45°-\varphi/2$ 。

2. 主动土压力

1) 主动土压力的强度计算公式

根据土的强度理论，由主动土压力的概念可知，当墙后填土处于主动极限平衡状态时，$\sigma_{cz}=\sigma_1=\gamma z$，$\sigma_x=\sigma_3=p_a$，墙背处任一点的应力状态符合极限平衡条件，即

$$\sigma_3=\sigma_1\tan^2\left(45°-\frac{\varphi}{2}\right)-2c\tan\left(45°-\frac{\varphi}{2}\right)$$

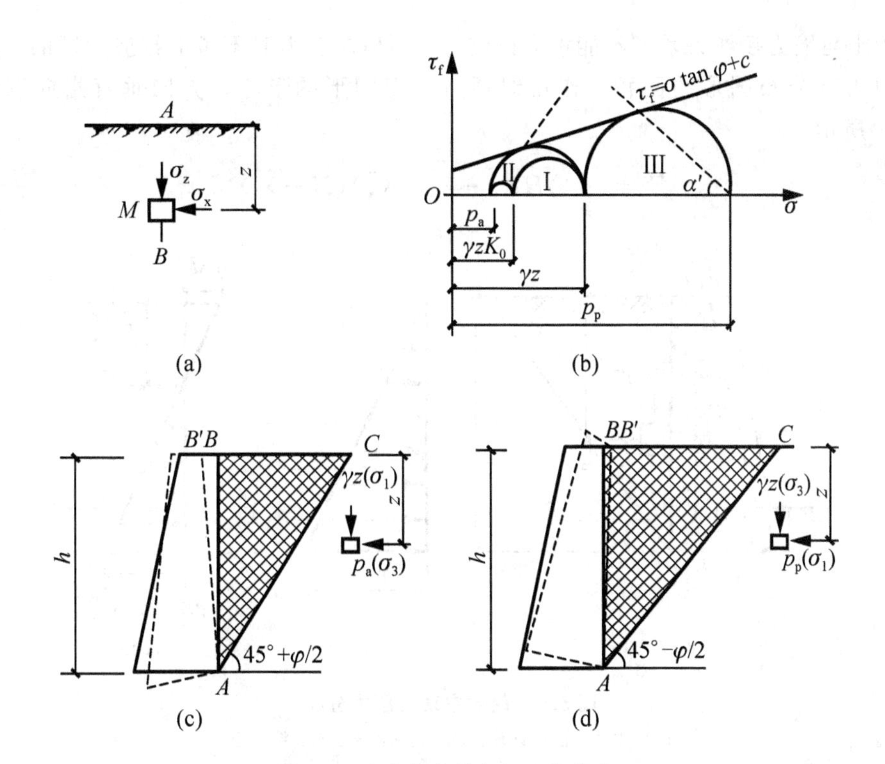

图 5.5 半空间体的极限平衡状态

(a) 半空间体中一点的应力；(b) 摩尔应力圆与朗肯状态关系

(c) 主动朗肯状态；(d) 被动朗肯状态

故

$$p_a = \gamma z K_a - 2c\sqrt{K_a} \tag{5-3}$$

式中：p_a ——墙背任一点处的主动土压力强度，kPa；

σ_1 ——深度为 z 处的竖向有效应力，kPa；

K_a ——朗肯主动土压力系数，$K_a = \tan^2\left(45 - \dfrac{\varphi}{2}\right)$；

c ——土的凝聚力，kPa；

φ ——土的内摩擦角。

2) 朗肯主动土压力计算

主动土压力强度为

$$p_a = \gamma z K_a - 2c\sqrt{K_a} \tag{5-4}$$

(1) 当填土为无粘性土时，主动土压力分布为三角形，合力大小为土压力分布图形的面积，方向垂直指向墙背，作用线通过土压力分布图形的形心，如图 5.6(b)所示。

$$E_a = \frac{1}{2}\gamma H^2 K_a \tag{5-5}$$

(2) 当填土为粘性土且 $z=0$ 时，$p_a = \gamma z K_a - 2c\sqrt{K_a} < 0$，即出现拉应力区；当 $z=H$ 时，$p_a = \gamma H K_a - 2c\sqrt{K_a}$ 。

令 $p_a = \gamma z K_a - 2c\sqrt{K_a} = 0$，可得拉应力区高度为

$$z_0 = \frac{2c}{\gamma\sqrt{K_a}} \tag{5-6}$$

由于土与墙为接触关系，不能承受拉应力，所以求合力时不考虑拉应力区的作用。土压力合力为其分布图形的面积，作用线通过分布图形的形心，方向垂直指向墙背，如图 5.6(c)所示。

$$E_a = \frac{1}{2}(\gamma HK_a - 2c\sqrt{K_a})(H - z_0) \tag{5-7}$$

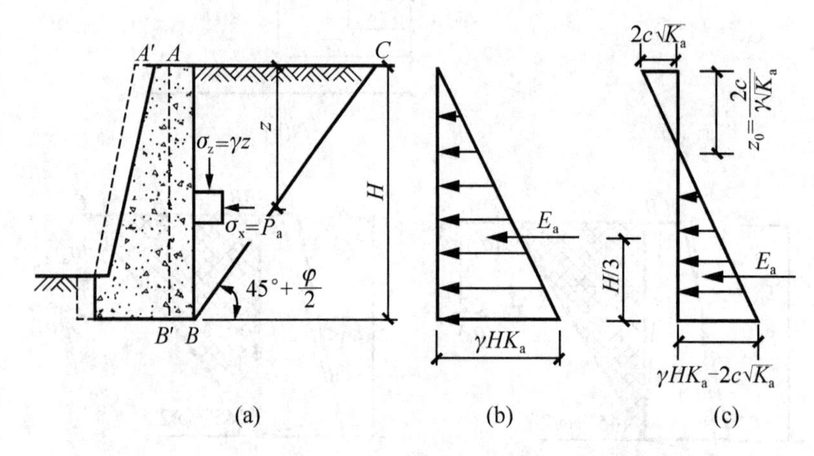

图 5.6　朗肯主动土压力分布

(a) 主动土压的计算；(b) 无粘性土；(c) 粘性土

3. 被动土压力

1) 被动土压力强度计算公式

由被动土压力的概念可知，当被动极限平衡时，$\sigma_3=\sigma_z, p_p=\sigma_1=\sigma_x$，将其代入极限平衡条件可得

$$\sigma_1 = \sigma_3\tan^2\left(45° + \frac{\varphi}{2}\right) + 2c\tan\left(45° + \frac{\varphi}{2}\right)$$

即

$$p_p = \gamma zK_p + 2c\sqrt{K_p} \tag{5-8}$$

式中：σ_z ——计算点处的竖向应力，kPa；

K_p ——朗肯被动土压力系数，$K_p=\tan(45°+\varphi/2)$

2) 朗肯被动土压力计算

(1) 当填土为无粘性土时，被动土压力分布为三角形，合力大小为土压力分布图形的面积，方向垂直指向墙背，作用线通过土压力分布图形的形心，如图 5.7(b)所示。

$$E_p = \frac{1}{2}\gamma H^2K_p \tag{5-9}$$

(2) 当填土为粘性土且 $z=0$ 时，$p_p=2c\sqrt{K_p}$；当 $z=H$ 时，$p_p=\gamma HK_p+2c\sqrt{K_p}$。合力为

$$E_p = \frac{1}{2}\gamma H^2K_p + 2cH\sqrt{K_p} \tag{5-10}$$

朗肯被动土压力分布为梯形，合力大小为土压力分布图形的面积，方向垂直指向墙背，作用线通过土压力分布图形的形心，如图 5.7(c)所示。

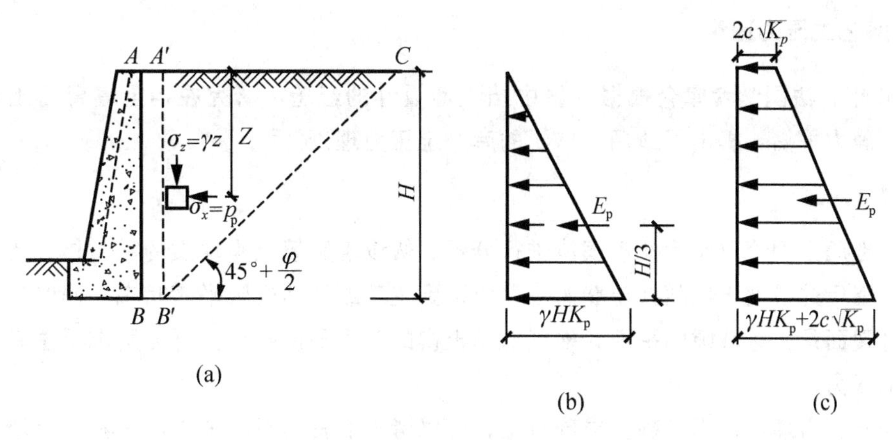

图 5.7 朗肯被动土压力分布

(a) 被动土压力的计算；(b) 无粘性土；(c) 粘性土

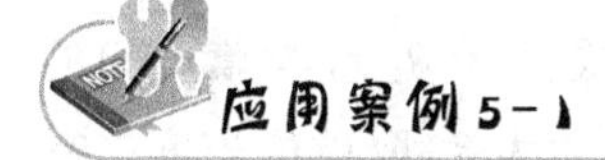

应用案例 5-1

某挡土墙高为 6.0m，墙背直立光滑，填土表面水平。填土的重度 $\gamma=17\text{kN/m}^3$，内摩擦角 $\varphi=20°$，粘聚力 $c=8\text{kPa}$，试求该墙的主动土压力及其作用点的位置，并绘出土压力强度分布图。

解：墙背直立光滑，填土表面水平，满足朗肯土压力理论的条件，如图 5.8 所示。

$$K_a=\tan(45°-\frac{\varphi}{2})=\tan\left(45\varphi+\frac{20°}{2}\right)=0.49$$

墙顶处的土压力强度：$p_a=\gamma zK_a-2c\sqrt{K_a}=17\times0\times0.49-2\times8\times\sqrt{0.49}=-11.20(\text{kPa})$

墙底处的土压力强度：$p_a=\gamma zK_a-2c\sqrt{K_a}=17\times6\times0.49-2\times8\times\sqrt{0.49}=38.78(\text{kPa})$

拉应力区高度：$z_0=\frac{2c}{\gamma\sqrt{K_a}}=\frac{2\times8}{17\times\sqrt{0.49}}\text{m}=1.34(\text{m})$

主动土压力的合力：

$$E_a=\frac{1}{2}\times38.78\times(6-1.34)=90.36(\text{kN/m})$$

主动土压力的合力作用点离墙底的距离：$\frac{h-z_0}{3}=1.55(\text{m})$

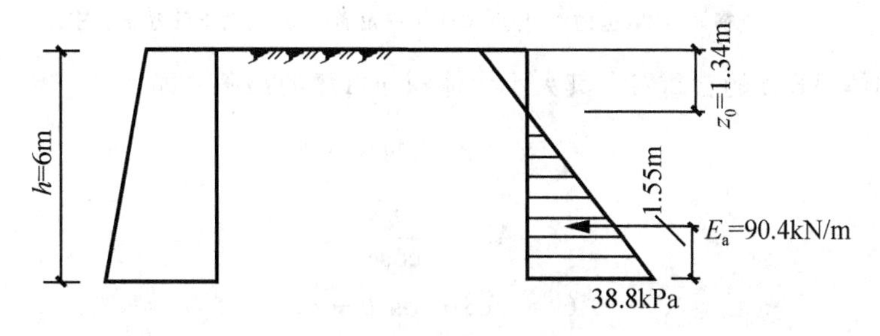

图 5.8 应用案例 5-1 图

5.1.5 库仑土压力理论

1776年，法国学者库仑根据城堡中挡土墙设计的经验，研究在挡土墙背后土体滑动楔体上的静力平衡，提出了适用性广泛的库仑土压力理论。

1. 基本概念

库仑土压力理论取墙后滑动楔体进行分析。假设墙后填土是均质的散粒体，当墙发生位移时，墙后的滑动土楔随挡土墙的位移而达到主动或被动极限平衡状态，同时有滑裂面产生，滑裂面是通过墙踵的平面，根据滑动土楔的静力平衡条件，可分别求得主动土压力和被动土压力。

库仑土压力理论适用于砂土或碎石土，可以考虑墙背倾斜、填土面倾斜以及墙面与填土间的摩擦等各种因素的影响。

2. 库仑主动土压力

如图5.9所示，墙背与铅直线的夹角为α，填土表面与水平面夹角为β，墙与填土间的摩擦角为δ。填土处于主动极限平衡状态时，滑动面与水平面的夹角为θ，取单位长度进行受力分析，作用在滑动土楔体ABM上的作用力有以下几个。

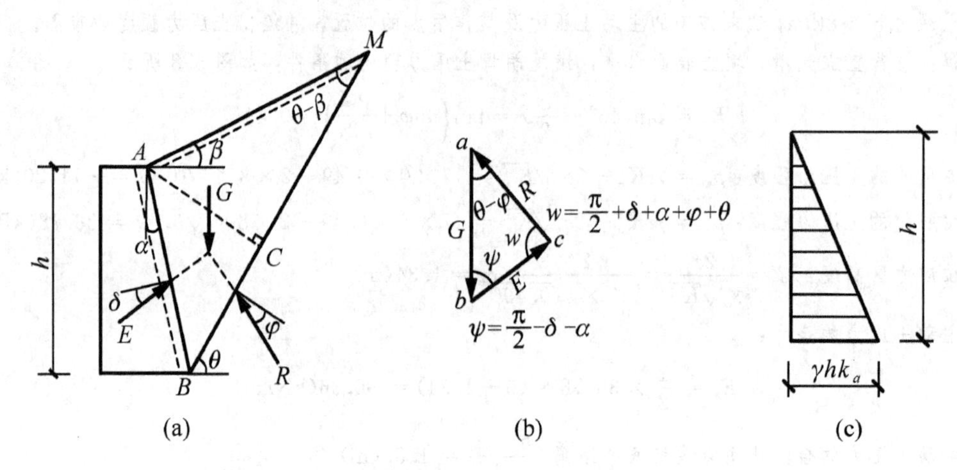

图5.9 库仑主动土压计算图

(a) 土楔体ABM上的作用力；(b) 力三角形；(c) 主动土压力分布图

(1) 土楔体ABM的自重G。其大小为体积与重度的乘积，即

$$G=\frac{1}{2}\gamma\cdot BM\cdot AC$$

$$AB=\frac{h}{\cos\alpha}$$

$$AC=AB\cdot\cos(\theta-\alpha)$$

$$BM=AB\cdot\frac{\sin(90^\circ-\alpha+\beta)}{\sin(\theta-\beta)}=AB\cdot\frac{\cos(\alpha-\beta)}{\sin(\theta-\beta)}$$

$$G=\frac{1}{2}\gamma h^2\frac{\cos(\alpha-\beta)\cos(\theta-\alpha)}{\cos^2\alpha\sin(\theta-\beta)}$$

(2) 滑动面 BM 下土体的反力 R，其方向与 BM 面法线成 ϕ，R 是法向力和摩擦力的合力，由于土楔体 ABM 在主动极限平衡状态时，相对于 BM 面向下滑，所以 R 在法线的下方。

(3) 挡土墙对土楔体的反力 E。它与墙背法线成 δ，由于土楔体 ABM 向下滑，所以 E 在法线的下方。

(4) 考虑土楔体 ABM 的静力平衡条件，可绘出 G、R、E 的力三角形，由正弦定律可得

$$\frac{G}{\sin(90^\circ-\theta+\delta+\alpha+\varphi)}=\frac{E}{\sin(\theta-\varphi)}$$

将重量代入得
$$E=\frac{1}{2}\gamma h^2\frac{\cos(\theta-\alpha)\cos(\alpha-\beta)\sin(\theta-\varphi)}{\cos^2\alpha\sin(\theta-\beta)\cos(\theta-\alpha-\delta-\varphi)} \tag{5-11}$$

可知 E 是 θ 的函数，求最危险滑动面上的 E，即为主动土压力。可用极值的方法求 E 的极大值，令

$$\frac{\mathrm{d}E}{\mathrm{d}\theta}=0$$

可解得使 E 为极大值时填土的破裂面与水平面的夹角 θ_{cr}，将其代入 E 的表达式，得

$$E_a=\frac{1}{2}\gamma h^2k_a \tag{5-12}$$

其中
$$k_a=\frac{\cos^2(\varphi-\alpha)}{\cos^2\alpha\cos(\delta+\alpha)\left[1+\sqrt{\frac{\sin(\delta+\varphi)\sin(\varphi-\beta)}{\cos(\delta+\alpha)\cos(\alpha-\beta)}}\cdots\right]^2} \tag{5-13}$$

式中：k_a ——库仑主动土压力系数，是 β、δ、α、ϕ 角的函数；

h ——挡土墙高度，m；

γ ——墙后填土的重度，kN/m^3；

φ ——墙后填土的内摩擦角；

α ——墙背的倾斜角，俯斜时取正号，仰斜时取负号；

β ——墙后填土面的倾角；

δ ——土与挡土墙墙背的摩擦角。

填土表面下任意深度 z 处的土压力强度为

$$p_a=\frac{\mathrm{d}E_a}{\mathrm{d}z}=\gamma zk_a \tag{5-14}$$

主动土压力沿墙高为三角形分布，合力距墙底 $H/3$ 处，作用线在墙背法线的上方，与法线成 δ。

3. 库仑被动土压力

当挡土墙在外力作用下挤压土体，楔体沿破裂面向上滑动而处于极限平衡状态时，同理可得作用在楔体上的力三角形。此时，由于楔体上滑，故 E 和 R 均位于法线的上侧。按主动土压力相同的方法可求得被动土压力公式，即

$$E_p=\frac{1}{2}\gamma h^2k_p \tag{5-15}$$

其中
$$k_p=\frac{\cos^2(\varphi+\alpha)}{\cos^2\alpha\cos(\alpha-\delta)\left[1+\sqrt{\frac{\sin(\delta+\varphi)\sin(\varphi+\beta)}{\cos(\alpha-\delta)\cos(\alpha-\beta)}}\cdots\right]^2} \tag{5-16}$$

式中：k_p—— 被动土压力系数。

被动土压力强度可按式(5-17)计算。

$$p_p=\frac{\mathrm{d}E_p}{\mathrm{d}z}=\gamma z k_p \tag{5-17}$$

被动土压力沿墙高为三角形分布，合力距墙底 $h/3$ 处，作用线在墙背法线的下方，与法线成 δ。

5.1.6 用规范法计算土压力

建筑地基基础设计规范指出，挡土墙主动土压力可根据平面滑裂面假定，并按式(5-18)计算。

$$E_a=\frac{1}{2}\gamma h^2 K_a \tag{5-18}$$

其中：

$$\begin{aligned}K_a=&\frac{\sin(\alpha+\beta)}{\sin^2\alpha\sin^2(\alpha+\beta-\varphi-\delta)}\{K_q[\sin(\alpha+\beta)\sin(\alpha-\delta)+\sin(\varphi+\delta)\sin(\varphi-\beta)]+\\&2\eta\sin\alpha\cos\phi\cos(\alpha+\beta-\varphi-\delta)-2[(K_q\sin(\alpha+\beta)\sin(\varphi-\beta)+\eta\sin\alpha\cos\varphi)\\&(K_q\sin(\alpha-\delta)\sin(\varphi+\delta)+\eta\sin\alpha\cos\varphi)]^{\frac{1}{2}}\}\\&K_q=1+\frac{2q}{\gamma h}\cdot\frac{\sin\alpha\cos\beta}{\sin(\alpha+\beta)}\\&\eta=\frac{2c}{\gamma h}\end{aligned} \tag{5-19}$$

式中：α ——墙背与水平线的夹角；

q ——地面均布荷载(以单位水平投影面上的荷载强度计)；

其他符号意义同前。

对于墙高小于或等于5m的挡土墙，当排水条件良好符合规范要求，且填土符合下列质量要求时，其主动土压力系数可按建筑地基规范查取(图5.10列出Ⅰ类土土压力系数分布情况，其余3类土分布、阅读方法与此相同)；当地下水丰富时，应考虑地下水的影响。

特别提示

在图5.10中，土类填土质量应满足下列要求。

- Ⅰ类：碎石土，密实度为中密，干密度大于或等于2.0t/m³。
- Ⅱ类：砂土，包括砾砂、粗砂、中砂，其密实度为中密，干密度大于或等于1.65t/m³。
- Ⅲ类：粘土夹块石土，干密度大于或等于1.90t/m³。
- Ⅳ类：粉质粘土，干密度大于或等于1.65t/m³。

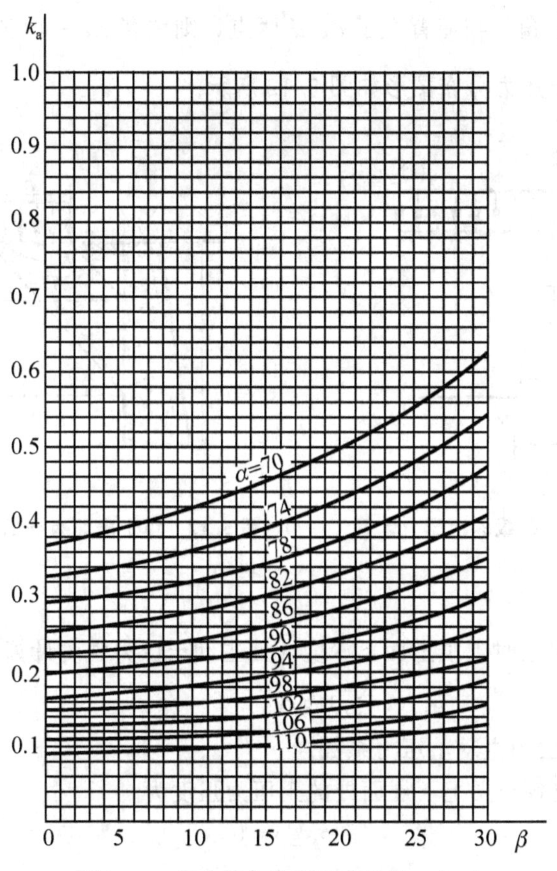

图 5.10 挡土墙主动土压力系数 k_a(一)

Ⅰ类土土压力系数 $\left(\delta = \frac{1}{2}\varphi, q = 0\right)$

5.1.7 特殊情况下的土压力计算

这里主要介绍工程中常见几种情况的土压力计算。

1. 填土面有均布荷载

1）填土表面有连续均布荷载

当墙后填土表面有连续均布荷载 q 作用时，填土面下深度 z 处的竖向应力为 $\sigma_z = q + \gamma z = \sigma_1$，该处的水平向应力 $\sigma_x = p_a = \sigma_3$，即

$$p_a = (\gamma z + q)k_a - 2c\sqrt{k_a} \tag{5-20}$$

由式(5-20)计算出土层上下层面处的土压力强度，绘出土压力分布图(图 5.11)。土压力合力是土压力分布图的面积，方向垂直指向墙背，作用线通过土压力分布图的形心。

2）填土表面有局部均布荷载

当墙后填土表面有局部均布荷载 q 作用时，其对墙的土压力强度附加值 p_q，可按朗肯土压力理论求得

$$p_q = qK_a$$

但其分布范围可按图 5.12 近似处理，即从局部均布荷载的两个端点各作一条直线，

都与水平面成 $45°+\frac{\varphi}{2}$ 角，与墙背交于 c、d 两点，则墙背 cd 一段范围内受 qK_a 的作用。这时，作用在墙背的土压力分布图形如图 5.12 所示。

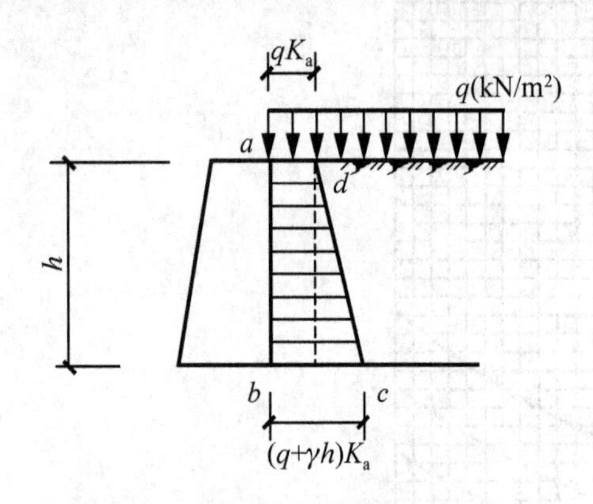

图 5.11　填土面有均布荷载的土压力计算

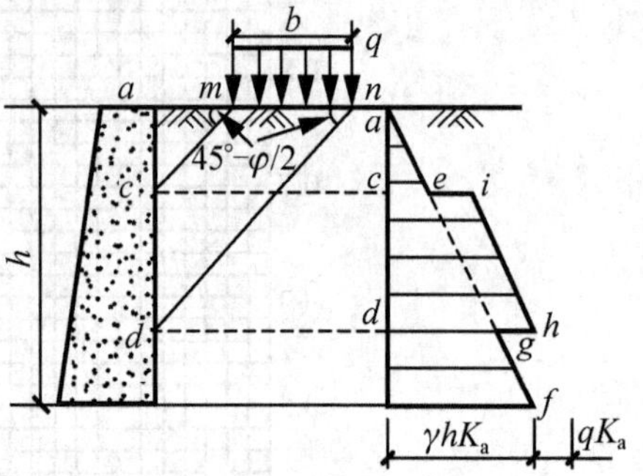

图 5.12　填土表面有局部均布荷载的土压力计算

2. 墙后填土分层

当墙后填土为成层土时，填土面下深度 z 处主动土压力强度计算公式为

$$p_a=\sum\gamma_i h_i K_{ai}-2c\sqrt{K_{ai}} \tag{5-21}$$

式中：K_{ai} ——是计算层的主动土压力系数。

由式(5-21)计算出各土层上下层面处的土压力强度为

$$p_{a1上}=0$$
$$p_{a1下}=\gamma_1 h_1 K_{a1}$$
$$p_{a2上}=\gamma_1 h_1 K_{a2}$$
$$p_{a2下}=(\gamma_1 h_1+\gamma_2 h_2)K_{a2}$$
$$p_{a3上}=(\gamma_1 h_1+\gamma_2 h_2)K_{a3}$$
$$p_{a3下}=(\gamma_1 h_1+\gamma_2 h_2+\gamma_3 h_3)K_{a3}$$

绘出土压力分布图，如图 5.13 所示。土压力合力是土压力分布图的面积，方向垂直指向墙背，作用线通过土压力分布图的形心。

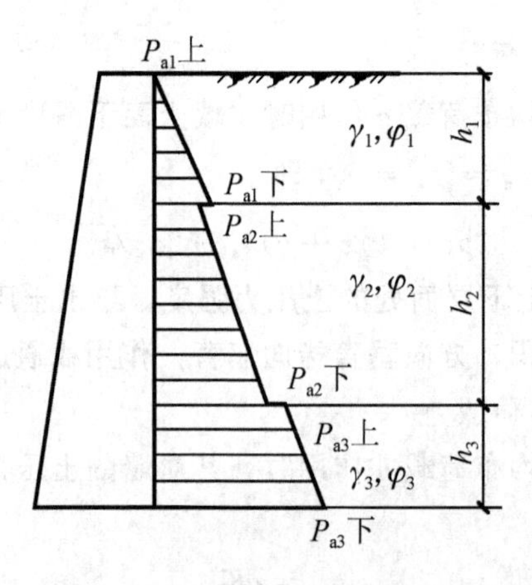

图 5.13　成层填土的土压力计算

3. 墙后填土有地下水

挡土墙后的填土常会部分或全部处于地下水位以下。由于地下水的存在将使土的含水率增加，抗剪强度降低，使墙背受的总压力增大，因此挡土墙应该有良好的排水措施。

当墙后填土有地下水时，作用在墙背的侧压力有土压力和水压力两部分。当计算土压力时，水位下的采用有效重度进行计算。总侧压力为土压力与水压力之和，如图 5.14 所示。

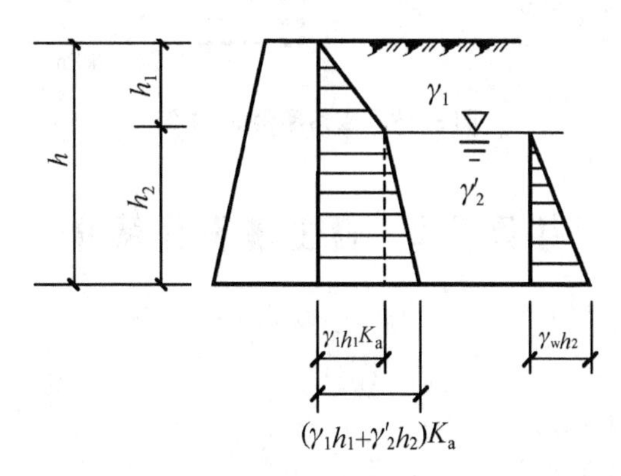

图 5.14 填土中有地下水的土压力计算

某挡土墙后填土为两层(图 5.15)，填土表面作用连续均布荷载 $q=20\text{kPa}$，计算挡土墙上的主动土压力及其作用点的位置，并绘出土压力分布图。

解：

$$K_{a1}=\tan(45°-\frac{\varphi_1}{2})=\tan(45°+\frac{30°}{2})=0.333$$

$$K_{a2}=\tan(45°-\frac{\varphi_2}{2})=\tan(45°+\frac{35°}{2})=0.271$$

$$p_{a1上}=qK_{a1}=20\times0.333=6.67(\text{kPa})$$

$$p_{a1下}=(q+\gamma_1 h_1)K_{a1}=(20+18\times6)\times0.333=42.62(\text{kPa})$$

$$p_{a2上}=(q+\gamma_1 h_1)K_{a2}=(20+18\times6)\times0.271=34.69(\text{kPa})$$

$$p_{a2下}=(q+\gamma_1 h_1+\gamma_2 h_2)K_{a2}=(20+18\times6+20\times4)\times0.271=56.37(\text{kPa})$$

主动土压力的合力：

$$\begin{aligned}E_a&=6.67\times6+\frac{1}{2}\times(42.62-6.67)\times6+34.69\times4+\frac{1}{2}\times(56.37-34.69)\times4\\&=40.02+107.85+138.76+43.36\\&=330.00(\text{kN/m})\end{aligned}$$

主动土压力的合力作用点离墙底的距离为

$$y=\frac{40.02\times(4+3)+107.85\times(4+2)+138.76\times2+43.36\times4/3}{330.00}\text{m}=3.84(\text{m})$$

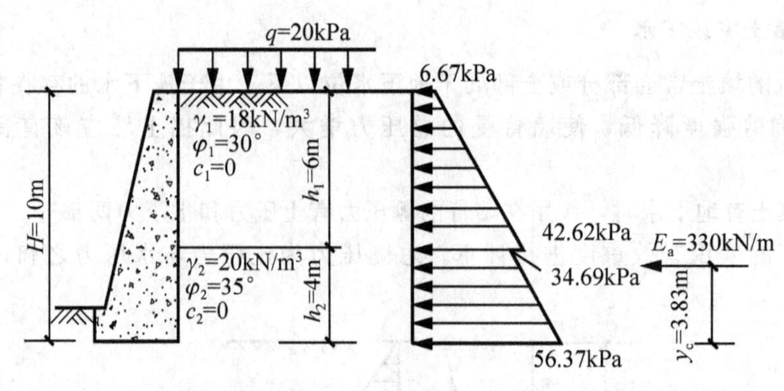

图 5.15 应用案例 5-2 图

任务 5.2 挡土墙设计简介

【设计任务】

(1) 了解挡土墙类型。

(2) 掌握重力式挡土墙设计。

(3) 掌握悬臂式挡土墙设计。

(4) 掌握加筋土挡土墙设计。

(5) 掌握土坡稳定性分析。

5.2.1 概述

挡土墙设计包括墙型选择、稳定性验算(包括抗倾覆稳定、抗滑稳定、圆弧滑动稳定)、地基承载力验算、墙身材料强度验算以及一些设计中的构造要求和措施等。

1. 挡土墙的类型及适用范围

挡土墙按其结构形式可分为 3 种类型：重力式挡土墙、悬臂式挡土墙、扶壁式挡土墙。此外，还有多种新型挡土结构。

1) 重力式挡土墙

这种挡土墙一般由块石或素混凝土砌筑，墙身截面较大，依靠自身的重力来维持墙体稳定。其结构简单，施工方便，易于就地取材，在工程中应用较广，如图 5.16(a)所示。根据墙背的倾斜方向，其可分为俯斜、直立和仰斜 3 种。一般宜用于高度小于 6 m、地层稳定、开挖土石方时不会危及相邻建筑物的地段。

2) 悬臂式挡土墙

悬臂式挡土墙一般用钢筋混凝土建造，它由 3 个悬臂板组成，即立臂，墙趾悬臂和墙踵悬臂，墙的稳定主要靠墙踵底板上的土重维持，墙体内的拉应力则由钢筋承受。墙身截面尺寸较小，在市政工程以及厂矿贮库中较常用，如图 5.16(b)所示。

3) 扶壁式挡土墙

当墙较高时，为了增强悬臂式挡土墙立臂的抗弯性能，常沿墙的纵向每隔一定距离设一道扶壁，故称为扶壁式挡土墙。其墙体稳定主要靠扶壁间土重维持，如图 5.16(c)所示。

悬臂式和扶壁式挡土墙虽然应用于高墙时断面不会增加很多，但钢筋用量大，成本

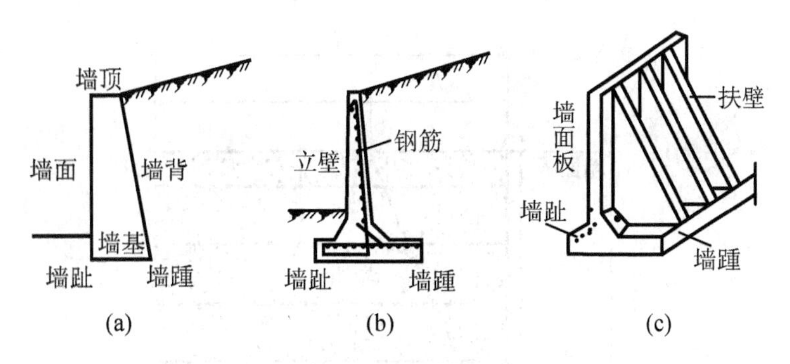

图 5.16 挡土墙的类型

(a) 重力式挡土墙；(b) 悬臂式挡土墙；(c) 扶壁式挡土墙

较高。

4）锚定板及锚杆式挡土墙

锚定板挡土墙一般由预制的钢筋混凝土墙面、钢拉杆和埋在填土中的锚定板组成，如图 5.17 所示。依靠填土与结构的相互作用力而维持自身稳定。其结构轻、柔性大、工程量小、造价低，便于施工。该挡土墙主要用于填土中的挡土结构，也常用于基坑维护结构。

锚杆式挡土墙是由预制的钢筋混凝土立柱及挡土面板构成墙面，与锚固于边坡深处的稳定基岩或土层中的锚杆共同组成挡土墙。其一般多用于路堑挡土墙。在土方开挖的边坡支护中常用喷锚支护形式，喷锚支护是用钢筋网配合喷混凝土代替锚定板挡土墙的面板，形成喷锚支护挡土结构，工程中也称为土钉墙。

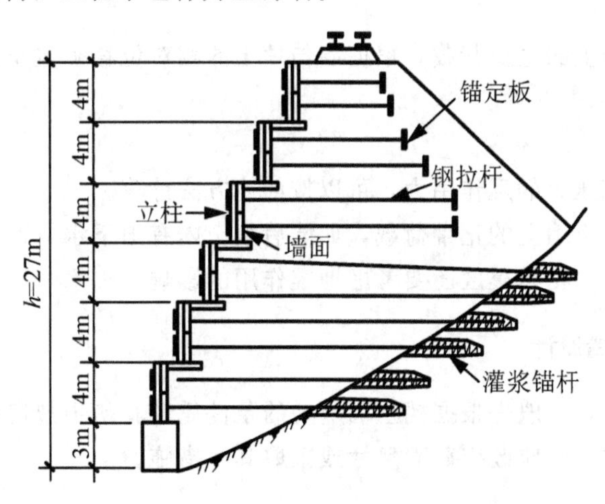

图 5.17 某铁路锚杆、锚定板式挡墙实例

5）加筋土挡土墙

加筋土挡土墙由墙面板、拉筋和填料三部分组成(图 5.18)，将依靠填料与拉筋之间的摩擦力来维持墙体稳定平衡墙面板所受的水平土压力称为加筋土挡土墙的内部稳定，并将以这一复合结构抵抗拉筋尾部填料所产生的土压力称为加筋土结构的外部稳定，即不出现水平滑动、深层滑动等失稳现象，而且地基承载力及地基变形在允许范围内，从而保证了整个结构的稳定。加筋土挡土墙的主要优点是施工简便、造价低廉、少占土地、造形美观。

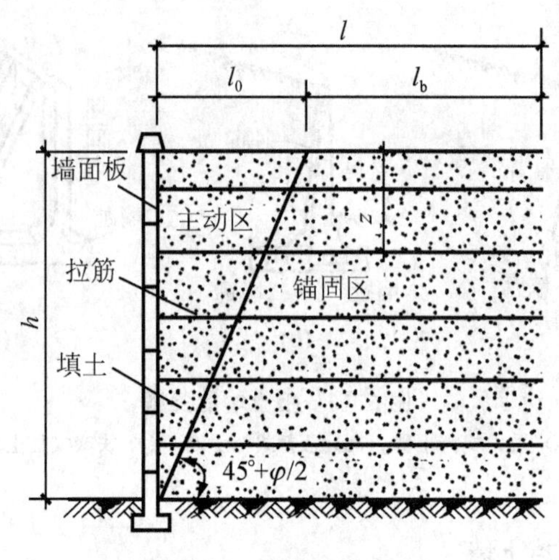

图 5.18　加筋土挡土墙

2. 作用在挡土墙上的力

作用在挡土墙上的力主要有墙身自重、土压力和地基反力。

1）墙身自重

当计算墙身自重时，取 1m 墙长进行计算，常将挡土墙划分为几个简单的几何图形，如矩形和三角形等，将每个图形的面积 A_i 乘以墙体材料重度 γ 就能得到相应部分的墙重 G_i，即 $G_i = A_i\gamma$。G_i 作用在每一部分的重心上，方向竖直向下。

2）土压力

土压力是挡土墙上的主要荷载，根据墙与填土的相对位移确定土压力的类型，并按前述方法计算。

3）地基反力

地基反力是基底压力的反作用力，可以按前述方法计算。

以上是作用在挡土墙上的正常荷载，如墙后填土内有地下水，而又不能排除时，还要计算静水压力。此外，在地震区还要考虑地震作用的影响。

5.2.2　重力式挡土墙设计

当设计挡土墙时，一般先根据挡土墙所处的条件凭经验初步拟定截面尺寸，然后进行验算，如不满足要求，则应改变截面尺寸或采取其他措施。

1. 构造措施

在挡土墙中，主动土压力以俯斜最大，仰斜最小，直立居中。然而，墙背的倾斜形式还应根据使用要求、地形和施工等条件综合考虑确定。一般挖坡建墙宜用仰斜，其土压力小，且墙背可与边坡紧密贴合；填方地区可用直立和俯斜，便于施工使填土夯实。墙背仰斜时其坡度不宜缓于 1∶0.25，且墙面应尽量与墙背平行。

高度小于 6m，块石的挡土墙顶宽度不宜小于 0.4m，混凝土墙不宜小于 0.2m，基础底宽为墙高的 1/3～1/2。挡墙基底埋深一般不应小于 0.5m；岩石地基应将基底埋入未风化的岩层内。为了增加挡土墙的抗滑稳定，可将基底做成逆坡(图 5.19)，土质地基的基底逆坡不宜大于1∶10，岩石地基基底逆坡不宜大于1∶5。当地基承载力难以满足时，墙趾宜设台阶(图5.20)，其高宽比可取$h∶a=2∶1$，a不得小于20cm。

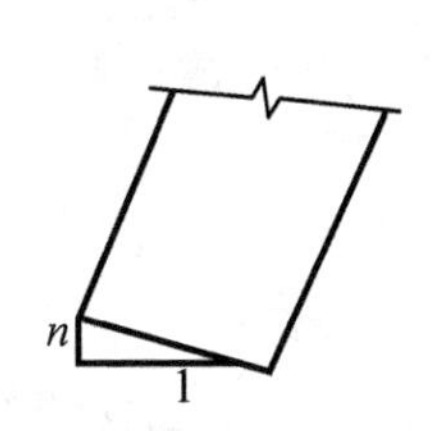

图5.19 基底逆坡坡度

土质地基$n∶1=0.1∶1$；岩石地基$n∶1=0.2∶1$

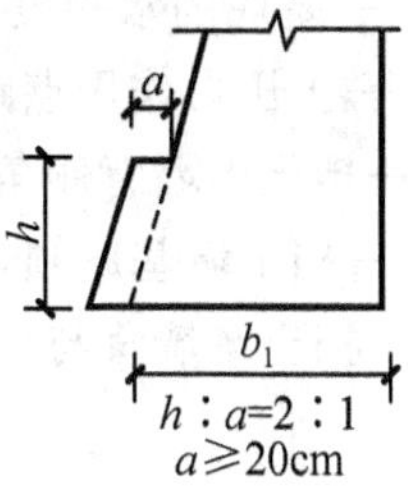

图5.20 墙趾台阶尺寸

墙应每间隔10～20m设置一道伸缩缝。当地基有变化时，宜加设沉降缝，在拐角处应适当采取加强的措施。

挡土墙常因排水不良而大量积水，使土的抗剪强度下降，侧压力增大，导致挡土墙破坏。因此，挡土墙应设置泻水孔(图5.21)，其间距宜为2～3m，外斜5%，孔眼直径不宜小于ϕ100mm。墙后要做好反滤层和必要的排水盲沟，在墙顶地面宜铺设防水层。当墙后有山坡时，还应在坡下设置截水沟，且墙后填土宜选用透水性较强的填料。

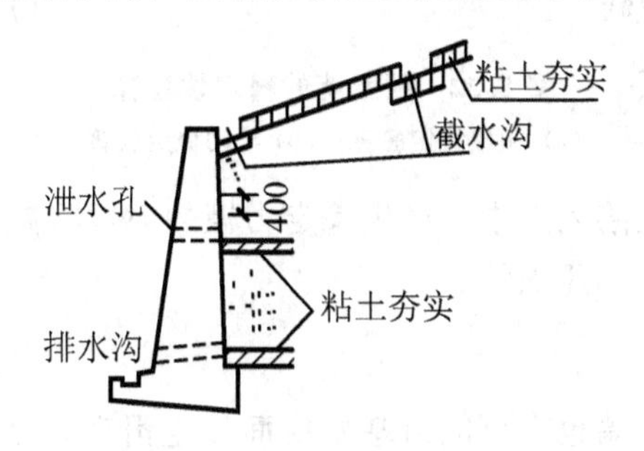

图5.21 挡土墙的排水设施

2. 抗倾覆稳定性验算

图5.22所示为基底倾斜的挡土墙，要保证挡土墙在主动土压力作用下，不发生绕墙趾O点倾覆(图5.22(a))，需要求对墙趾O点的抗倾覆力矩与倾覆力矩之比，即抗倾覆安全系数K_t应符合式(5-22)要求。

$$K_t=\frac{Gx_0+E_{az}x_f}{E_{ax}z_f}\geqslant 1.6 \tag{5-22}$$

$$E_{az}=E_a\cos(\alpha-\delta)$$

$$E_{ax}=E_a\sin(\alpha-\delta)$$

$$x_f=b-z\cot\alpha$$

$$z_f=z-b\tan\alpha_0$$

式中：G—— 挡土墙每延米自重，kN/m；

x_0——挡土墙重心离墙趾的水平距离，m；

E_{az}——主动土压力的竖向分力，kN/m；

E_{ax}——主动土压力的水平向分力，kN/m；

z ——土压力作用点距墙踵的高差，m；

z_{f}——土压力作用点距墙趾的高差，m；

b —— 基底的水平投影宽度，m；

x_{f}——土压力作用点距墙趾的水平距离，m；

α——挡土墙墙背倾角；

α_0——挡土墙基底倾角；

δ——挡土墙墙背与填土之间的摩擦角。

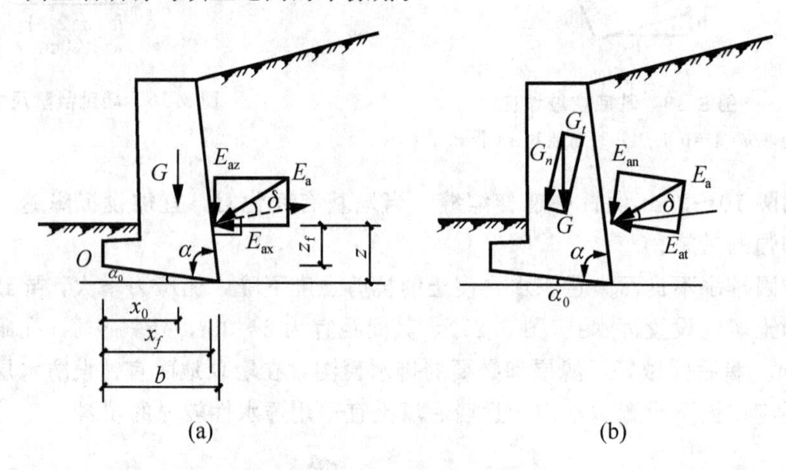

图 5.22　挡土墙的稳定性验算

(a) 倾覆稳定验算；(b) 滑动稳定验算

对软弱地基，墙趾可能陷入土中，产生稳定力矩的力臂将减小，抗倾覆安全系数就会降低，验算时要注意地基土的压缩性。

3. 抗滑动稳定性验算

在土压力作用下，挡土墙也有可能沿基础底面发生滑动，如图 5.22(b)所示。要求基底的抗滑力与滑动力之比，即抗滑安全系数 K_{s}应符合式(5－23)要求。

$$K_{\mathrm{s}}=\frac{(G_{\mathrm{n}}+E_{\mathrm{an}})\mu}{E_{\mathrm{at}}+G_{\mathrm{t}}}\geqslant 1.3 \tag{5-23}$$

其中

$$G_{\mathrm{n}}=G\cos\alpha_0$$

$$G_{\mathrm{t}}=G\sin\alpha_0$$

$$E_{\mathrm{an}}=E_{\mathrm{a}}\cos(\alpha-\alpha_0-\delta)$$

$$E_{\mathrm{at}}=E_{\mathrm{a}}\sin(\alpha-\alpha_0-\delta)$$

式中：μ—— 土对挡土墙基底的摩擦系数。

4. 圆弧滑动稳定性验算

可采用圆弧滑动面法。

5. 地基承载力验算

同天然地基浅基础验算。

6. 墙身材料强度验算

按《混凝土结构设计规范》和《砌体结构设计规范》中有关内容的要求验算。

应用案例5-3

试设计一浆砌石挡土墙，挡土墙的重度为22kN/m³，墙高为4m，墙背光滑、竖直，墙后填土表面水平，土的物理力学指标：$\gamma=19\text{kN/m}^3$，$\varphi=36°$，$c=0\text{kPa}$，基底摩擦系数$\mu=0.6$，地基承载力特征值$f_{ak}=200\text{kPa}$。

解：

(1) 选择挡土墙的断面尺寸。

挡土墙顶宽度取0.5m，基础底宽取1.5m(在$(1/2\sim1/3)h=1.33\sim2\text{m}$之间)。

(2) 计算土压力(取1m墙长计算)。

$$E_a=\frac{1}{2}\gamma h^2\tan^2\left(45°-\frac{\varphi}{2}\right)=\frac{1}{2}\times19\times4^2\times\tan^2\left(45°-\frac{36°}{2}\right)=39.46(\text{kN/m})$$

土压力作用点距墙趾距离：

$$z_f=\frac{1}{3}h=\left(\frac{1}{3}\times4\right)\text{m}=1.33\text{m}$$

(3) 计算挡土墙的自重和重心距墙趾的距离。将挡土墙按图5.23分成一个三角形和一个矩形，则自重为

$$G_1=\frac{1}{2}\times1.0\times4\times22=44(\text{kN/m})$$

$$G_2=0.5\times4\times22=44(\text{kN/m})$$

G_1、G_2作用点距墙趾O点的水平距离分别为

$$x_1=0.67\text{m},\quad x_2=1.25\text{m}$$

(4) 倾覆稳定性验算。

$$K_t=\frac{G_1x_1+G_2x_2}{E_az_f}=\frac{44\times0.67+44\times1.25}{39.46\times1.33}=1.61>1.6$$

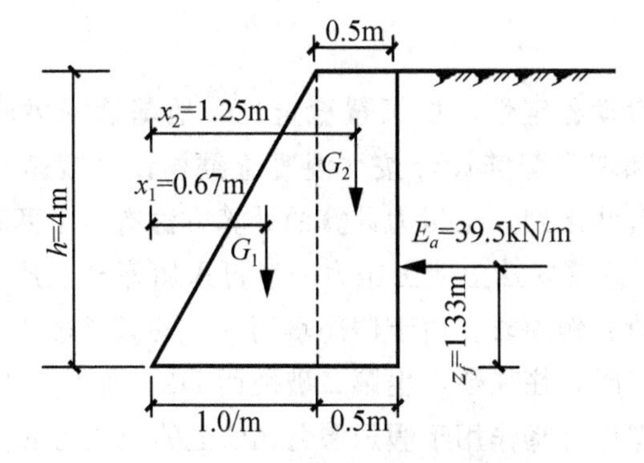

图5.23 应用案例5-3图

(5) 滑动稳定性验算。

$$K_s=\frac{(G_1+G_2)\mu}{E_a}=\frac{(44+44)\times0.6}{39.46}=1.33>1.3$$

(6) 地基承载力验算(略)。

(7) 墙身材料强度验算(略)。

5.2.3 悬臂式挡土墙设计

对于悬臂式挡土墙设计，一般按墙身构造要求或计算初步拟定墙身截面尺寸，进行抗滑动稳定性、抗倾覆稳定性、地基承载力验算，墙身截面强度验算，墙身配筋设计等。

1. 墙身构造

(1) 悬臂式挡土墙分段长度不应大于 15m，段间设置沉降缝和伸缩缝。

(2) 立壁如图 5.24 所示，墙高一般在 6m 以内，为便于施工，立壁内侧(即墙背)宜做成竖直面，外侧(即墙面)坡度宜陡于 1∶0.1，一般为 1∶0.02～1∶0.05，具体坡度值应根据立壁的强度和刚度要求确定，当挡土墙不高时，立壁可做成等厚度，墙顶宽度不得小于 0.2m；当墙较高时，宜在立壁下部将截面加宽。

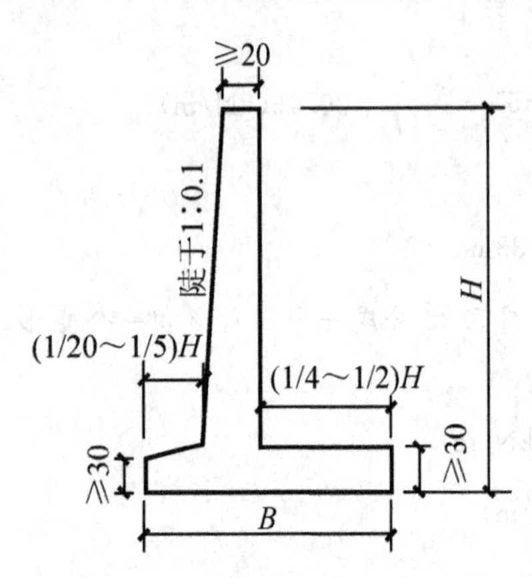

图 5.24　悬臂式挡土墙(单位：cm)

(3) 墙底板如图 5.24 所示，墙底板一般水平设置，底面水平。墙趾板的顶面一般从与立壁连接处向趾端倾斜。墙踵板顶面水平，但也可以做成向踵端倾斜。墙底板厚度不应小于 0.3m。

墙踵板宽度由全墙抗滑稳定性确定，并具有一定的刚度，其值宜为墙高的 1/4～1/2，且不应小于 0.5m。墙趾板宽度应根据全墙的抗倾覆稳定、地基承载力等条件确定，一般可取墙高的 1/20～1/5。墙底板的总宽度 B 一般为墙高的 50%～70%。当墙后地下水位较高，且地基为承载力很小的软柔地基时，B 值可以增大到一倍墙高或更大。

(4) 混凝土材料和保护层。悬臂式挡土墙的混凝土强度等级不得低于 C20，钢筋可选用Ⅰ～Ⅳ级，受力钢筋直径不应小于 12mm。钢筋混凝土的保护层厚度 a，在立壁的外侧，$a>30$mm；内侧 $a>50$mm。墙底板 $a>75$mm。

2. 稳定性验算

悬臂式挡土墙的抗滑动稳定性、抗倾覆稳定性、地基承载力验算与重力式挡土墙相同。墙身截面强度验算和墙身配筋设计按《混凝土结构设计规范》中有关内容的要求计算。只是土压力的计算有些区别。土压力计算的计算方法有以下两种。

(1) 库伦土压力法。悬臂式挡土墙土压力一般可采用库仑土压力理论计算，特别是填土表面为折线或有局部荷载作用时。由于假想墙背 AC 的倾角较大，当墙身向外移动，土体达到主动极限平衡状态时，往往会产生第二破裂面 DC，如图 5.25 所示。若不出现第二破裂面，则按一般库仑理论计算作用于假想墙背 AC 上的土压力 E_a，此时墙背摩擦角 $\delta=\phi$；若出现第二破裂面则，则应按第二破裂面法来计算土压力 E_a。当进行立壁计算时，应以立壁的实际墙背为计算墙背进行土压力计算，并假定立壁与填土间的摩擦角 $\delta=0°$。当验算地基承载力、稳定性、墙底板截面内力时，以假想墙背 AC(或第二破裂面 DC)为计算墙背来计算土压力，将计算墙背与实际墙背间的土体重力计入挡土墙自重。

(2) 朗肯土压力法。当填土表面为一平面或其上有均匀荷载作用时，也可采用朗肯土压力理论来计算土压力，如图 5.26 所示。按朗肯理论计算的土压力作用于通过墙踵的竖直面 AC 上。当验算地基承载力、稳定性、墙底板截面内力时，立壁与通过墙踵的竖直面 AC 间的土体重力计入挡土墙自重。

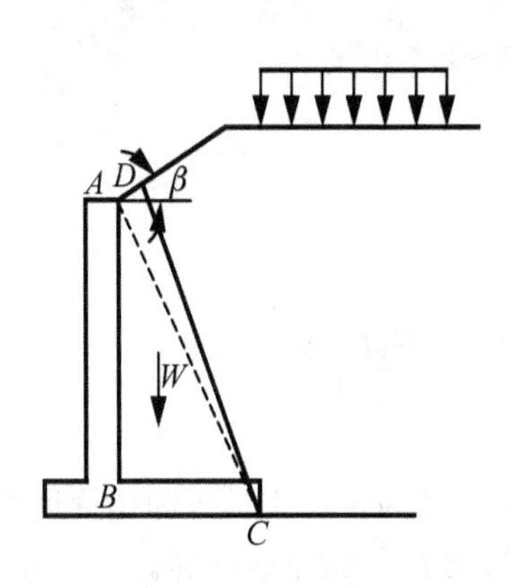

图 5.25 库仑土压力法

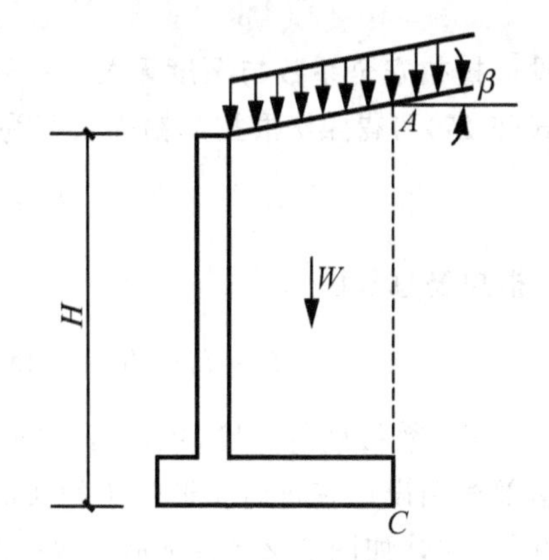

图 5.26 朗肯土压力法

5.2.4 加筋土挡土墙设计

加筋土挡土墙的设计一般从加筋土体的内部稳定性和外部稳定性两方面考虑。内部稳定性是指由于拉筋被拉断或筋土间摩擦力不足，以致加筋土结构遇到破坏；外部稳定性是指由于加筋土外部不稳定而引起加筋土结构破坏，包括地基承载力、地基变形、抗倾覆稳定性、抗滑稳定性、深层滑动稳定性的验算。

对于外部稳定性，可按一般工程结构的要求验算满足要求即可。

内部稳定性的计算主要是确定拉筋的断面积和锚固长度。下面介绍朗肯理论分析法，如图 5.27(b)所示。

朗肯理论认为在面板后出现主动极限状态时，滑裂面与水平面的夹角为 $45°+\varphi/2$，滑裂面以左为主动区，以右为锚固区。面板后第 i 根拉筋所受的拉力 T_i 为

$$T_i = \gamma z K_a A_i \tag{5-24}$$

式中：Z ——第 i 根拉筋的埋深，m；

A_i——第 i 根拉筋所承受的墙面面积，m^2；

K_a——朗肯主动土压力系数，$K_a = \tan(45° - \varphi/2)$。

拉筋的断面积 A_s 可根据拉筋所用的材料强度确定。

$$A_s = \frac{\gamma_G T_i}{f_y} \tag{5-25}$$

式中：f_y——拉筋材料的设计抗拉强度，kPa；

γ_G——荷载分项系数，可取 1.2。

当计算拉筋截面尺寸时，在实际工程中还应考虑防腐蚀需要增加的尺寸。此外，每根拉筋在工作时还有被拔出的可能，需计算拉筋抵抗拔出的锚固长度 L_b。设土与拉筋间的摩擦系数为 f，则锚固区内由于摩擦作用而使第 i 根拉筋产生的摩擦力 T_b 为

$$T_b = 2l_{bi}b\gamma z f \tag{5-26}$$

式中：b ——拉筋的宽度，m；

f——拉筋与填土之间的摩擦系数。

在同一深度处的抗拉安全系数 K_b 为

$$K_b = \frac{T_b}{T_i} = \frac{2l_{bi}bf}{K_a A_i} \tag{5-27}$$

可见，抗拉安全系数与深度无关，一般可取 1.5～2.0。

由式(5-27)可得第 i 根拉筋锚固长度为

$$l_b = \frac{K_b K_a A_i}{2bf} \tag{5-28}$$

第 i 根拉筋总长度为

$$l = l_0 + l_b = h\tan(45° - \frac{\varphi}{2}) + \frac{K_b K_a A_i}{2bf} \tag{5-29}$$

式中：l_0 ——无效拉筋的长度(主动区内的长度)，m。

铁道部第四设计院科研所通过工程实测资料分析，认为拉筋主动区和锚固区的分界线可采用 $0.3h$ 法，如图 5.27(a)所示。故拉筋的无效长度 l_0 可按下式计算。

$$l_0 = \begin{cases} 0.3h & z \leqslant 0.5h \\ 0.6 & z > 0.5h \end{cases}$$

式中：z——计算拉筋至墙顶的距离，m。

可见，计算拉筋长度随深度增加而减小。

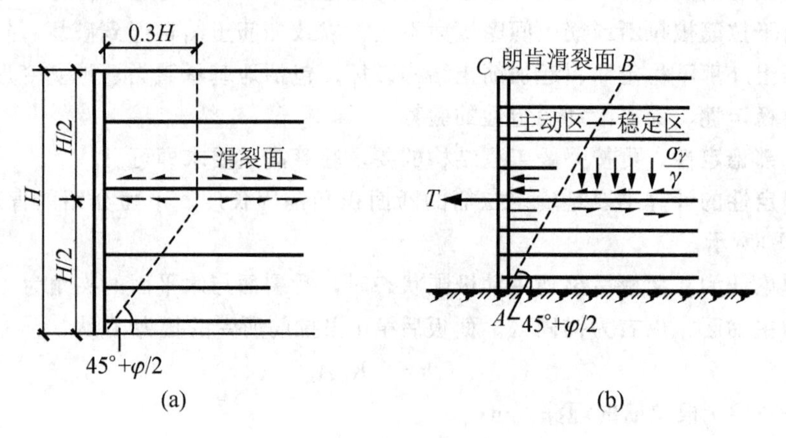

图 5.27 滑裂面形状类型

(a) 简化滑裂面；(b) 朗肯型滑裂面

5.2.5 土坡稳定分析

土坡稳定性是高速公路、铁路、机场、高层建筑深基坑以及露天矿井和土坝等土木工程建设中的一个重要问题。规范对建于坡顶的建筑物的地基稳定问题已有专门规定。土坡稳定性问题通过土坡稳定性分析解决，但有待研究的不确定因素很多，如滑动面形式的确定、土体抗剪强度参数的合理选取等。

1. 土坡失稳的原因

土坡的滑动一般是指土坡在一定范围内整体地沿某一滑动面向下和向外移动而丧失其稳定性。土坡的失稳常常是在外界的不利因素影响下触发和加剧的，一般有以下几种原因。

(1) 土坡作用力发生变化。例如在边坡上挖方，尤其在坡脚附近不恰当的位置挖方；在坡顶堆放材料或建造建筑物使坡顶受荷；或由于打桩、车辆行驶、爆破、地震等引起的震动改变了原来的平衡状态。

(2) 土抗剪强度的降低。例如土体中含水量或孔隙水压力的增加。

土坡稳定分析是属于土力学中的稳定问题，本节主要介绍简单土坡的稳定分析方法。所谓简单土坡，是指土坡的顶面和底面都是水平的，并伸至无穷远，土坡由均质土所组成。

2. 无粘性土坡稳定分析

图 5.28 所示是坡角为 β 的无粘性土坡。假设土坡及其地基都是同一种土，又是均质的，且不考虑渗流的影响。

由于无粘性土颗粒之间没有粘聚力，只有摩擦力，因此只要坡面上的各土粒不滑动，土坡就是稳定的。

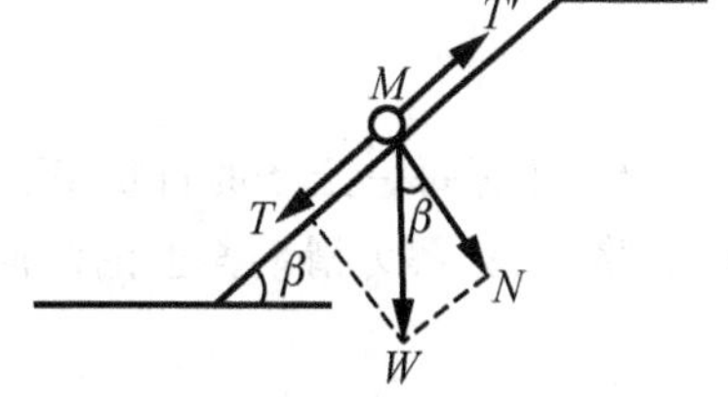

图 5.28 无粘性土土坡稳定分析

设坡面上某颗粒所受的重力为 W，土的内摩擦角为 φ，重力 W 沿着坡面的分力为 $T=W\sin\beta$，使土粒下滑，重力 W 垂直于坡面的分力为 $N=W\cos\beta$，在坡面上引起摩擦力 $T'=N\tan\varphi=W\cos\beta\tan\varphi$ 阻止土粒下滑。抗滑力和滑动力的比值为稳定安全系数 K，即

$$K=\frac{T'}{T}=\frac{W\cos\beta\tan\varphi}{W\sin\beta}=\frac{\tan\varphi}{\tan\beta} \tag{5-30}$$

可见，当无粘性土坡的极限坡角 φ 等于其内摩擦角 φ，即 $\beta=\varphi$ 时，土坡处于极限平衡状态，故砂土的内摩擦角 φ 也称为自然休止角。无粘性土坡稳定性与坡高无关，只与坡角 β 有关，$\beta<\varphi$，土坡就是稳定的。为了保证土坡具有足够的安全储备，可取 $K=1.1\sim1.5$。

3. 粘性土坡稳定分析

粘性土坡由于剪切而破坏的滑动面大多数为一曲面，一般在破坏前坡顶先有张力裂缝发生，继而沿某一曲面产生整体滑动，在理论分析时可以近似地假设为圆弧，而滑动体在纵向也有一定范围，并且也是曲面。为了简化，稳定分析中常假设滑动面为圆筒面，并按平面问题进行分析。

瑞典工程师费兰纽斯假定最危险圆弧面通过坡角，并忽略作用在土条两侧的侧向力，提出了广泛用于粘性土坡稳定性分析的条分法，如图 5.29 所示。其原理如下：将圆弧滑动体分成若干土条；计算各土条上的力系对弧心的滑动力矩和抗滑力矩；抗滑力矩与滑动力矩之比为土坡的稳定安全系数；选择多个滑动圆心，要求最小的稳定安全系数 $K_{\min}=1.1\sim1.5$。

其具体步骤如下。

(1) 按比例绘出土坡剖面图，假定滑弧通过坡角 A 点。

(2) 任选一圆心 O，以 OA 为半径作圆弧 $\overset{\frown}{AD}$，$\overset{\frown}{AD}$ 即为滑动圆弧面。

(3) 将滑动土体 ADC 竖直分成宽度相等的若干土条并编号，编号时以圆心 O 下的铅垂线为 0 条，向右为正，向左为负。

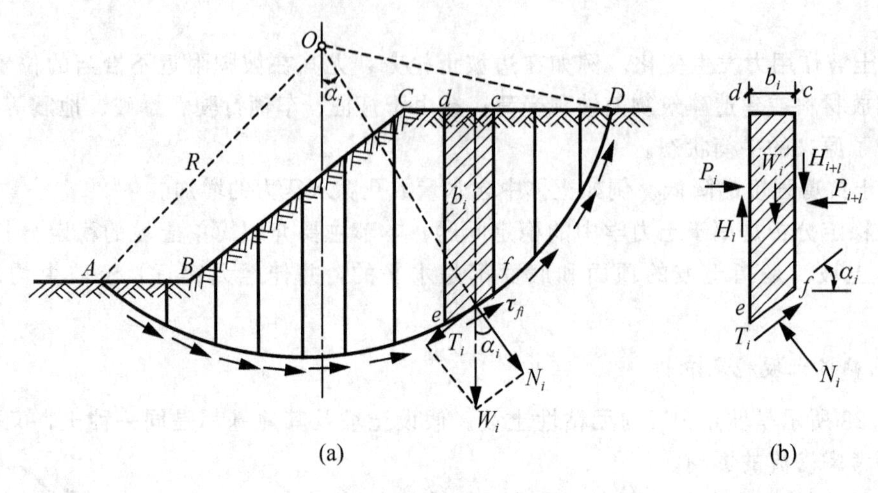

图 5.29　条分法计算图式

(4) 计算每一土条的自重 $W_i=\gamma_i h_i b_i$（h_i为计算土条的平均高度，b_i为计算土条的宽度)，将 W_i分解为滑动面上的法向分力 N_i和切向分力 T_i。

$$N_i = W_i \cos\alpha_i$$

$$T_i = W_i \sin\alpha_i$$

分析时不计土条两侧的侧向力的影响，其误差约为 10％～15％，这样简化后的结果偏于安全。

(5) 计算各土条对弧心的滑动力矩。

$$M_s = \sum_{i=1}^{n} T_i R = R\sum_{I=1}^{n} W_i \sin\alpha_i \tag{5-31}$$

(6) 滑动圆弧面对弧心的抗滑力矩，其来源于法向分力引起的摩阻力和凝聚力产生的抗滑力两部分，即

$$M_t = \sum_{i=1}^{n}(\sigma_i \tan\varphi + c)\Delta l_i R = R\sum_{I=1}^{n} W_i \cos\alpha_i \tan\varphi + R\sum_{i=1}^{n} c\Delta l_i \tag{5-32}$$

(7) 计算稳定安全系数。

$$K = \frac{M_t}{M_s} = \frac{\tan\varphi \sum_{I=1}^{n} W_i \cos\alpha_i + cL_{\widehat{ad}}}{\sum_{I=1}^{n} W_i \sin\alpha_i} \tag{5-33}$$

式中：φ ——土的内摩擦角；

α_i ——第 i 土条 $\widehat{ab}$ 弧面的倾角；

$L_{\widehat{ad}}$ ——圆弧面的弧长，m；

Δl_i ——第 i 土条 $\widehat{ef}$ 弧面的长度，m。

(8) 确定最危险的滑动面。假定几个可能的滑动面，分别计算相应的 K，其中 K_{min}所对应的滑动面就是最危险的滑动面。根据工程性质，可取 $K_{min}=1.1$～1.5。

项目小结

通过本项目学习，应该掌握以下内容。

1. 基本概念

挡土墙、土压力、静止土压力、主动土压力、被动土压力、简单土坡。

2. 两种土压力理论

(1) 朗肯土压力理论。该理论假定墙为刚体，墙背垂直、光滑，填土表面水平。理论依据是土的极限平衡条件。通过分析墙背任意深度 z 处 M 点的应力，求得土压力的强度计算公式，然后绘出土压力分布图形，再求土压力的合力。土压力的合力的数值就是土压力分布图形的面积，方向垂直指向墙背，合力作用线通过土压力分布图形的形心。应掌握几种常见情况下的主动土压力的计算：填土表面有连续均布荷载的情况、填土为成层土的情况、填土中有地下水的情况。

(2) 库仑土压力理论。该理论取墙后滑动楔体进行分析。假设挡土墙后填土是均质的砂性土，滑裂面是通过墙踵的平面，根据滑动土楔的外力平衡条件的极限状态，可分别求得主动土压力和被动土压力。库仑土压力理论考虑了填土与墙背之间的摩擦力以及墙背倾斜和填土表面倾斜的影响。

3. 挡土墙的设计

(1) 掌握挡土墙的类型及其适用情况以及作用在挡土墙上的力(自重、土压力、地基反力)。

(2) 挡土墙设计包括墙型选择、稳定性验算(包括抗倾覆稳定、抗滑稳定、圆弧滑动稳定)、地基承载力验算、墙身材料强度验算以及一些设计中的构造要求和措施等。

(3) 重力式挡土墙设计：设计时，一般先根据挡土墙所处的条件凭经验初步拟定截面尺寸，然后进行验算，如不满足要求，则应改变截面尺寸或采取其他措施。

(4) 加筋土挡土墙的设计一般从加筋土体的内部稳定性和外部稳定性两方面考虑。内部稳定性是指由于拉筋被拉断或筋土间摩擦力不足，以致加筋土结构遇到破坏；外部稳定性是指由于加筋土外部不稳定而引起加筋土结构破坏，包括地基承载力、地基变形、抗倾覆稳定性、抗滑稳定性、深层滑动稳定性的验算。

4. 土坡稳定性分析

(1) 土坡失稳的原因：土坡作用力发生变化，土抗剪强度的降低。

(2) 无粘性土坡稳定分析：无粘性土坡稳定性与坡高无关，只与坡角 β 有关，$\beta<\varphi$，土坡就是稳定的。

(3) 粘性土坡稳定分析：瑞典工程师费兰纽斯假定最危险圆弧面通过坡角，并忽略作用在土条两侧的侧向力，提出了广泛用于粘性土坡稳定性分析的条分法。其原理如下：将圆弧滑动体分成若干土条；计算各土条上的力系对弧心的滑动力矩和抗滑力矩；抗滑力矩与滑动力矩之比为土坡的稳定安全系数；选择多个滑动圆心，要求最小的稳定安全系数 $K_{min}=1.1\sim1.5$。

习题

一、填空题

1. 当墙后填土中有地下水水时，作用于墙背的主动土压力将________。

2. 土坡的坡角越小，其稳定安全系数________。

3. 挡土墙设计的验算包括________、________、________。

4. 根据挡土墙的________和墙后土体所处的应力状态，土压力可以分为3种。

二、简答题

1. 试述静止、主动、被动土压力产生的条件，并比较三者的大小。
2. 对比朗肯土压力理论和库仑土压力理论的基本假定和适用条件。
3. 试述挡土墙的类型及其适用范围。
4. 导致土坡失稳的因素有哪些？
5. 减小土压力的措施有哪些？

三、案例分析

1. 挡土墙高为4m，墙背直立光滑，填土表面水平，填土的物理指标：$\gamma=18.5\text{kN/m}^3$，$c=8\text{kPa}$，$\varphi=20°$，试解答下列问题：

(1) 计算主动土压力及其作用点的位置，并绘出土压力分布图形。

(2) 当地表作用有20kPa均布荷载时，计算主动土压力及其作用点的位置，并绘出土压力分布图形。

2. 挡土墙高为5m，墙背直立光滑，填土表面水平，$\varphi=30°$，地下水位距填土表面2m，$\gamma=18\text{kN/m}^3$，$\gamma_{sat}=21\text{kN/m}^3$，试绘出主动土压力和静水压力分布图，并求总的侧压力。

3. 挡土墙高为6m，墙背直立光滑，填土表面水平且作用有10kPa的均布荷载，填土分为两层，上层填土的物理指标：$\gamma_1=17\text{kN/m}^3$，$h_1=3\text{m}$，$\varphi_1=30°$。下层填土的物理指标：$\gamma_2=18\text{kN/m}^3$，$h_1=3\text{m}$，$\varphi_1=20°$，$c=10\text{kPa}$。试绘出主动土压力分布图，并计算主动土压力的合力及其作用点的位置。

四、设计任务书

设计一浆砌石挡土墙，挡土墙的重度22kN/m^3，墙高为6m，墙背直立光滑，填土表面水平，基底摩擦系数$\mu=0.5$，地基承载力特征值$f_a=180\text{kPa}$。

设计要求：

(1) 确定挡土墙的断面尺寸。

(2) 计算作用于挡土墙上的外力。

(3) 对已设计的挡土墙进行有关验算。

参考文献

[1] 中华人民共和国国家标准．GB 50007—2011 建筑地基基础设计规范[S]. 北京：中国建筑工业出版社，2012.

[2] 中华人民共和国行业标准．JGJ 94—2008 建筑桩基技术规范[S]. 北京：中国建筑工业出版社，2008.

[3] 中华人民共和国国家标准．GB 50021—2001 岩土工程勘察规范(2009 版)[S]．北京：中国建筑工业出版社，2009.

[4] 中华人民共和国行业标准．JTG C20—2011 公路工程地质勘察规范[S]. 北京：人民交通出版社，2011.

[5] 中华人民共和国行业标准．JTG D63—2007 公路桥涵地基与基础设计规范[S]. 北京：人民交通出版社，2010.

[6] 中华人民共和国行业标准．JGJ 79—2012 建筑地基处理技术规范[S]. 北京：中国建筑工业出版社，2013.

[7] 葛春梅．地基基础设计[M]. 哈尔滨：哈尔滨工业大学出版社，2011.

[8] 陈晓平，钱波．土力学实验[M]. 北京：中国水利水电出版社，2011.

[9] 莫海鸿，杨小平．基础工程[M]. 北京：中国建筑工业出版社，2008.

[10] 莫海鸿，杨小平，刘叔灼．土力学及基础工程学习辅导与习题精解[M]. 北京：中国建筑工业出版社，2006.

[11] 陈晓平，杨光华，杨雪强．土的本构关系[M]. 北京：中国水利水电出版社，2011.

[12] 陈希哲．土力学地基基础[M]. 北京：清华大学出版社，2004.

[13] 钱家欢．土力学[M]. 南京：河海大学出版社，1990.

[14] 顾晓鲁，钱鸿缙，刘惠珊，汪时敏．地基与基础[M]. 3 版．北京：中国建筑工业出版社，2003.

[15] 龚晓南．基础工程[M]. 北京：中国建筑工业出版社，2008.

[16] 赵明华．基础工程[M]. 北京：高等教育出版社，2010.

[17] 潘明远，朱坤，李慧兰．建筑工程质量事故分析与处理[M]. 北京：中国电力出版社，2007.

[18] 陈晋中．土力学与地基基础[M]. 北京：机械工业出版社，2008.

[19] 陈小川，周俐俐．土力学与地基基础课程设计指南[M]. 北京：中国水利水电出版社，知识产权出版社，2009.